植物なんでも事典

柴田規夫 著

文一総合出版

はじめに

　この本の基となる資料は、私が各種の資格試験を受けた際に勉強したことをワープロで清書したのが始まりです。のちにパソコンでつくり直し、写真をつけるようにしました。会社を退職してからカルチャースクールで植物について教えることになり、その際の配布資料として使っているうちに、新しい項目もどんどん増え、１２０項目を超える資料になりました。内容は私が知っていることをはじめ、観察したことや実験したことを基本に書いてありますが、いろいろな資料を参考に自分なりに読み取って、書き直したものも多くあります。そして、項目ごとに読み切れるように書いてあります。そのため、同じような内容が2~3の項目で書いてある場合もありますし、写真も同じものをほかのページで使ったりしています。

　一般に行われている植物観察では、植物の名前や見分け方を覚えるといったことが多いようです。それも楽しいですが、植物観察のポイントを知って、もう少し広い視野で植物を見ることをおすすめします。そうすれば、もっと面白く楽しく植物観察ができます。それに、近所を散歩する際にも観察ができます。そのことを知っていただくために、観察に役立つ項目を多く書きました。そのため、自分ではこの資料のタイトルを『植物観察事典』として作成しておりました。つくっていくうちに分野の幅が少しずつ広くなり、内容は『植物なんでも事典』になってしまいました。

　なお、生態関係のことを書く際は『日本の植生図鑑（Ⅰ）（Ⅱ）』（保育社）を大いに参考にしました。また、この資料を植物の学術用語の辞典にもしたかったので、定義をできる限り書きました。その際は『植物用語事典』（八坂書房）を主に参考にしました。これらの分野でわからないことがあれば、私はすぐにこれらの図鑑・用語事典で調べるといったほどに利用しており、私にとっては正に座右の書であります。

　この資料をつくって気がついたことがあります。知っていることを文章にするということは、知識を体系立ててまとめ、曖昧（あいまい）なことは何かで調べることになるということです。私にとって非常に為（ため）になっただけでなく、教える際にも大いに役立っています。これからも資料をつくり続けようと思っています。

平成最後の年　3月　柴田規夫

Contents

植物なんでも事典

Contents

植物なんでも事典

凡例

この事典では、五十音順に126の項目を取り上げ、項目ごとの主題となる用語の定義を記し、それを分類したうえで、その働きや観察のポイント、用途などを解説した。各項目は内容によって次の6つに区分した。詳細は次のとおりである。


「形態」植物の体の形や構造に関わる事項。なお、区分しにくい項目はここに含めた。

「分類」植物の分類にかかわる事項。

「生理」植物が生きていくための諸機能や、活動する際に生じる諸現象にかかわる事項。

「生態」植物の生活形態に関する事項。主に植物集団の生存の様式にかかわる事項。

「環境」植物を取り巻き、それと相互作用を及ぼし合う事物に関する事項。ほかの生物とのかかわりはすべてここに含めた。

「文化」人が植物に精神的な働きかけを行ったことにより生じた事柄で、衣・食・住をはじめ、芸術・文学などにかかわる事項。


38個のコラムでは、著者が実際の観察や実験などで発見・経験したことを主に記述した。観察の参考にして欲しい。

本書の見方・読み方

植物観察のコツについてお話します。植物を観察するとは、植物の生き様を見ることにほかなりません。では、生き様を見るには、何に焦点を当てればよいでしょうか。動物の場合もそうですが、特に植物では、

①個体維持
②種族保存

に焦点を当てるようにして見ることです。個体維持とは、自分だけはとにかく生きようとする姿ですし、種族保存とは次の世代を何が何でも残そうとする姿です。

植物の場合、動物と異なり生きるために獲物を捕らえる必要がないため、感覚器官も運動器官も、そして消化吸収器官も発達していません。ただ、光合成で生きているので、光と水は絶対に必要です。ですから、光と水を効率よくまたできる限り確実に得ようとしている姿が植物にはあります。例えば、ヤツデの場合葉柄の長さを下から上にいくに従って短くして、上の葉が下の葉の日陰にならないようにしていることに気づくでしょう。このように、植物を見たときに見えてくるものがあります。

ヤツデ。葉柄の長さを下から上にいくに従い短くして、
上の葉が下の葉の日陰にならないようにしている

また、個体維持には自己を防衛するのも大切です。刺を見た場合、動物などに食われないようにしていて、自己防衛のために刺を備えていることに気がつくでしょう。ただ、つる植物などでは刺を使って効率よく早く高いところまで行き、光が十分にある場所まで辿り着こうとしています。この場合もやはり光合成をより効率よく行おうとしていることがわかります。

種族保存の姿としては、植物の場合、花を咲かせたら、より確実に花粉を雌しべの先に運んでもらう必要があるので、その工夫が随所に見られます。また、せっかく実ったタネですから、適切に散布する必要があります。風を利用する場合もありますが、動物、特に虫や鳥とうまく共生することが大切です。これらについては本文の中にいろいろ書いてあります。植物を見たときに前述の観点が常にすぐに頭に浮かぶようにしましょう。

くどいようですが、個体維持・種族保存という観点で植物を観察することが非常に大切です。本書のいろいろな項目の多くは、これらと何らかの形で関係しています。また、人はこういった観点で植物をとらえていない場合があります。例えば、文化的観点で植物を見ようとすることです。そのようなことを知ることも、植物との付き合いとして楽しいものです。本書はそういった内容も一部書いてあります。植物観察という本来のものと異な

る観点で植物と付き合えるものと思います。

次に、観察する場と植物について記します。私は、家を一歩出たら観察する植物はあると思っています。雑草をはじめ、いくらでも身近に生えている植物はあります。雑草や自分で栽培している植物なら花や葉などを触ったりすることができますし、必要に応じてそれらを取って観察することもできます。その点、自然公園などでは花1輪を観察する際にも、取ったりするのはもちろん、触ることもできない場合も多いでしょうから、よく観察することなどできません。こういうときは、例えば同じ属に属する身近な植物を使って観察し、それを応用すれば、自然の中に咲く花の姿がほぼわかることがあります。サルビアの花を分解すると、雄（お）しべがシーソーになっていることを知ることができます。これを知れば、同じサルビア属（アキギリ属）のキバナアキギリの雄しべの形はすぐにほぼ見当がつきます。虫が来たときに確実に花粉をつけようとしている姿が見て取れます。

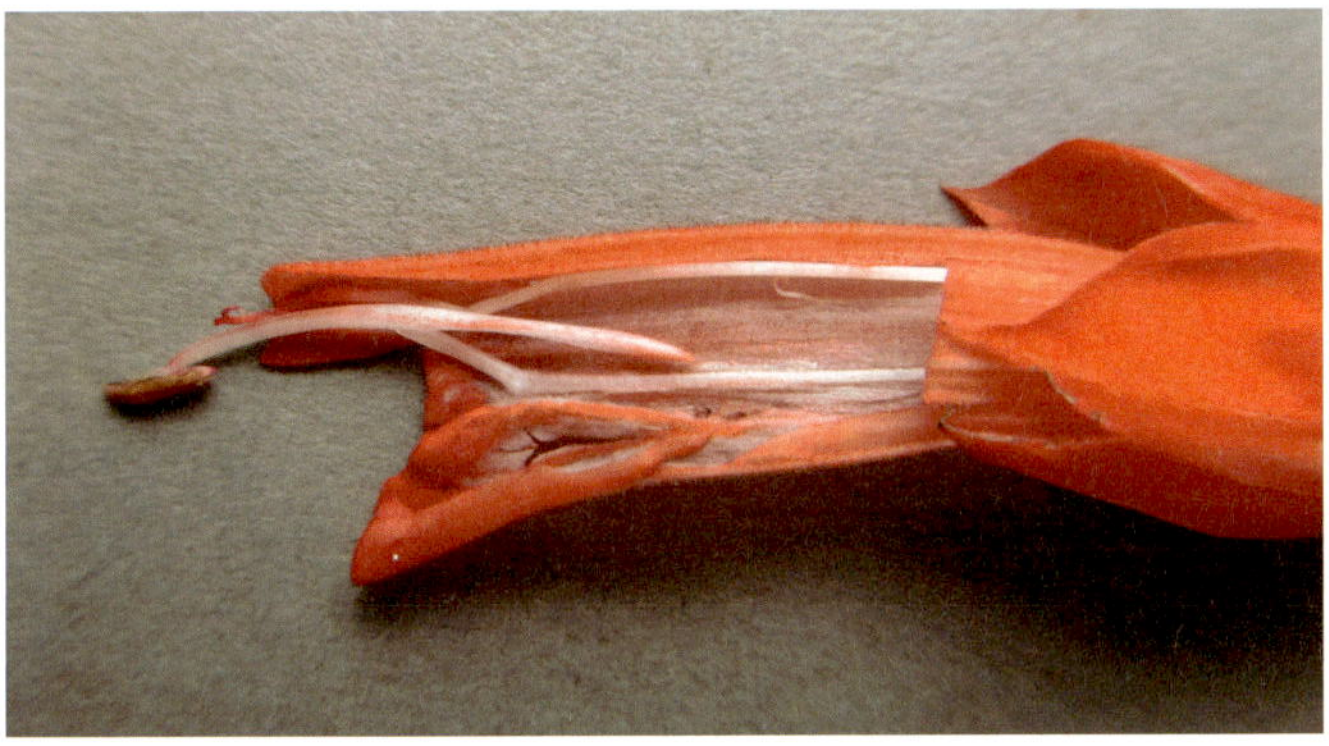

サルビア。雄しべがシーソーになっていて、虫（原産地ではハチドリと思われる）が入ってくると、頭でシーソーの一方が上がるので、葯のあるもう一方が下がり、花粉が体につくようになっている

本書は、決してこれ1冊ですべて満足できるようなものではないでしょう。もう一歩も二歩も深く、また幅広く知りたくなる場合もあるでしょう。ですから、専門書で調べることも多々あると思います。はじめから専門の書籍で調べるだけの力があれば別ですが、通常はそれを読んでも理解できない場合が多いものです。その力を養うのにも本書が役立つと思っています。もちろん、初心者にも読んでいただけるように書いたつもりですが、少し難しい項目もあります。その場合は、それに関連するほかの項目も読んでみてください。また、必要に応じて調べるだけでなく、暇な折に適当に好きなページを開き、1項目ずつお読みください。必ずや植物観察の力がつき、いつかは自分なりに発見することもあると思います。本文やコラムに私が観察したり、実験して得たことをいろいろ書いてみました。参考にしてください。

植物観察には、学術用語を正しく理解しておく必要があります。うろ覚えで使っていたりしては、観察力をつけるのに大きな妨（さまた）げとなります。本書は、植物用語辞典としても使えるように定義をできる限りわかりやすく書いたつもりですし、索引もつけました。意味がよくわからない植物学用語をそのままにせず、また、間違えた意味で使うことのないようにしてください。そのためには、わからない用語や曖昧に使っている用語は、すぐに調べてください。本書をぜひ有効に使っていただきたく思います。

ただ、あまり学術的にとらえようとせず、気軽に植物観察を楽しんでください。家を一歩出たら観察の場があるのですから。

アカマツ林(りん)

アカマツの自然林は岩山など
乾燥地や貧栄養なところにできる

アカマツとは、アカマツ林とは

アカマツは2葉性(ようせい)のマツで、樹皮は赤みのある褐色である。分布は広く、青森県から鹿児島県の屋久島まで、垂直的には低地から高地（中部地方で標高約2000メートル）まで自生(じせい)する。この植物は極端な陽樹(ようじゅ)で、耐陰性(たいいんせい)※に欠ける。

ところが、日本は雨が多く、自然状態ではいろいろな植物が育ってきて、通常のところではアカマツは光の奪い合いに負けてしまい、アカマツが優占する林（アカマツ林）はできない。このため自然状態でアカマツ林ができるのは、山の尾根筋や岩山などといった乾燥地か貧栄養な場所で、ほかの樹木が生育できないようなところである。アカマツは菌根菌(きんこんきん)と**共生**(きょうせい)（70頁）することにより、このようなところでも生育できるのである。

アカマツの二次林

一方、現存するアカマツ林の多くは、人為的に成立したものである。すなわち、アカマツ林は人が自然植生を破壊し続けた後に二次的に成立したもので、下刈りなどの管理によって持続しているものである。日本列島に住むようになって以来、人は山林を伐採したり、山林に火入れなどを行ってきた。これがくり返されたため、土地は荒廃し、栄養分の乏しい場所になってしまい、それとともにアカマツ林が形成され、拡大したのである。茨城県・栃木県および愛知県から石川県以西の西日本、とりわけ近畿・中国・四国の瀬戸内地方にこうしたアカマツ林が多い。

アカマツの二次林は定期的に下刈りされるので、構成樹種はアカマツのほかは、ひこばえや萌芽(ほうが)によって速やかに再生する樹種が多く、コナラ・リョウブ・ネジキ・カマツカ・コバノガマズミ・ナツハゼ・ネズミサシ・ヤマウルシ・ウリカエデなどで、草本層には通常、ススキ・コウヤボウキ・アキノキリンソウ・ワラビなど**草原**（148頁）と共通する植物が生える。そして、低木層にはツツジ類が生えることが多い。また、暖温帯ではアラカシ・ヤブツバキ・ヒサカキなどの常緑樹が、冷温帯ではコナラ・ミズナラ・カスミザクラなどが混じる。

※植物は主に光合成で生きているので、弱光下では一般に生育に支障をきたす。弱光環境に対する耐性を耐陰性(たいいんせい)といい、耐陰性に欠ける植物は日当たりの悪いところでは成長が阻害され、生育できない。この場合のように光に対する要求度が大きい、すなわち、耐陰性が低い樹木を陽樹(ようじゅ)といい、要求度が比較的小さい樹木を陰樹(いんじゅ)という。

アカマツ林の林床にはツツジが生えることが多い

アセビが詠まれている和歌

和歌におけるアセビの詠まれ方の変遷

アセビは、万葉集には10首が詠まれている。その1首が、

吾背子に　わが恋ふらくは　奥山の　馬酔木の花の　今盛りなり　　詠み人知らず

自分の恋の気持ちをアセビの花が美しく盛んに咲いている状態に例えたもので、万葉人にとってアセビは美しい花であったのだ。さらに、「あしびなす」は「栄え」に掛かる枕詞となるほどにアセビは万葉人に愛され親しまれていたようである。その例が、

あしびなす　栄えし君が　掘りし井の　石井の水は　飲めど飽かぬかも　　詠み人知らず

アセビには毒があることはよく知られるところであるが、そのためであろうか古今集や新古今集などではアセビは詠まれていない。そして平安末期以降、有毒であることが前面に出されて詠まれることが多くなる。その例が、

取りつなげ　玉田横野の　放れ駒　つつじかげだに　あしび花咲く　　源　俊頼

馬がアセビを食べないようにつないでおけといっているのである。そしてついには、次のような詠まれ方までするに至るのだ。アセビにとってもっとも受難のときといえよう。

おそろしや　あせみの花を　折りさして　南に向かひ　祈る祈り人　　藤原光俊

明治時代になり、正岡子規が写生主義・万葉調復古を唱えることにより、ようやくアセビも再び美しい花として詠まれるようになるのだ。その例が、

のぼり来し　比叡の山の　雲にぬれて　馬酔木の花は　咲きさかりけり　　斎藤茂吉

万葉人にとってのアセビ

堀辰雄の『浄瑠璃寺の春』の中に次のようなことが書かれている。これこそ万葉人にとってのアセビの立場をよく表わした文章といえよう。

「この春、僕はまえから一種の憧れをもっていた馬酔木の花を大和路のいたるところで見ることができた。

（中略）

どこか犯しがたい気品がある、それでいて、どうにでもしてこれを手折ってちょっと人に見せたいような、いじらしい風情をした花だ。言わば、この花のそんなところが、花というものが今よりかずっと意味ぶかかった万葉人たちに、ただきれいなだけならもっとほかにもあるのに、それらのどの花にもまして、いたく愛せられていたのだ。」

アセビは、アシビ・アセミ・アセボなどとも呼ばれる

阿哲要素の植物

阿哲地区、阿哲要素の植物とは

阿哲とは、岡山県北西部にある新見市周辺の古い地名で、この辺りは石灰岩が広く分布し、そのためにこの地域で分化した種や大陸の植物の遺存種が自生することで知られ、この地域（岡山県の北西部から広島県の北東部）を**植物区系**（126頁）上阿哲地区といい、この地区に固有の種や遺存種を阿哲要素の植物という。

シロヤマブキ。バラ科にしては珍しく四数性※で、萼片・花弁とも4枚である

阿哲要素の植物

石灰岩地域は、概して固有種や遺存種が多く分布する（26頁「塩基性岩地と植物」参照）ことで知られるが、阿哲地区も前述のとおり石灰岩が広く分布し、固有種や遺存種が多い。

氷河時代に海水面が下がり、中国地方は朝鮮半島など大陸とほぼ陸続きになり、満州・朝鮮に分布する植物が中国地方に入り込んできた。縄文時代に気温が上がって、海水面が上昇しても、そのうちの一部の植物は石灰岩が広く分布するこの地域に地形要因などと相まって生き残り、現在も隔離分布している。隔離分布している大陸の遺存種として、キビヒトリシズカ・シロヤマブキ・チトセカズラ・チョウジガマズミ・ナツアサドリ・ヤマトレンギョウなどがある。また、この地区が石灰岩地域であるために分化した種としては、アテツマンサクがある。

※萼片（外花被片）・花弁（内花被片）・雄しべ・心皮を花葉というが、花葉の数は基本数が決まっていて、その倍数となることが多い。基本数が2の場合は二数性、3の場合は三数性、以下、四数性・五数性という。例えば、単子葉植物の多くは三数性で、ユリの仲間の場合、外花被片3、内花被片3、雄しべ6、心皮3である。雄しべが不特定多数の種類があったり、心皮が基本数の倍数でない種類もあるが、概して花葉の数は分類群によって決まっており、重要な分類形質になっている。

チョウジガマズミ。花はたくさん密につき、花序はボール状となる。強い芳香がある

アテツマンサク。マンサクの萼片は赤紫色だが、この種は花弁と同じ鮮黄色

アブラナ科の特徴

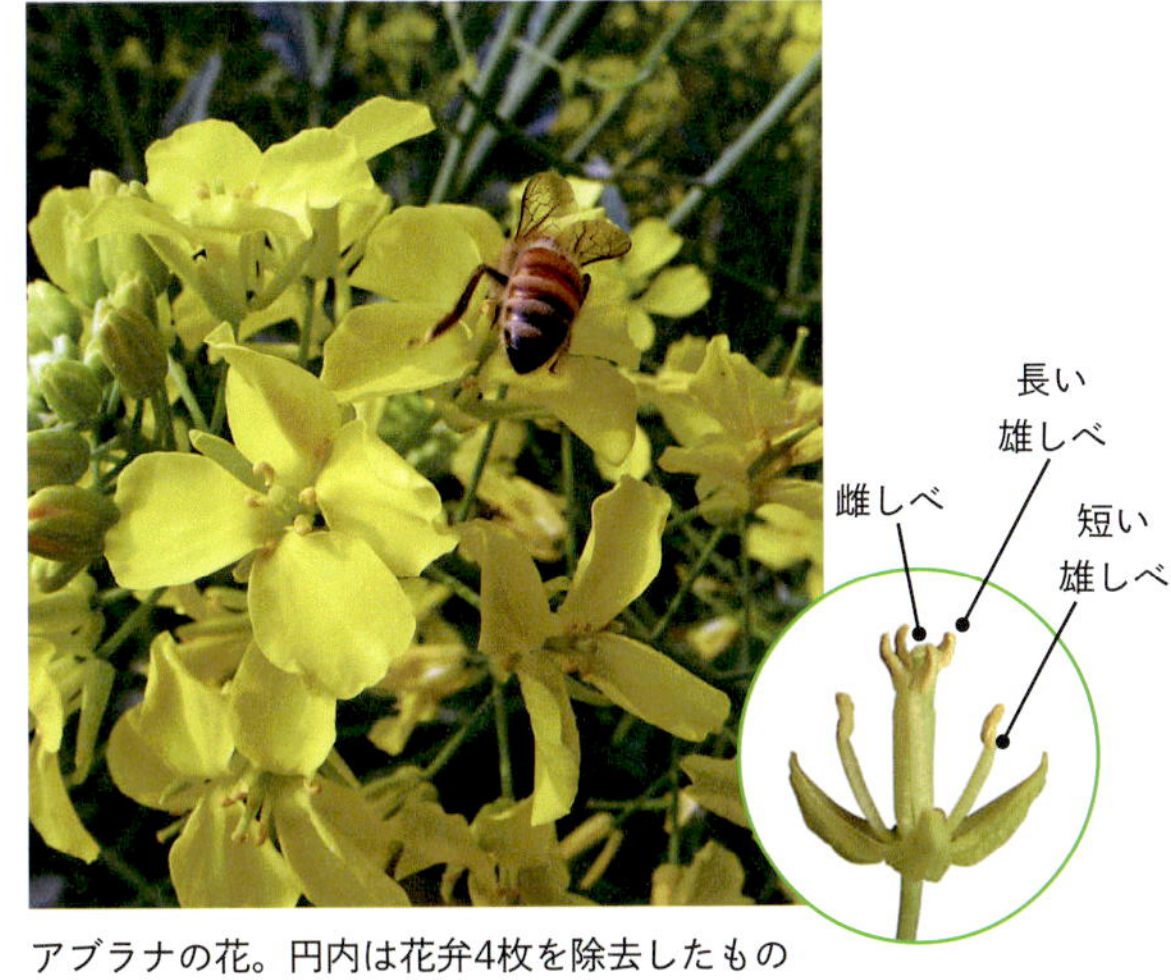

アブラナの花。円内は花弁4枚を除去したもの
（短い雄しべ2本と、長い雄しべ4本がよくわかる）

花における特徴

①十字花である（花弁は4枚で、相対する2枚の花弁どうしが90度をなして、十字に並んでいるように思われがちだが、多くの種ではX字、すなわち110度と70度くらいの角度で花弁が並ぶ）。

②花は両性花で、萼片は外側に2枚、内側に2枚の計4枚、花弁は4枚、雄しべは外側に短いのが2本、内側に長いのが4本の計6本、雌しべは長い雄しべ4本に囲まれるように1本ある。

③雌しべは子房上位で、心皮2枚からなり、子房の中は仮膜という薄い膜で2室に仕切られている。

④花序（42頁）は、蕾から開花時は散房花序で、果実時は総状となる。

果実における特徴

①果実（38頁「果実の分類」参照）は角果である。

②角果には2タイプあり、長く棒状となる莢を長角果といい、短いのを短角果という。イヌガラシ・シロイヌナズナ属・タネツケバナ属・ハタザオ属など大半の種類は長角果を形成し、イヌナズナ属・グンバイナズナ属・スカシタゴボウ・ナズナ属・マメグンバイナズナ属の植物は、短角果を形成する。

③果実は熟すと、仮膜を残して2片に分かれ、その際に中の種子をはじき飛ばして散布する。

マメグンバイナズナ（短角果を形成・左）とイヌガラシ（長角果を形成・上）。ともに蕾から開花部分は散房花序で、果実部分は総状花序（果序）である

アリロイド

アリロイドとは

種皮の付属物をまとめてアリロイドという。一般に、糖分や脂肪分を含み、動物に食べられることにより**タネ散布**（158頁）の役をしている。アリロイドには仮種皮、套皮、種枕、ストロフィオールなどがある。種髪や種翼も種皮の付属物であるが、通常これらはアリロイドに含めない。次に、それぞれについて説明する。

仮種皮とは

珠柄、または**胎座**（152頁）が肥厚して種子全体を覆うようになったものを仮種皮という。種衣ともいう。多くの場合、鳥にタネを散布してもらうためにある。

仮種皮は、イチイ属では液質、カヤ属では繊維質、スイレン属では膜質、ツルウメモドキ属・トベラ属・ニシキギ属では果肉質、ナンキンハゼでは蝋質となる。

套皮とは

套皮とは、雌花の鱗片（種鱗）が肥厚し、種子を包むようになったもので、マキ属に見られる。

種枕・ストロフィオールとは

珠皮起源の多肉質の付属物を種枕という。種阜とかカルンクルともいう。狭義には珠孔近くにできる付属物をいい、珠柄近くにできる付属物はストロフィオールという。狭義の種枕の例としては、カタクリ属・トウダイグサ属などがあり、ストロフィオールの例としては、キケマン属・クサノオウ属・コマクサ属・タケニグサ属などがある。

エライオソームとは

仮種皮や種枕などのアリロイドのうち、アリの餌となってタネ散布の役をする場合、これらの付属物をエライオソームという。

仮種皮

ツリバナ　マユミ　ニシキギ　カヤ（仮種皮を半分除去）　イチイ

種枕

タケニグサ（左）とそのタネを運ぶアリ（右）　カタクリ

套皮

イヌマキ（赤い部分は花托が肥厚し、色づいたもの）　ナギ（左の実は套皮を半分除去）

アレロパシー

ハマナス。腺毛から出される
ルゴサルＡには抗菌作用がある

アレロパシーとは

アレロパシーとは、植物から出される物質がほかの生物に与える生化学的作用のことで、allelopathyとつづり、他感作用と訳される。

アレロパシーは、１９３７年にハンス・モーリシュ（ドイツ）により発見された。

フィトンチッド（223頁）という言葉と同義のようだが、アレロパシーは作用に対して用いられる言葉であるのに対し、フィトンチッドはその作用を起こす物質のことである。したがって、アレロパシーを起こす物質が広義のフィトンチッドに相当する。

アレロパシーは、自然生態系において植生の遷移要因の1つとされ、また、農業・園芸の分野においては、栽培植物の生育阻害や連作障害の原因の1つとされる。

アレロパシーの作用経路

アレロパシーの作用経路には、主に次の3とおりがある。

①揮散（葉など地上部から揮発性物質として放出される）。

②溶脱（リーチングともいう。葉・枝または枯れ葉・枯れ枝などから放出される物質が雨などに溶けて出てくる）。

③滲出（根など地下部からしみ出る）。

アレロパシー物質として特定されている物質の例

アレロパシー物質として特定されている物質には次のようなものがある。

・クルミが出すユグロン（この物質によりクルミの木の下にはあまり草が生えないといわれる）。

・セイタカアワダチソウが出すデ・ヒドロ・マトリカリア・エステル（この物質によりほかの植物の根の伸長が阻害される）。

・ハマナスが出すルゴサルＡ（腺毛でつくり出される抗菌物質で、ハスモンヨトウに対し摂食阻害を起こすことでも知られる）。

・マリーゴールドが出すα－テルチエニル（殺センチュウ物質で、農業分野でセンチュウの駆除に応用されているだけでなく、昆虫や植物などに対しても阻害作用が強いため雑草抑制も期待できるという）。

・クロタラリアの出すモノクロタリン（ネコブセンチュウに対し抑制効果があり、農業分野で応用されている）。

アレロパシーと共栄作物

アレロパシーは、必ずしもほかの生物に対しマイナスとなる作用だけではない。その例として、マツの木の下でイチゴを育てるとよく生育し、実の風味もよくなるという。そのほか、共栄作物として次のような組み合わせが、あくまでも経験的にではあるが知られている。

（例）エンドウマメとオオムギ・エンバク、カラシナとソバ、バラとユリ、チューリップとコノテガシワ、ヒイラギとカラマツ。

あ

生垣（いけがき）

シラカシの高生垣

垣・生垣とは

垣とは「限り」が語源といわれ、庭などを限定するための囲いである。材料として使われるものに竹・板・植物などがあり、生きた植物を使ったものが生垣である。

生垣の機能

生垣には、
①境界・仕切り・区画
②目隠し
③装飾
④保安
⑤防風
⑥防音
⑦防火
⑧防潮
⑨大気の浄化や汚染物質の吸着
などの機能がある。

異種の生垣を適切な間隔で交互に配し、そこに金閣寺垣を添えた創作生垣

生垣の種類

生垣は通常、高さ（低いか高いか中くらいか）や、植栽樹種の種類数（1種類か複数種類か）で分類される。

【高さによる分類】
低生垣：高さ1メートル以下、庭園の生垣、仕切りとしての生垣。
並生垣：高さ1〜2メートル。
高生垣：高さ2メートル以上、防風用、防火用などを目的としたもの。樹種としては、イヌマキ・サンゴジュ・シラカシ・スダジイ・モッコクなど。

【樹種が1種類か複数種類かによる分類】
単植生垣：1種類の樹種でつくられた生垣。
混植生垣：2種類以上の樹種でつくられた生垣。

生垣用の樹種として望ましい条件

生垣用の樹種として望ましい条件としては次のようなことが考えられるが、植栽される場所

混植生垣（ヒサカキ・ツバキ・ナワシログミ・ウバメガシ・トウネズミモチなどを混植。種類により枝の伸長が違うので管理が大変）

形態 分類 生理 生態 環境 文化

により条件、それぞれの条件の重要度は大いに異なる。

①強い刈り込みに耐える。
②病害虫に強い。
③乾燥に強い。
④日陰に耐える。また、直射日光にも強い。
⑤花が美しい、紅葉がきれいなど装飾性が高い。
⑥周年緑を保つ。
⑦下のほうの枝の枯れ込みが少ない。
⑧成長が早過ぎない程度に早い。
⑨その土地の気候風土に適する。
⑩苗が安価に入手できる。

生垣用の樹種

生垣用の樹種は、地域や目的、好みによりいろいろなものが使われるが、前述した生垣用樹種として望ましい条件を多く備えている種類が

サワラ。
針葉樹で季節感はあまりないが、周年緑を保つ

一般には使われる。次に、比較的よく用いられる樹種を、針葉樹・常緑広葉樹・落葉広葉樹に分けて紹介する。

【針葉樹】
イヌマキ・カイヅカイブキ・コノテガシワ・スギ・タマイブキ・チャボヒバ・ナギ・ヒノキ・ヒムロ。

【常緑広葉樹】
アラカシ・イスノキ・イヌツゲ・イボタノキ・ウバメガシ・カナメモチ・カンツバキ・キョウチクトウ・サツキ・サンゴジュ・シラカシ・トベラ・チャノキ・ツツジ類・ネズミモチ・ハマヒサカキ・ヒイラギ・ピラカンサ類・マサキ・モクセイ類。

【落葉広葉樹】
カラタチ・ドウダンツツジ・ハギ。

カナメモチ。
常緑広葉樹で、春の芽出しの時期は一面が赤くなり美しい

生垣の維持管理

生垣の維持管理作業としては、
①病害虫の防除
②整枝・剪定・刈込み
③施肥
④必要に応じ根切り
などがある。

マサキ

カンツバキ

ドウダンツツジ

カラタチ

ウイルス・原核生物・真核生物

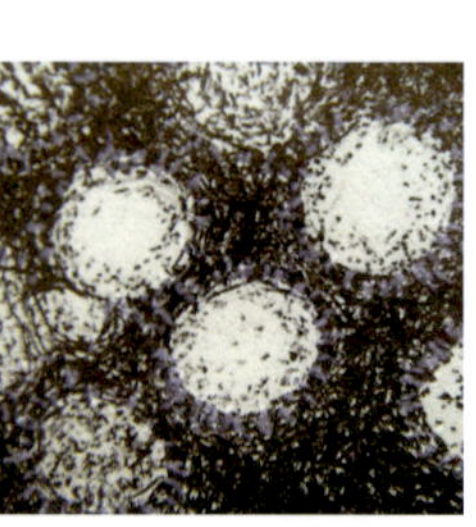
ウイルス

ウイルスとは

ウイルスは、かつてはビールスとかバイラスと呼ばれていたこともある。大きさは0・02〜0・3ミクロンほど（細菌の約10分の1の大きさ）で、多くは球状をしており、中心部に遺伝子（DNAまたはRNA：180頁）があり、その周囲をタンパク質の殻で覆っただけという単純な構造である。ウイルスは生命活動に必要なタンパク質を自分でつくり出すことができないため、生きている生物の細胞に寄生（感染）することで命をつないでいる。したがって、生物とはいえず、無生物との中間的な存在である。感染したウイルスは生物の細胞の機能を利用して自分の遺伝子を複製したり、タンパク質をつくり出したりする。こうして自分のコピーをつくり、細胞の外に出て、さらに別の細胞に感染するという形で、増殖をくり返す。感染された細胞は壊れたり、宿主生物の免疫機構により異物と認識されて排除されたりする。これが感染された生物における病気の症状といえる。

なお、抗生物質は病原菌の細胞の細胞壁やタンパク質の合成機能などを阻害することで病原菌を殺し、病気の治療薬として使われるが、ウイルスには細胞壁もタンパク質の合成機能もないため、抗生物質はウイルスに対し効果がない。

原核生物とは

原核生物は、核膜で仕切られた核を持たず、DNAがむき出しのまま細胞の中に散在する生物であり、細菌類や藍藻類がこれに属する。

真核生物とは

真核生物は、核膜で仕切られた核を持ち、その中にDNAを収める細胞でできている生物で、菌類・藻類・動物・植物などが真核生物である。

藻類（アオミドロ）　菌類（タマゴタケ）

植物（スカシユリ）

動物（オシドリ）

なお、ウイルス・細菌（バクテリア）・菌は混同されやすいが、まったく別の物である。例えば、コレラ菌・結核菌・根粒菌・納豆菌・乳酸菌などは細菌であり、菌根菌・黒穂菌・酵母菌・銹菌・麦かく菌・もんぱ病菌などは菌類であって細菌ではない。また、ウイルスは菌でも細菌でもないので、インフルエンザウイルスをインフルエンザ菌とはいわない。

～ウツギ

～ウツギという名の植物は多く、6科にわたってつけられている。これらの植物は～ウツギという名がつけられているだけで、それらの属する科は互いに近縁というわけではない。次に科・属ごとに～ウツギという名を有する植物を挙げる。

なお、ウツギは漢字で空木と書き、髄が中空の木ということである。ウツギ属に属する植物の髄はすべて中空であるが、ウツギ属の植物以外の髄は通常、中空ではない。ただ、ツクバネウツギなどではときに中空髄となる。また、次の植物はいずれも枝が切られると、切られた部位のすぐ下の節から上（切り口まで）は髄が枯れて、中空になりやすい。

【アジサイ科】
ウツギ属：ウツギ・ウメウツギ・ヒメウツギ・マルバウツギ。
バイカウツギ属：バイカウツギ。
アジサイ属：ガクウツギ・ノリウツギ。

【バラ科】
コゴメウツギ属：カナウツギ・コゴメウツギ。

【ドクウツギ科】
ドクウツギ属：ドクウツギ。

【ミツバウツギ科】
ミツバウツギ属：ミツバウツギ。

【ゴマノハグサ科】
フジウツギ属：コフジウツギ・フジウツギ。

【スイカズラ科】
ツクバネウツギ属：オオツクバネウツギ・コツクバネウツギ・ツクバネウツギ・ハナツクバネウツギ。
タニウツギ属：タニウツギ・ニシキウツギ・ハコネウツギ・ヤブウツギ。
イワツクバネウツギ属：イワツクバネウツギ。

ウツギは名前のとおり髄は中空である

ウツギ（アジサイ科）

ミツバウツギ（ミツバウツギ科）

ドクウツギ（ドクウツギ科）

コゴメウツギ（バラ科）

ノリウツギ（アジサイ科）

バイカウツギ（アジサイ科）

ハコネウツギ（スイカズラ科）

タニウツギ（スイカズラ科）

ツクバネウツギ（スイカズラ科）

オオツクバネウツギ（スイカズラ科）

フジウツギ（ゴマノハグサ科）

海辺（うみべ）の植物（しょくぶつ）

海辺における自然的条件

海辺は海水の飛沫（ひまつ）を受けたり、強い風が絶えず吹いたり、植物にとって生活しにくい自然的条件が多いところである。次に海辺における一般的な自然的条件を箇条書きにして記す。

・海水の飛沫を受ける。
・保水性が悪く、乾燥しやすい。
・絶えず強い風が吹く。
・砂浜では、砂が移動しやすい。
・有機物が少なく、貧栄養である。

海辺の植物の特徴

海辺で生活する植物は、前述の諸々の自然的悪条件を克服しなければならない。克服するための姿が海辺の植物の特徴ともいえる。次に海辺の植物の一般的な特徴を記す。

①厚いクチクラ層（クチクラ層は光は通すが、塩分は通さない）を持つ。このため光沢がある。例として、ハマサオトメカズラなど。
②葉に毛が生えている種類がある。例として、グミ類・トウテイランなど。
③葉にしわがある種類がある。例として、ハマナス・ラセイタソウなど。
④乾燥に耐えられるよう、葉（葉肉（ようにく））が厚い。特に葉が厚い植物の例としては、オカヒジキ・タイトゴメなど。
⑤丈が低い。
⑥葉の表面に蝋物質を分泌する種類がある。例として、ウンラン・ハマエンドウなど。
⑦梢が枯れていることが多い。
⑧風下になびくような樹形となることが多い。丈の高い草では風になびく形となる。例として、ケカモノハシ・ススキなど。
⑨砂浜の植物には横に旺盛に這う茎を持つ種類が多い。例として、コウボウムギ・ハマゴウ・ハマニガナなど。
⑩直根がよく発達する植物が多い。例として、ボタンボウフウ・ワダンなど。

海辺の植物は環境条件が厳しい分、はっきり住み分けることが多い。次に、砂浜・海岸袖・

ハマゴウ

タイトゴメ

ラセイタソウ

ハマサオトメカズラ

岩場ごとに、それぞれの場所に生活する植物の例を挙げる。

砂浜の植生

砂浜の植物では無駄な蒸散を防ぐためにクチクラ層が発達したり、塩水の飛沫から葉を守るため葉が厚く、多肉質になっているものが多い。砂が移動しやすいかどうかにより、生育する植物が異なる。

【砂の移動が激しい不安定帯に生える植物】

オニシバ・ケカモノハシ・コウボウムギ・ハマグルマ・ハマゴウ・ハマニガナ・ハマニンニク・ハマヒルガオ・ハマボウフウ。

【半安定帯に生える植物】

ウンラン・オニシバ・カワラヨモギ・ケカモノハシ・ビロードテンツキ。

【砂の移動がすくない安定帯に生える植物】

コマツヨイグサ・チガヤ・ツルナ・ハマエンドウ・ハマナス・メヒシバ。

海岸袖の植生

海岸袖では砂の移動はあまり激しくなく、比較的安定している。そのうえ有機物やごみがたまり、砂浜より肥沃になっている。このため、砂地質の袖群落の植生は砂浜の安定帯の植生によく似る。

【海岸袖に生える植物】

アシタバ・コウボウシバ・コマツヨイグサ・ダンチク・チガヤ・ツルナ・ツワブキ・テリハノイバラ・ナワシロイチゴ・ハマエンドウ・ハマオモト・ハマゴウ・ハチジョウススキ・ハマゼリ・ハマダイコン・ハマナス・ハマボウ・ハマボッス・ヒロハクサフジ・ボタンボウフウ・メヒシバ。

岩場の植生

岩場では絶えず吹き続ける強い風があり、海水の飛沫を受ける。また、岩の割れ目のわずかな土で生活せざるをえない。このため、一定の面積当たりの個体数や種類数が少なく、群生して生えることはあまりない。ここに生える植物ではクチクラ層が発達するか、茎や葉が多肉質となり、貯水機能を有する種類が多い。

【岩場によく生える植物】

アゼトウナ・イソギク・イワタイゲキ・イワダレソウ・オオウシノケグサ・オニヤブソテツ・クサスギカズラ・シオギク・タイトゴメ・ツワブキ・ハチジョウススキ・ハマギク・ハマナタマメ・ハマナデシコ・ハマボッス・ボタンボウフウ・ラセイタソウ・ワダン。

岩場に生えるイソギク

砂浜の安定帯に生えるハマエンドウ

海岸袖に生えるハマダイコン

砂浜の不安定帯に生えるハマグルマ

栄養生殖

無性生殖とは、栄養生殖とは

2つの生殖細胞が合体して、新しい個体をつくる生殖を有性生殖といい、有性生殖以外のすべての生殖を無性生殖という。無性生殖には、胞子生殖・**単為生殖**（163頁。これを有性生殖に入れる考えもある）・栄養生殖がある。

栄養生殖は胞子生殖・単為生殖以外の無性生殖で、むかごや不定芽を形成したり、地下器官の一部が分離・独立するなどによって行われる。栄養生殖によりできた新しい個体は、遺伝形質面では元の個体と同じである。このように同一の遺伝子型を有する個体群をクローンという。また、栄養生殖は植物自身が行うが、人為的に行うこと（人為的栄養繁殖）もできる。

次に、それぞれについて説明する。

むかごを形成する

むかごは腋芽が肥大したもので、落下して新しい個体をつくる。これには、葉となるべきものが肉質化して、複数個が若い茎についたもの（鱗芽※という）と、茎が肥大して球状となったもの（肉芽という）とがある。鱗芽の例として、コモチマンネングサ・オニユリなどがあり、肉芽の例としてはヤマノイモ・ムカゴイラクサなどがある。

※芽鱗を有する冬芽も鱗芽というので、混同しないように気をつけたい。

鱗芽（オニユリ）。
葉の腋についているのが、鱗芽。ユリの球根をコンパクトにした形である

肉芽（ヤマノイモ）。
ヤマノイモの肉芽はふかして、食べることができる

不定芽を形成する

葉や根の上に不定芽を形成し、それが幼植物の形態となった後、元の個体から分離する、という形で増える。葉上不定芽で増える例としては、コモチシダ・ショウジョウバカマ・セイロンベンケイなどがあり、根上不定芽で増える例としてはキイチゴ属などがある。

葉上不定芽（ショウジョウバカマ）。
葉の先が地面に接すると不定芽を出し、根を地中に伸ばし、やがて独立する

根上不定芽（マメザクラ）。
根の先のほうから不定芽を出し、やがて元の個体から分離する

地下器官の分離（イモカタバミ）

地下器官の一部を分離・独立する

根茎や匍匐枝・横走枝を伸ばして、その先や途中に幼苗を形成するもので、やがて根茎や匍匐枝・横走枝は切断されたり、枯死したりして幼苗が独立する、という形の栄養生殖である。例として、ホウチャクソウ属・ユキノシタなどがある。また、**球根植物**（66頁）の多くは、新しくできた球根が元の株から独立して増える。なお、一部の球根植物では、シーズン毎に球根は新旧交代して、元の球根は枯死する。

人為的栄養繁殖

人為的な栄養繁殖法には、挿し木・接ぎ木・取り木・伏せ取り木・株分け・球根による繁殖・組織培養などがある。次に、それぞれについて説明する。

挿し木：挿し木とは、茎や葉など植物体の一部を切り取って、挿し床に挿し、根と芽を出させ、新しい個体をつくる方法である。

接ぎ木：増やしたい個体の茎や芽などを切り取り、ほかの個体に切り込みを入れ、そこに接いで癒合させて個体を増やす方法を接ぎ木という。

取り木：茎に切り込みを入れたり、樹皮を環状に剥いだりして、その部分に水苔などを巻いて根を出させ、発根後に元の株から切り離して増やす方法を取り木という。

伏せ取り木（伏せ木）：取り木の1種で、枝にホルモン剤などを塗布するなど発根促進処理をしてから、その部分を土の中に埋めて発根させ、発根後に元の株から切り離すことにより増やす方法である。圧条法ということもある。

株分け：大きくなった株を根と芽を適切数つけて分割して増やす方法で、多年草などでしばしば行われる。

球根による繁殖：球根植物において、栽培中に増えた球根を元の球根から切り離して増やす方法で、球根を複数個に切って使う方法や、球根に傷をつけて傷口から新しい小さな球根をつくらせる方法もある。

組織培養：植物体の一部の組織を取り出し、ホルモン剤や栄養剤を入れた寒天などの培地で育て、新しい個体にして増やす方法である。このうち枝先にある茎頂を培養することを茎頂培養という。通常、栄養繁殖では元の個体がウイルス病にかかっていれば増殖した新しい個体もウイルス病にかかってしまうが、茎頂培養で増殖するとウイルスにかかっていない個体をつくり出せる（ただし、すべての個体をウイルスにかかっていないようにするのは難しい）うえ、1回に多数のクローン個体をつくり出すことができる。

接ぎ木（タギョウショウ）。下の黒い部分（クロマツ）に接いである

球根（ダリア）。
ダリアの場合は球根が上部でくっついているので、芽を1つずつつけるようにして、切り分ける

エチレンと植物

エチレンとは

エチレンは、化学式「C_2H_4」の無色の気体で、石油化学工業の重要な基礎原料である。植物界には広く存在し、ホルモンとして働く。植物以外の生物も微量ながらエチレンを放出しているが、動物や微生物におけるエチレンの生理的意義はまだはっきりとはわかっていないようである。また、石炭・石油・薪炭など、有機物を燃やした際の煙の中にもエチレンは存在する。

エチレンが植物に及ぼす影響

以前から、ガス灯の近くの**街路樹**（28頁）の落葉が早いことや、部屋で石油ストーブを使うとレモンの着色がよくなることは知られていた。オーストリアのニコライビッチ・ネルジュボフは、エンドウの芽生えがガス灯の明かりの室内で水平に伸びるのを不思議に思い、調査研究の結果、1901年にエチレンとアセチレンが関与していることを発見した。また、1934年にイギリスのリチャード・ゲインは、リンゴの果実からエチレンが出ていることを突き止めた。

1959年にガスクロマトグラフィーが開発されると、微量のエチレンを定量分析できるようになり、植物とエチレンとの関係がいろいろと調べられるようになった。

1971年、松川時晴らがテッポウユリの茎頂を毎日2時間おきに5回、および1時間おきに9回手でなでると、茎の長さが約半分になることを園芸学会で発表した。1974年に平城好明らが、テッポウユリを使って接触刺激によりエチレンが発生することを突き止めた。

前述のような先人たちによるいろいろな実験などによって、エチレンは植物ホルモンの1つであることがわかった。そして、その生理作用として、①果実の成熟促進、②葉・花・果実の離脱促進、③成長の抑制、④**休眠**（68頁）打破、⑤側根の発根促進、⑥開花の促進または抑制、⑦耐病性の増大、などが知られるようになった。これらから、エチレンはおおざっぱには植物の老化を促進するホルモンといえる。

なお、エチレンは気体であるため、ホルモンとして働くだけでなく、フェロモンとなったり、アレロケミカルとして働くこともあり（136頁「植物ホルモン」参照）、そのためほかの植物から出されたエチレンや煙などの中に含まれるエチレンが植物に生理的影響を与えることも多い。

エチレンの生理作用の例

次に、前述の生理作用について例を挙げる。

【①果実の成熟促進】

・青いバナナを煙でいぶすと成熟する。

・かつてメロンとスイカを一緒の船倉に積んで運んだ際、スイカの果肉が柔らかくなり、味が悪くなった。メロンはエチレンを多く出す果実で、そのメロンが出したエチレンでスイカが老化し、食味がぼけたのである。

・渋ガキをリンゴと一緒に置いておくと、渋が抜ける。これはリンゴから出たエチレンにより反応するものである。

【②葉・花・果実の離脱促進】

・温室で栽培していたバラが暖房用の石油ストーブの不完全燃焼によって一夜にして葉をすべて落としてしまった。

・いろいろな植物において受粉すると花びらが早く落ちる。雌しべが受粉すると、植物はエチレンを出し、花びらを落としたり、萎れさせるようにする。

・光化学スモッグのひどい日の後、街路樹の葉がいっせいに落ちることがある。これはスモッグの中のエチレンによる。

【③成長の抑制】

・キュウリの芽生えは、リンゴやメロンをそばに置くと伸びが非常に悪くなる。

【④休眠打破】

・フリージアやスイセンの球根は夏は休眠しているが、おがくずなどを燃やして、その煙で球根をいぶすことによって休眠を打破し、正月出荷など早くに花を咲かせることができる。これは煙の中のエチレンによって起こった球根の休眠打破である。

・ジャガイモをリンゴのそばに置くと、ジャガイモは休眠から覚めて芽を出す。

【⑤側根の発根促進】

・麦栽培で冬に行う麦踏みは土を北風に飛ばされないようにするだけでなく、苗を踏みつけることによってエチレンを発生させ、根が十分に張り、茎の太いしっかりとした株にする効果がある。

・挿し木をする際、通常は挿し穂を斜めに挿すが、これは斜めに挿すことによりそのストレスで挿し穂にエチレンを多く発生させ、発根を促すために行うのである。

【⑥開花促進または抑制】

・リンゴが積まれているコンテナにカーネーションの切り花を積んで輸送したところ、カーネーションの花がまったく咲かなかった。これはリンゴが出すエチレンにより反応したものと後でわかった。

・ハワイでパイナップル畑に隣接した藪が火事になった際、その周辺のパイナップルの開花が早まった。これは煙の中のエチレンがパイナップルに作用したものである。その後、同じ炭化水素のアセチレンにもこの効果があることがわかり、応用され、栽培されている。

・パイナップルと同じ仲間のアナナス類もアセチレンによる開花促進が認められ、アナナス類の葉がつくる筒の中にある水にカーバイドを入れてアセチレンを発生させ、開花を早めることができる。

【⑦耐病性の増大】

・通常、病気部位およびそこに隣接する部位ではエチレンの発生が異常に多くなるが、エチレンはポリフェノールオキシターゼなどの酵素の活性を高め、その結果、フェノール物質など病原菌に抵抗する物質を生産したり、リグニンの合成を促進し、病原菌の侵入を防いでいる。

園芸植物のエチレンに対する感受性

切り花は、エチレンに対し敏感に反応して花が傷みやすい種類がある一方、あまり反応しない種類もある。傷みやすさの程度を大・中・小に分けて次に記す。

【大きい】

アスチルベ・アネモネ・アルストロメリア・オンシジウム・カトレア・カーネーション・カスミソウ・キンギョソウ・クリスマスローズ・コチョウラン・スイートピー・スイセン・スカビオサ・ストック・ディモルフォセカ・デルフィニウム・デンファレ・ナノハナ・ヒペリカム・ブバルディア・ユウギリソウ・ユーストマ（トルコキキョウ）・ライラック・リンドウ。

【中くらい】

アジサイ・グロリオサ・ケイトウ・サクラ・センニチコウ・ダリア・ネリネ・バラ・ホワイトレースフラワー・ミモザアカシア・モモ。

【小さい】

アイリス・アスター・アマリリス・アンスリウム・オーニソガラム・ガーベラ・カラー・キク・クジャクソウ・グラジオラス・コスモス・サンダーソニア・ジンジャ・ススキ・ス

ターチスシニュアタ・チューリップ・ホウセンカ・マトリカリア・ムスカリ・ラナンキュラス・ロベリア・ワックスフラワー・ワスレナグサ。

なお、エチレンを多く出す果物としてリンゴ・メロン・アボカド・セイヨウナシが、逆にほとんど出さない果物としてブドウが知られている。

エチレンが植物に及ぼす作用の実験

【植物をなでることが草丈や開花に及ぼす実験】

オオボウシバナ（ツユクサの品種で、花や葉が非常に大きい）の挿し木苗を6本鉢に植えたものを2鉢用意し、できるだけ同じ環境に置いたうえで、片方の鉢の苗を1日3回写真のような刷毛（はけ）で1回当たり40往復なで、もう片方は対照区としてなでずに育てた。そして、この2つの鉢の生育の差を見てみた。その実験結果は次のとおりである。

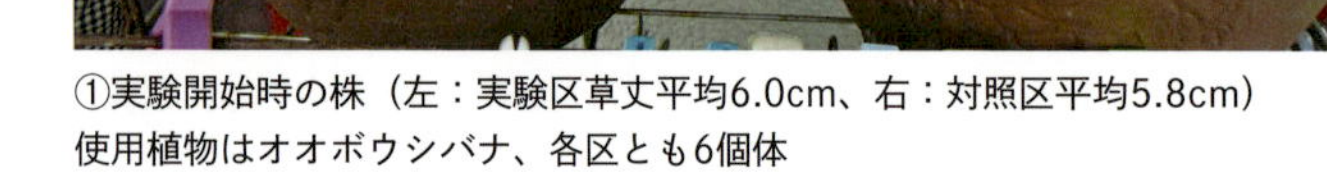

①実験開始時の株（左：実験区草丈平均6.0cm、右：対照区平均5.8cm）
使用植物はオオボウシバナ、各区とも6個体

実験区の株をこのような道具で
毎日3回、1回当たり40往復なでる

③実験開始49日後の状態（左：実験区では開花3個、大きな蕾4個、右：対照区では開花8個、大きな蕾7個）

②実験開始15日後の状態
（左：実験区では草丈平均12.3cm、右：対照区では17.7cm）

【エチレンがカーネーションの切り花に及ぼす実験】

蕾(つぼみ)と開花した花がそれぞれ1個ずつついているカーネーションの切り花を2本用意し、1本はリンゴを使って16時間エチレンに当て、もう1本は対照区として何もしないで、両方の切り花の開花具合を比較した。その実験結果は次のとおりである。

①左は対照区の切り花、右は処理区の切り花で、ともにエチレン処理前の状態

②左は対照区の切り花、右はエチレンを16時間処理した直後の切り花（開いていた花も蕾もエチレン処理前に比べ委縮が始まっている）

③エチレン処理後1日経った切り花（対照区の開きかかっていた蕾は咲いたが、エチレン処理区の蕾は咲かずに黄色く枯れはじめ、結局咲かなかった。また、咲いていた花も対照区ではそのまま開花しているが、エチレン処理区の開花していた花ではしぼんで、黄色く枯れはじめ、結局2日後にはほぼ枯れた）

column

草紅葉(くさもみじ)を楽しむ

秋に多くの草が地上部をただ枯らしていくなか、一部の草本(そうほん)植物は紅葉(こうよう)（草紅葉という）してから枯れる。意外と美しいものもあり、その一部を紹介する。

ヤマノイモ。
普通は黄葉するが、
橙色に近い色にもなる

コキア（ホウキグサ）。
草紅葉のなかでも一品。
観光資源にされることも

オニドコロ。
鮮やかな黄色で、美しい

塩基性岩地と植物

塩基性岩とは

酸と反応して塩をつくる物質を塩基というが、その性質をもつ岩石を塩基性（塩基性とはおおざっぱにいえばアルカリ性のことである）岩という。これには石灰岩や超塩基性の蛇紋岩・かんらん岩などがある。

石灰岩は、炭酸カルシウムを主成分とする堆積岩で、貝殻・有孔虫・サンゴ・フズリナなど石灰質の生物の遺骸が堆積してできたり、海水中の石灰分が沈殿してできたものである。普通は白色から灰色であり、石灰やセメントの原料となる。

蛇紋岩はほぼ蛇紋石からなる緻密な岩石で、超塩基性、黄緑色から暗緑色を呈するが、ときに方解石を多量に含み白い斑模様となる。かんらん岩や輝岩が変成作用を受けてできた変成岩である。

かんらん岩は、かんらん石と輝石を主成分とする黒色の火成岩で、超塩基性岩である。変成して蛇紋岩になりやすい。マントル上半部をつくる岩石が地表に出てきたものとされる。

石灰岩

蛇紋岩

かんらん岩

塩基性岩地と植物

わが国は雨が多く、樹林が発達するため、概して自然には**草原**（148頁）ができにくく、樹林のできないところにのみ草原ができる。例えば、高山に見られるお花畑は寒冷で樹林ができないから、標高の高いところにできるのである。ただ、実際には通常なら生えることのないような標高の低いところにも高山植物が見られる。それは、その場所が樹林ができないような寒冷以外の過酷な環境の場所だからである。植物たちにとって過酷な環境の場所の1つに塩基性ないし超塩基性の岩石地がある。塩基性岩には前述のとおり石灰岩とかんらん岩・蛇紋岩などがあるが、次に、それぞれがどうして植物が育ちにくいのかについて記す。

石灰岩地はカルシウムが過剰なため、カリウム・マグネシウムといった植物が生育するのに不可欠な養分の吸収を阻害する。そのうえ、石灰岩は風化しにくく土壌の発達が悪い。また、乾燥しやすく、植物は生育しにくい。そのため、樹林はできにくい。

かんらん岩地や蛇紋岩地は、植物の生育を阻害するニッケルやクロムなどの金属類を多く含み、さらにマグネシウムを多く含むため、植物がカルシウムを吸収するのを阻害し、カルシウム不足になりやすい。そのうえ、かんらん岩や蛇紋岩は風化すると砂礫化して、崩れやすくなる。植物の生育はもちろん、樹林の形成には非常に不向きな場所である。

　塩基性岩地は植物にとって非常に生育しにくく、それを克服した植物だけが生育する場所となっているのである。例えば、北海道のアポイ岳は蛇紋岩地で、超塩基性岩地に適応したヒダカソウが生える。この植物の祖先が氷期などに日本にやってきて、塩基性岩が露出する山地に遺存しているのである。また、伊吹山などの石灰岩の山ではこの岩石に適応した、ヒメフウロやキバナハタザオなどが見られる。

ヒメフウロ

　さらに、シロヤマブキやチョウジガマズミといった**阿哲要素の植物**（10頁）が岡山県の阿哲地区に生育するのも、ここが石灰岩質だからである。氷期にほぼ大陸続きとなった日本に、南下して来た満鮮要素の植物たちは、氷期後、暖かくなって北上したが、一部の植物たちが阿哲地区の石灰岩質の場所に遺存したのである。

わが国の塩基性岩質の山々

　わが国は海洋プレートが大陸プレートの下に沈み込む特殊な場所の上にあり、沈み込む際に海洋プレートの堆積物の一部を陸地に付加するので、わが国の山々はさまざまな地質が狭い国土の中にあるのが特徴である。

　塩基性岩についていえば、石灰岩質の山として滋賀県と岐阜県の県境にある伊吹山、飛騨山脈の白馬岳・清水岳、赤石山脈の北岳・光岳、北海道の崕山・大平山などがある。蛇紋岩質またはかんらん岩質の山としては、早池峰山、至仏山、アポイ岳、夕張岳、四国の東赤石山などがある。

　これらの山々には塩基性岩地であるがゆえに、低標高地でも高山植物が生えていたり、その山固有の植物が生えているのである。

伊吹山

チョウジガマズミ

街路樹（がいろじゅ）

街路樹とは

市街の美観・保健・環境保全・保安などのために、街路に沿ってほぼ一定の間隔で植えてある木を街路樹という。

街路樹として必要とされる要件

街路樹は街路沿いという特殊な環境に植栽（しょくさい）されるため、どんな樹種でも良いというわけではない。街路樹として必要とされる要件には次のようなことがある。一概には言えないが、おおざっぱに言えば、これらのできるだけ多くを備えた樹種が街路樹に適するものといえる。

- 大気汚染に強い（都市環境に対する適応性がある）。
- 病害虫が少なく、強健である。
- 踏み固められた土地でも生育できる。
- 土壌に対する適応性が高い（乾燥や貧栄養でも生育できる）。
- 樹齢が長い。
- 萌芽力（ほうがりょく）旺盛で、強い剪定（せんてい）にも耐える。
- ある程度の大きさの苗でも移植（いしょく）ができる。
- 観賞価値が高い（花・紅黄葉・木肌などが美しい）。

大気汚染に特に強い樹種

街路樹として必要な要件のなかでも大気汚染に強いことは重要なので、次に大気汚染に特に強いといわれる樹種を高木～低木ごとに常緑樹と落葉樹に分けて列挙する。

【高木】

〈常緑樹〉ウバメガシ・クロガネモチ・サンゴジュ・シラカシ・マテバシイ・モチノキ・ヤマモモ。

〈落葉樹〉アオギリ・アキニレ・イチョウ・オオシマザクラ・クヌギ・コナラ・サトザクラ・センダン・トウカエデ・ナンキンハゼ・ニセアカシア・ニワウルシ（シンジュ）・ハンノキ・プラタナス・ユリノキ。

【中木】

〈常緑樹〉イヌツゲ・カイヅカイブキ・カクレミノ・キョウチクトウ・ネズミモチ・マサキ・モッコク。

〈落葉樹〉ハナズオウ・モクレン。

【低木】

〈常緑樹〉オオムラサキツツジ・サツキ・シャリンバイ・チャノキ・ハナツクバネウツギ・ヤツデ・ヤマツツジ。

〈落葉樹〉ウメモドキ・トサミズキ・ニシキギ・ハコネウツギ・ヒュウガミズキ・ムクゲ・ヤマハギ・レンギョウ類。

イチョウ
晩秋の葉は美しい。多くの自治体で雌木は植えないようにしているが、完全にはいかず、落ちたギンナンで悪臭がする

街路樹に使用されている樹種ベスト5と、それぞれの街路樹としての特徴

次に、高木のなかで街路樹として使用されている樹種ベスト5を挙げ、それぞれの樹種の街路樹としての長所と短所を記す。

【イチョウ】

長所：樹形がいい、黄葉が美しい、寿命が長い、性質が極めて強健で、都市環境に強い、土壌を選ばない、移植容易、強剪定に耐える。

短所：ギンナンは悪臭を発しかぶれる、生長が早すぎる、枯れ葉で車がスリップしやすい、根で歩道が凸凹になりやすい。

【サクラ類（ここではソメイヨシノの特徴を記す）】

長所：花が美しい。

短所：比較的短命、成木の移植は難かしい、過湿を嫌う、剪定を嫌う、病害虫に弱い（アメリカシロヒトリ・天狗巣病（てんぐすびょう））。

ソメイヨシノ
わが国の国花（p.88）であるサクラは街路樹にもよく使われる。特にソメイヨシノは美しいが、比較的、短命なのが欠点である

プラタナス類
スズカケノキとモミジバスズカケノキは木肌が美しいが、アメリカスズカケノキはその美しさがない

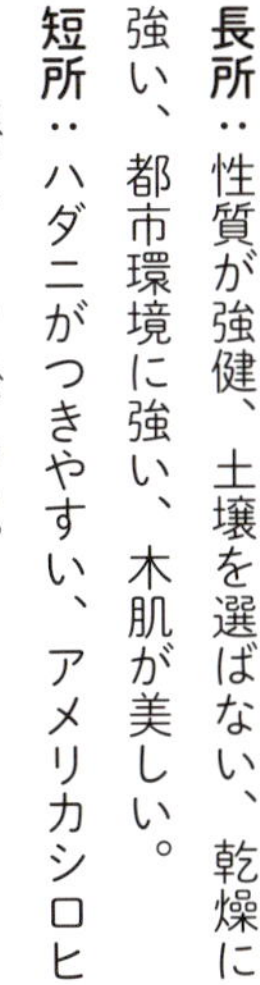

【プラタナス類（スズカケノキ類）】

長所：性質が強健、土壌を選ばない、乾燥に強い、都市環境に強い、木肌が美しい。

短所：ハダニがつきやすい、アメリカシロヒトリ※がつくことがある。

※ヒトリガの1種で、北アメリカ原産。1945年ごろにわが国に渡来し、現在は全国的に帰化（きか）。幼虫は各種樹木の葉を食害。特に、プラタナス類やサクラ類などに被害が多い。

【トウカエデ】

長所：黄葉は美しい（特に寒冷地では）、樹形がいい、性質が強健、土壌を選ばない、強い剪定に耐える。

短所：生長が早すぎる、日当たりを好む、うどんこ病にかかりやすい、枝が固く剪定が大変。

【ケヤキ】

長所：新緑が美しい、冬の樹形が美しい、病害虫が少ない。

短所：肥沃な土壌を好む、生長が早すぎる、強い剪定をすると樹形が悪くなる。

ケヤキ
樹形が美しく、冬にそれが目立つ。秋に葉が褐色になることが多いが、ときに美しい紅葉となることもある

トウカエデ
樹形がいい、性質が強健、強い剪定に耐えるなど街路樹としての要件を備えるが、枝が固く、剪定が大変なのが難点である

学名

学名とは

「難波の葦は伊勢の浜荻」という諺があるように、日本国内でも呼び名がいろいろある各種生物の名称を、世界共通の学術用語としてスウェーデンの博物学者カール・フォン・リンネが考案したのが学名である。

　すなわち、学名は生物に与えられた①学術上の名称で、②基本的に統一されている名称であり、③世界共通の名称であることに大きな意義がある。

ハンショウヅル

学名の表記法

生物の種の学名は、その種が属する属の名称の後に種小名（種形容語ともいう）をつけることによって表す。正式にはこの後ろに命名した人の名前をつけるが、省略しても構わない。

　すなわち、属名＋種小名（＋命名者名）＝種名ということであり、1例を挙げるとハンショウヅルは、*Clematis japonica* Thunbergとなる。この方法によると、単純であり、分類上の位置づけが明瞭という点ですぐれている。例えば、この例ではハンショウヅルがセンニンソウ属（Clematis）に属するということがわかる。

　学名はラテン語またはギリシャ語、およびラテン語化した語を使用し、属名は名詞を、種小名は形容詞または名詞の属格（英語でいう所有格に当たる）を使うことになっている。なお、植物の学名は国際藻類・菌類・植物命名規約に基づき命名される。

亜種・変種・品種の表記法

亜種・変種・品種（104頁「種」参照）の表記法は、種名の後に亜種ならsubsp.を、変種ならvar.を、品種ならformaまたはf.をつけ、その後に亜種名・変種名・品種名を書いて表す。

（例）*Viola yezoensis*（ヒカゲスミレを表す。このままだと本来品種であるタカオスミレなども含む）。*Viola yezoensis* f. *discolor*（タカオスミレを表す。これにより、タカオスミレがヒカゲスミレの品種であることがわかる）。

　基本種（前の例ではヒカゲスミレ）だけを表記するには、f.などの後に種小名を再度記すことによって表す。

（例）*Viola yezoensis* f. *yezoensis*（こうすることにより、タカオスミレなどの品種を含まず、ヒカゲスミレのみを指すことができる）。

　なお、基本種と品種などとの関係は、基本種のほうが先に命名されただけで、品種などが基本種から進化した（生じた）ことを意味しない。例えば、エドヒガン *Cerasus pendula* f. *ascendens* は、シダレザクラ *Cerasus pendula* の品種であるが、シダレザクラから進化したことを意味するわけではない。

交雑種（こうざつしゅ）の表記法

種間雑種を表記する場合は、種小名の前に×の記号をつけて示すが、省略されることも多い。

（例）Cerasus × yedoensis（ソメイヨシノ）

また、属間交雑種は、新しい属名の前に×の記号をつけて示す。

（例）× Cupressocyparis（Cupressocyparis は、Chamaecyparis と Cupressus との交配によりできた新しい属の名）。

栽培品種の表記法

栽培品種の表記法は、国際栽培植物命名規約に基づいて命名されており、栽培品種名を種名の後に引用符' 'でくくって示す。なお、以前は種名の後にcv.をつけてその後に栽培品種名を書いて表記していた。

（例）*Cyclamen persicum* 'Gogh'（シクラメンのゴッホという園芸品種）。

Cyclamen persicum cv. Gogh（旧来の表記法による）。

タカオスミレ

属名+sp. および、属名+spp. の意味

属名の後（種小名の位置）にsp.やspp.をつけることにより特殊な意味を持たせることがある。

・属名 + sp. … この属に属することはわかっているが、種が同定できないときなどに使用する。

（例）*Rosa* sp. はバラ属の1種という意味。

・属名 + spp. …は、その属の複数の種を示す。

ラテン語の初歩的な特徴

次に、ラテン語の非常に初歩的な特徴を記す。

名詞には性（男性・女性・中性）があり、男性名詞はusで、女性名詞はaで、中性名詞はumで終わるものが多い。なお、名詞の最初の文字は大文字で書く。

形容詞は名詞の後または前につき、名詞の性と一致させるため、同じ形容詞でも名詞に応じて語尾が変化する。ただし、学名においては属名の性と種小名の性が一致していない場合も少しある（これの理由はいろいろである）。

なお、形容詞はすべて小文字で書く（固有名詞由来の種小名は最初の文字を大文字で書くこともある）。

形容詞の主な語尾変化

	～usの語尾変化	～isの語尾変化	～erの語尾変化
男性名詞を修飾する場合	～us（例：albus＝白い）	～is（例：yezoensis＝蝦夷に産する）	～er（例：ruber=赤い）
女性名詞を修飾する場合	～a（例：alba）	～is（例：yezoensis）	～ra（例：rubra）
中性名詞を修飾する場合	～um（例：album）	～e（例：yezoense）	～rum（例：rubrum）

形容詞の主な語尾変化

	～erの語尾変化	～orの語尾変化	～oidesの語尾変化	～colorの語尾変化
男性名詞を修飾する場合	～er（例：acer＝鋭い）	～or（例：gracilior＝かわいらしい）	～oides（例：aralioides＝タラノキに似た）	～color（例：concolor＝同色の）
女性名詞を修飾する場合	～ris（例：acris）	～or（例：gracilior）	～oides（例：aralioides）	～color（例：concolor）
中性名詞を修飾する場合	～re（例：acre）	～us（例：gracilius）	～oides（例：aralioides）	～color（例：concolor）

学名の読み方

学名をどのように読むかは自由だが、ラテン語の発音はローマ字読みに近いので、基本的にローマ字読みするとよい（特にわが国ではローマ字読みする人が多い）。一部、特殊な読み方がされる場合があるので次に記す。

【特殊な場合の読み方】

ae：アエ（エと読まれることもある）
au：アウ（オーと読まれることもある）
eu：エウ（ユーと読まれることもある）
oe：オエ（エと読まれることもある）
c・ch：カ・キ・ク・ケ・コ（ときにサ・シ・ス・セ・ソと読まれる）
i：iが子音で使われた場合はjと同じ発音
j：ヤ・イ・ユ・イエ・ヨ
ph：ファ・フィ・フ・フェ・フォ
qu：クア・クイ・ク・クエ・クオ
th：タ・ティ・ツ・テ・ト（英語的に発音してサ・シ・ス・セ・ソ）
v：ウァ・ウィ・ウ・ウエ・ウォ（英語的に発音してヴァ・ヴィ・ヴ・ヴェ・ヴォ）
x：クサ・クシ・クス・クセ・クソ
y：母音のときはイュ、子音のときはヤ・イ・ユ・イエ・ヨ

命名者名について

命名者名はしばしば省略されるが、少し命名者名について記す。AおよびBは人名である。

・命名者名が、A & BないしA et Bとなっている場合は、AとBが共同で命名したことを意味する。
・命名者名が、A & al. ないしA et al. となっている場合は、共同命名者が3名以上いて、代表者がAであることを意味する。
・命名者名が、A f. となっている場合は、すでに別の植物を命名しているAの息子がこの植物を命名したことを意味する。f. はfilius（息子）の省略形である。
・命名者名が、（A）Bとなっている場合は、初めにAが命名したが、Bが分類を見直し、再設定して、学名をつけ直したことを意味する。
・命名者名が、A ex Bとなっている場合は、Aが最初に命名したが、発表していなかったり、記載が十分でなかったりしていたものをBが代わりに発表したことを意味する。
・命名者名は通常、省略しないが、特に有名で大量に命名した人の場合、ピリオド（.）をつけて省略する慣習がある。
（例）LinnaeusをL.、ThunbergをThunb.など。

column カタクリの雑学 その1

春植物を代表するカタクリについて、次にいろいろと記す。

カタクリはユリ科の多年草である

カタクリはユリ科に属し、花には萼片（植物学的には外花被片という）3枚、花弁（内花被片という）3枚、雄しべ6本、雌しべ1本があり、雌しべの先は3裂し、子房は上位である（以上はユリ科の基本的な特徴）。

また、カタクリは多年草で、個体の寿命は15～20年といわれている（ただし、はっきりとは調べられていないようである）。

カタクリは冷温帯の植物である

カタクリは冷温帯の植物で、わが国では主に東北地方や北陸地方に自生している。氷河時代にカタクリをはじめとする冷温帯の植物たちは南下し、今の暖温帯の地域に逃れてきて、縄文時代になって暖かくなるとその大半は元の冷温帯域に戻ったり、暖温帯域なら標高の高いところに登ったが、一部の植物のごく一部が特殊な条件の場所（沖積錐：扇状地の急な斜面にできたもの）や、段丘崖の北斜面で、落葉樹が多く生えているようなところに避難して残ることができた。

カタクリ。花の形が端正で、色も春らしく、まさに春植物の代表である

カタクリは関東地方では雑木林がつくられるようになってから増えた

関東地方の平地～丘陵地には江戸時代以降に新田が開発され、クヌギやコナラなどの落葉樹の雑木林がつくられるようになり、しっかりと管理がなされるようになって、カタクリは雑木林の林床に現在、見られるように大きな面で花を咲かせるようになった。

カタクリは関東地方では下に小川が流れる北斜面に生えていることが多い

カタクリは本来冷温帯の植物なので、関東地方の平野部はこの植物にとって夏は暑すぎ、また乾きすぎる。このため、関東地方では雑木林の北斜面～北東斜面で、下に水の流れがあるところに生えていることが多い。

カタクリは関東地方では
雑木林の北斜面に生えることが多い

カタクリはシベリア生まれの第三紀周北極要素の植物である

カタクリの祖先は3500万年前（第三紀の中ごろ）にシベリアでブナ・ミズナラなどの落葉広葉樹林の林床に出現した。温暖なこの時期周北極域に広がり、第三紀中新世（2400万年前に始まる）の寒冷期に南下。この際、乾燥地帯を避けて、東アジア・ヨーロッパ・アメリカ東部と西部に隔離分布する形となった。このような植物を**第三紀周北極要素の植物**（154頁）という。

北アメリカに自生するカタクリの黄花種

カタクリの仲間は東アジア・北アメリカ・ヨーロッパに合計24種が自生する

　前述のとおりカタクリの仲間は第三紀周北極要素の植物で、それぞれの地域に自生する種数は、東アジア（日本を含む）に1種、シベリアに1種、ヨーロッパのコーカサス地方に2種、北アメリカ東部に5種、北アメリカ西部に15種、合計24種である。なお、北アメリカに自生する種類は黄色い花を咲かせる種が多い。

カタクリは代表的な春植物で、1年を2か月で過ごす植物である

　カタクリは、夏は葉を茂らせるが冬は落葉する落葉樹林の林床に生え、早春に木々が葉を展開する前（早い個体では2月下旬）に芽を出し、落葉樹が葉を広げる5月までに、すなわち、林床が暗くなる前に地上部を枯らしてしまう。こういう草花を春植物（スプリング・エフェメラル）という。ただし、地下部は9月から動き出し、10～11月には翌春咲かせるための花芽ができている。

カタクリの花びらは10℃くらいで開きはじめ、17～20℃で反転する

　カタクリの花びら（植物学的には花被片という）は、虫が活動を始める10℃くらいから一部の個体で開きはじめ、活発に活動する17～20℃でほぼすべての個体で花びらが反転する。ただ、曇天の場合は温度にかかわらず花びらは反転しにくい。

カタクリの花の寿命は7～8日間である

　カタクリの開花中の天気や受粉したかどうかによって違うと思われるが、1輪の花の寿命は7～8日間である。

カタクリの花粉はギフチョウやハナバチによって運ばれる

　カタクリは虫媒花で、ギフチョウやハナバチによって受粉してもらっている。花はチョウの好みの紫桃色で、また、赤紫色の蜜標で虫たちに蜜のありかを教えている（蜜標の形は個体ごとに異なり、同じ形のものはない）。

　さらに、雄しべと雌しべを花びらより下に出るようにして、虫の止まり場所を提供し、雄しべ雌しべに止まらせることによって花粉が確実に虫の腹部につくようにしている。しかも、雄しべの長さには長いのと短いのが3

右上は開花後2日目（花色は紫桃色）、右下は8日目（花は白茶けている）、左上は10日目（花びらはほぼ枯れている）

column

カタクリの雑学 その1

本ずつあり、花粉が虫につく面積を大きくしている。

濃紫色のW字が蜜標（矢印）。雄しべに長短がある

ギフチョウ
春に羽化し、カタクリの花の雌しべと雄しべを抱くように止まって、吸蜜する

カタクリの花はフラボノイド系色素とアントシアニンで発色している

カタクリの花の色はベンジンテストでは変化なく、アンモニアテストで緑色に変化し、塩酸テストで桃色を呈するので、フラボノイド系色素とアントシアニンで発色している。

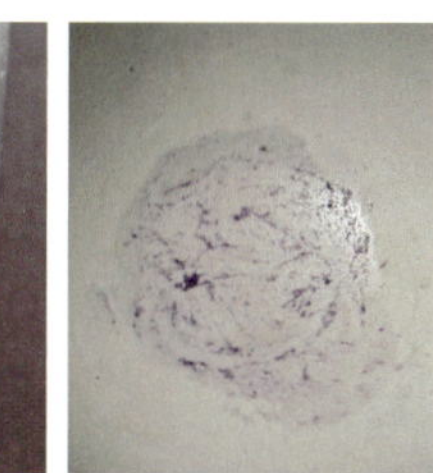

右上の写真はベンジンテスト、右下の写真はアンモニアテスト、左上の写真は塩酸テストの結果である

カタクリは自家不和合性が強い

カタクリは開花初日、花粉を盛んに出しており、その際は雌しべの先をほぼ閉じていて、自分の花粉を受けつけにくくしている。2日目以降に雌しべの先は3裂してはっきりと開く。このように雌しべと雄しべの熟期を少しずらして、できる限り同花受粉を避けるようにしている。また、同花受粉しても花粉管が伸びず、自分の花粉では受精しない（この性質を自家不和合性という）。こうして近交弱勢を避けている。

右の花では雌しべの先はほぼ閉じているが、左の花では3つに裂けて開いている

カタクリの1つの莢には種子が30粒くらい入っている

カタクリの雌しべの子房の中には種子のもととなる胚珠が生育のよい個体では通常30数個あり、花が終わると莢（植物学上は蒴果という）ができ、受精の行われ具合によって莢の中に数粒～30数粒の種子ができる。莢は熟すと3裂して種子はこぼれる。

莢。中に種子が入っていて、熟すと3裂して種子はこぼれる

果実（かじつ）

果実・実とは

植物学上の果実は、被子（ひし）植物の子房（しぼう）が花後に発達して生じた器官で、中に胚珠（はいしゅ）が成長した種子（しゅし）を容れる。一般用語の実（み）は、例えばイチョウの実・マツの実・ソテツの実・カヤの実・クリの実・ケシの実・カキの実・クワの実・イチジクの実は、どれも普通に使っている言葉だが、多くは植物学上の果実とは異なり、また植物学的にみるとそれぞれ異なった部分を指すこともあり、定義することが非常に難しく、ここでは定義しない。一般用語の実は、植物学用語の果実と同義ではないことを知っておく必要がある。

真果（しんか）・偽果（ぎか）とは

果実は、子房が花後に発達して生じた器官としたが、実際には子房以外の部分が一緒になって成長する場合があり、これを含めて果実とすることも多い。この場合、この果実を偽果といい、子房（残存花柱（かちゅう）も含む）だけが発達してできた果実を真果といって区別する。

偽果（リンゴ）

真果（ブドウ）

食用部分はブドウでは子房が、リンゴでは花托（かたく）が発達したものである

単果（たんか）・集合果（しゅうごうか）・複合果（ふくごうか）とは、単花果（たんかか）・多花果（たかか）とは

被子植物の多くは1つの花に雌（め）しべが1つしかなく、通常1つの果実を実らせる（1つの果実がいくつかに分果（ぶんか）する場合もある）。このように、1つの花の1つの雌しべから1つの果実ができる場合、その果実を単果という。

ところが、キンポウゲ科・バラ科・モクレン

単果（クサギ）。多くの植物では1つの花には雌しべが1本だから、1つの果実しかできない

複合果（クワ）。粒粒1つ1つが1つの花からできた果実。たくさんの花が共同でつくったのがヤマグワの実である

集合果（サネカズラ）。1つの花にたくさんの雌しべがあり、それぞれが実ったため、このような形になっている

科などの植物の多くは雌しべが1つの花に複数あり、それを1つの台（花托という）に載せており、果実ができる際もすべての果実が通常1つの果托（花托が発達したもの）の上に載っていて、それらすべてであたかも1つの果実のように見える。これを集合果という。

また、クワ属・コウゾ属・カバノキ属・ハンノキ属などの植物では、小さな花が密集して1つの短い柄（花序軸）につき、見た目に1つの花のように見える場合がある。このような花で果実ができる際は、すべての果実が短い果序軸について、それらすべてであたかも1つの果実のように見える。これを複合果という。

また、複合果は多くの花からできているので多花果ともいう。これに対し、単果および集合果は1つの花からできたものであり、単花果という。

果実の働き

果実の働きとしては、①種子を覆って保護する、②タネの散布にひと役買う、③果実内に発芽抑制物質を含み、種子が不必要な時期に発芽しないようにする、④種子が熟すまで果実内に毒や苦味の成分を含み、未熟な種子を動物に食べられないようにする、などがある。

前述の働きの顕著な例をそれぞれ挙げる。

①の例：シイやブナなどでは果実が木質で硬く、中の種子を明らかに保護している。

②の例：ニレやカエデなどでは果実が翼となり風散布を、カキやサクラなどではおいしそうな果実となり動物による被食散布を、ヌスビトハギやヤブジラミなどでは果実に鉤状のものを備えて付着散布を、スミレやフジなどでは果実によってタネが飛び出すようになっており自発散布を行っている（158頁「タネ散布」参照）。

③の例：センリョウ・ナンテンなどでは果実の中に発芽抑制物質が含まれていて、果実が鳥に食べられて、果実部分が消化され、タネがむき出しになり、発芽してもよい状態になるまで発芽しにくくしている。

④の例：ウメやカキなどは未熟な果実に青酸やタンニンなどを含ませて、種子が充実するまで動物に食べられないようにしている。

センリョウの果実の中には発芽抑制物質が含まれていて、鳥に食べられて、タネがむき出しになるまで発芽しにくくしている

果実の分類

果実の分類

果実は、果皮の性質により分類されることが多い。単果の場合、果皮または偽果が多肉質であるか、薄くて乾燥しているかにより、多肉果と乾果に分け、さらに、乾果は熟すと特定の場所で裂けるか否かにより裂開果と不裂開果（閉果）に分ける。集合果・複合果についても基本的には同じように分類されている。

単果の分類

多肉果・乾果の裂開果・乾果の不裂開果のそれぞれの細かい分類を次に記す。

多肉果の分類

漿果：内果皮が、中果皮があるものは中果皮も多肉質または液質の果実。液果ともいわれる。

（例）カキ属・サルトリイバラ属・スズラン属・スノキ属・ナス属・ヒイラギナンテン属・ブドウ科・ホオズキ属・メギ属。

漿果（カキ）

うり状果：3心皮性の果実で、外果皮は果托筒（果床筒といわれることもある）と癒合して硬化し、中果皮・内果皮は多肉質で、中心部に海綿状の発達した**胎座**（152頁）があり、多数の種子があるもの。瓠果ともいう。

（例）キュウリ属・スイカ属。

うり状果（スイカ）

みかん状果：多心皮性の果実。外果皮には油胞細胞があり、中果皮は白色の海綿状、内果皮は膜質で、その内側に果汁に富んだ毛をもつもの。柑果ともいう。

（例）カラタチ属・キンカン属・ミカン属。

みかん状果（レモン）

核果：中果皮が多肉・多汁となり、内果皮が木質化して硬い核となったもので、中に1個の種子を含む。石果ともいう。

（例）イボタノキ属・ウメ属・ウルシ属・サクラ属・センダン・モチノキ科・モクセイ属・モモ属。

なお、果托と癒合した外果皮に包まれる下位核果も通常単に核果という。

（例）ガマズミ属・スイカズラ属・ニワトコ属・ミズキ属。

核果（モモ）

なし状果：果托が多肉質になり、下位子房を包み、果実の大半部分を占める偽果。仁果ともいう。

（例）カマツカ属・サンザシ属・ナシ属・ナナカマド属・ビワ属・ボケ属・リンゴ属。

なし状果（ナシ）

乾果の裂開果の分類

袋果：1心皮性の果実で、内縫線、種類によっては外縫線に沿って縦裂するもの。

（例）オウレン属・ガガイモ属・コゴメウツギ属・シモツケ属・トリカブト属・ボタン科。

袋果（ガガイモ）

豆果：1心皮性の果実で、内縫線と外縫線の両方で縦裂するもの。通常、不裂開豆果も含めて豆果といっている。莢果ともいう。

(例)マメ科の大部分。

豆果（フジ）

蒴果：複数の心皮からなる果実で、複数の種子があり、裂開して数室に分かれるもの。

蒴果（狭い意味での蒴果）：裂開する際、縦に裂けるもの。ただし、角果は含めない。

(例)アセビ属・イグサ属・ウメバチソウ属・オトギリソウ科・サクラソウ属・スミレ属・センブリ属・ツツジ属・ドウダンツツジ属・トチノキ属・ヒオウギ属・ホツツジ属・ミゾハコベ属・ヤナギ属・ユキノシタ属・ユリ属・ラン科。

蒴果（ウバユリ）

角果：2心皮性の蒴果で、間に隔膜があり2室を形成し、縦に2片に裂けるもの。

長角果：角果のうち果実（莢）の長さが幅の3倍以上ある長いもの。

短角果（マメグンバイナズナ）

(例)アブラナ属・オランダガラシ属・シロイヌナズナ属・ハタザオ属。

短角果：つくりは長角果と同じだが、長さが幅のおおよそ3倍未満で短いもの。

(例)イヌナズナ属・グンバイナズナ属・ナズナ属・マメグンバイナズナ属。

孔開蒴果：先端や側壁に孔が開くもの。

(例)キキョウ属・ケシ属・ツリガネニンジン属。

蓋果：複数の心皮からなり、熟すと横に裂け、上半分が蓋のようになっているもの。

(例)オオバコ属・ゴキヅル属・スベリヒユ属・ネナシカズラ属・ルリハコベ属。

孔開蒴果（ナガミヒナゲシ）

蓋果（ゴキヅル）

横裂胞果：果皮は薄く、1ないし複数個の種子をゆるく包み、横に裂けるもの。

(例)アオゲイトウ・ケイトウ属・ハリビユ・ホソアオゲイトウ。

乾果の不裂開果の分類

広義の痩果：中に1種子を含み、果皮が薄く、種子と完全にくっついて一見種子のように見える果実。

痩果：1心皮性で、1種子を含む果実で、果実部分（果皮）が非常に薄く、種子にぴたっとくっついているもの。

(例)カラマツソウ属・カラムシ属・シモツケソウ属・センニンソウ属。

痩果（センニンソウ）

下位痩果：果皮が花床筒と癒合し、それが1個の種子を含み、一見種子のように見えるもの。複数の心皮からなる、子房下位の植物が形成する。きく果ともいう。単に痩果として扱われることも多い。

下位痩果（タンポポ）

(例)オミナエシ属・キク科・マツムシソウ属。

穎果：2~3心皮性で、1個の種子を含み、果皮と種子が完全にくっついているもの。殻果ともいう。

(例)イネ科。

堅果：複数の心皮からなり、果皮が木質で、硬く、中に1個の種子を容れる果実。
(例) ハシバミ属。

殻斗果：堅果のうち殻斗を有するものを殻斗果として分ける場合もある。
(例) コナラ属・クリ属・シイ属・ブナ属・マテバシイ属。

小堅果：堅果のうち小粒のもの。痩果に含めることもある。
(例) タデ科・カヤツリグサ科。

不裂開豆果：形態は裂開する豆果と同じだが、熟しても裂開しないもの。
(例) ネムノキ・ハギ属。

分離果：多心皮性の果実が縦にくびれて複数に分かれるもの（別れた1つ1つを分果という）。分果は1種子を含み、裂開しない。

狭義の分離果：双懸果や節果に含まれない分離果。
(例) カエデ属・シソ科・ムラサキ科。

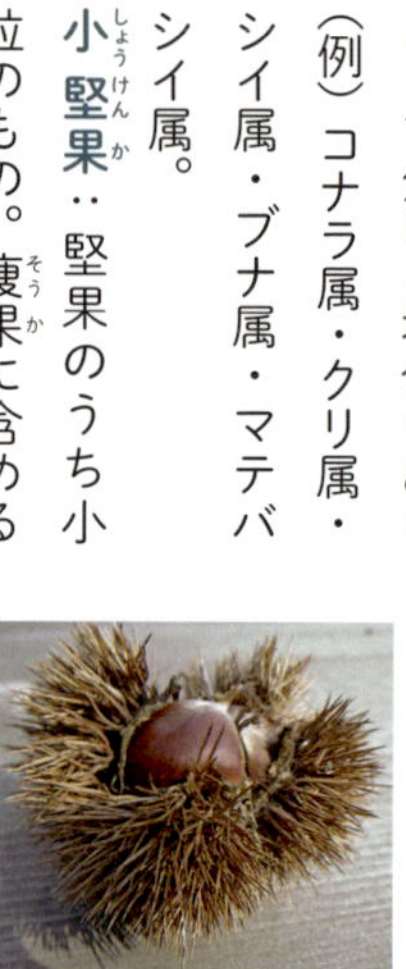
殻斗果（クリ）

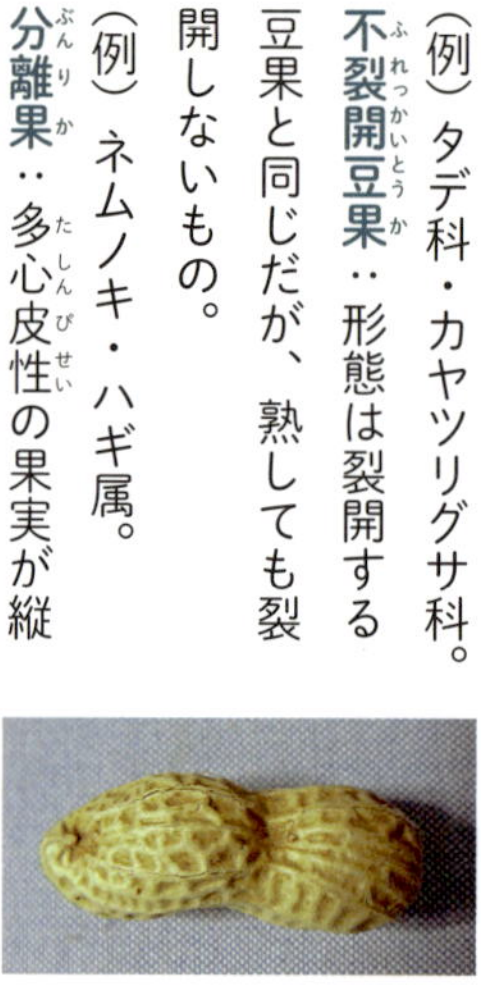
不裂開豆果（ラッカセイ）

双懸果：子房が2室に分かれ、それぞれが1個の種子を容れ、熟すと中央で裂け、果実が半分ずつ上からぶら下がる形となるもの。
(例) セリ科。

節果：莢が縦に連なった形となる分離果。分果は1種子を含み、裂開しない。
(例) マメ科のうちの、イワオウギ属・クサネム属・ヌスビトハギ属。

翼果：花後、果皮の一部が成長して翼になる果実。翅果ともいう。
(例) カエデ属（分離果でもある）・トネリコ属・ニレ属・フサザクラ属。

胞果：2〜3心皮性で、果皮は種皮と分離してゆるく1個の種子を容れる果実。
(例) アオビユ・アカザ科・イヌビユ・イノコズチ属。

節果（ヌスビトハギ）

翼果（コハウチワカエデ）

集合果の分類

次に集合果の分類を記す。

集合漿果：多数の漿果が集合したもの。
(例) サネカズラ属。

集合核果：やや肥大した果托の上に多数の小核果が集合したもの。きいちご状果ともいう。
(例) キイチゴ属。

集合袋果：多数の袋果が集合したもの。
(例) オガタマノキ属・オダマキ属・シキミ属・モクレン属・ヤマグルマ属。

集合痩果：多数の痩果が集合したもの。
(例) イチリンソウ属・キジムシロ属・キンポウゲ属・ダイコンソウ属。

集合翼果：多数の翼果が集合したもの。
(例) ユリノキ属。

ばら状果：壷状の花托が

集合痩果（ダイコンソウ）

集合袋果（コブシ）

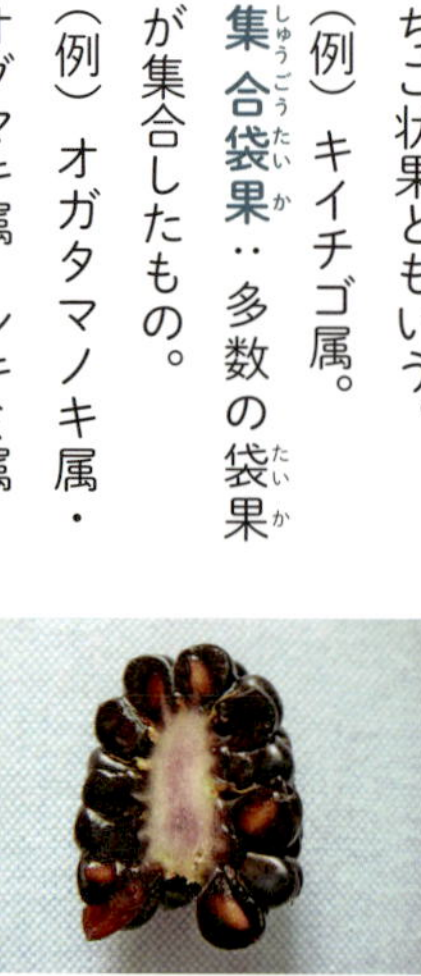
集合核果（ブラックベリー）

集合漿果（サネカズラ）

肥大したもの。内部に多数の痩果がある偽果。

(例) バラ属。

いちご状果：花托が肥大して、腋質になり、その面に多数の痩果がある偽果。

(例) オランダイチゴ属・ヘビイチゴ属。

はす状果：多数の堅果が海綿状に肥厚した漏斗形の果托の孔の中に1個ずつ埋まる偽果。

(例) ハス属。

複合果の分類

複合果の分類を次に記す。

漿果型複合果：多くの漿果からなる果序が成熟し、1つの果実のように見えるもの。

(例) サトイモ科。

核果型複合果：多くの小核果からなる果序が成熟し、1つの果実のように見えるもの。

(例) ヤマボウシ。

集合翼果（ユリノキ）

いちご状果（ヘビイチゴ）

はす状果（ハス）

核果型複合果（ヤマボウシ）

袋果型複合果：多くの袋果からなる果序が成熟し、1つの果実のように見えるもの。

(例) カツラ属。

蒴果型複合果：多くの蒴果からなる果序が成熟し、1つの果実のように見えるもの。

(例) カギカズラ属・フウ属。

痩果型複合果：多くの痩果または小堅果からなる果序が成熟し、1つの果実のように見えるもの。

(例) スズカケノキ属・ナベナ属。

ストロビル：痩果または小堅果が乾燥し、らせん状に配列した果苞の基部にあり、果序全体が球果状や房状になるもの。

(例) カナムグラ属・カバノキ属・クマシデ属・ハンノキ属。

ストロビル（ハンノキ）

くわ状果：多肉質または液質の複合果で、1つ1つの果実は萼などが肥厚して痩果を包むもの。

(例) クワ属・コウゾ属・パイナップル・ハリグワ属・ヤナギイチゴ属。

いちじく状果：隠頭花序が成熟して、壷状肉質の偽果となったもので、中に多数の痩果がある。

(例) イチジク属。

くわ状果（ヤマグワ）

いちじく状果（イチジク）

花序（かじょ）

花序とは

花序とは、花の茎へのつき方をいい、大きく無限花序と有限花序に分けられる。前者は求心性花序・総穂花序ともいわれ、後者は遠心性花序・集散花序ともいわれる。なお、花がついた枝のひとまとまりの花も花序という。また、結実後の花序は果序という。

無限花序

無限花序は、茎頂の成長点をいつまでも残しながら花序軸を伸ばし、徐々に上方へ花が咲き上がっていく花序、簡単に言えば花が下から上へ咲き進んでいく花序である。総状花序・穂状花序・肉穂花序・尾状花序・散房花序・散形花序・頭状花序などがあるが、総状花序を基本形として捉えるとわかりやすい。

次に、それぞれの花序について説明する。

総状花序：多くの花が花序軸にほぼ等間隔でつき、それぞれの花には花柄があり、花柄の長さがほぼ等しい～上部ほど少し短い花序。

（例）アカバナ属・ギボウシ属・キンミズヒキ属・ジャノヒゲ属・スズラン属・リンゴ属などが挙げられる。なお、アブラナ属・ナズナ属・ヤマゴボウ属などでは果期には総状（総状果序）となるが、花期は散房花序である。

穂状花序：形の上では、総状花序のそれぞれの花の花柄がないもの。

（例）イノコズチ属・オオバコ属・キブシ・クワ属・ドクダミ・ヒトリシズカ・フタリシズカ・フッキソウなど。

肉穂花序：形の上では、穂状花序の花序軸が多肉になり、花の基部が花序軸に埋まったもの。

（例）オモト・シュロ・ショウブ属・テンナンショウ属・ミズバショウ属など。

尾状花序：形の上では、穂状花序のそれぞれの花が単性花で、無花被ないし単花被となったもので通常、花序は下垂する。

（例）カバノキ属・クマシデ属・クルミ属・クリ属・コナラ属・シイ属・ハシバミ属・ハンノキ属などの雄花序がある。

散房花序：形の上では、総状花序の花柄の長さが下の花ほど長くなり、花序の上部が平ら～傘状になったもの。

（例）エゴノキ属・コデマリ・ボケ属・フサザクラ・ヤマザクラなどおよびツツジ属の大部分がそうである。

散形花序：形の上では、総状花序の節間が伸長せず（1番下の花がついている節より上にある花序軸がなくなり）、それぞれの花の花柄が1か所から出て、花序の上部が平ら～傘状～球状になったもの。

（例）ウコギ属・ウマノミツバ属・カモメヅル・サクラソウ・ショウジョウバカマ・チドメグサ属・ネギ属・ハマオモト・ヒガンバナ属・ヤツデなど。

頭状花序：形の上では、散形花序のそれぞれの花の花柄がなくなり、1か所に花序全体の花がついたもの。このため、**花床**（205頁「花」参照）という台を形成している。なお、花序全体で1輪の花（頭花という）を形成するので、もとの1つ1つの花は小花という。

（例）キク科の大半・ナベナ・マツムシソウなど。

※同じ形態の花序でも、無限花序の場合があったり、有限花序である場合もある。例えば、通常の穂状花序は下から咲き上がる無限花序であるが、ワレモコウは形は穂状花序であるが、上から咲き下がる。

無限花序

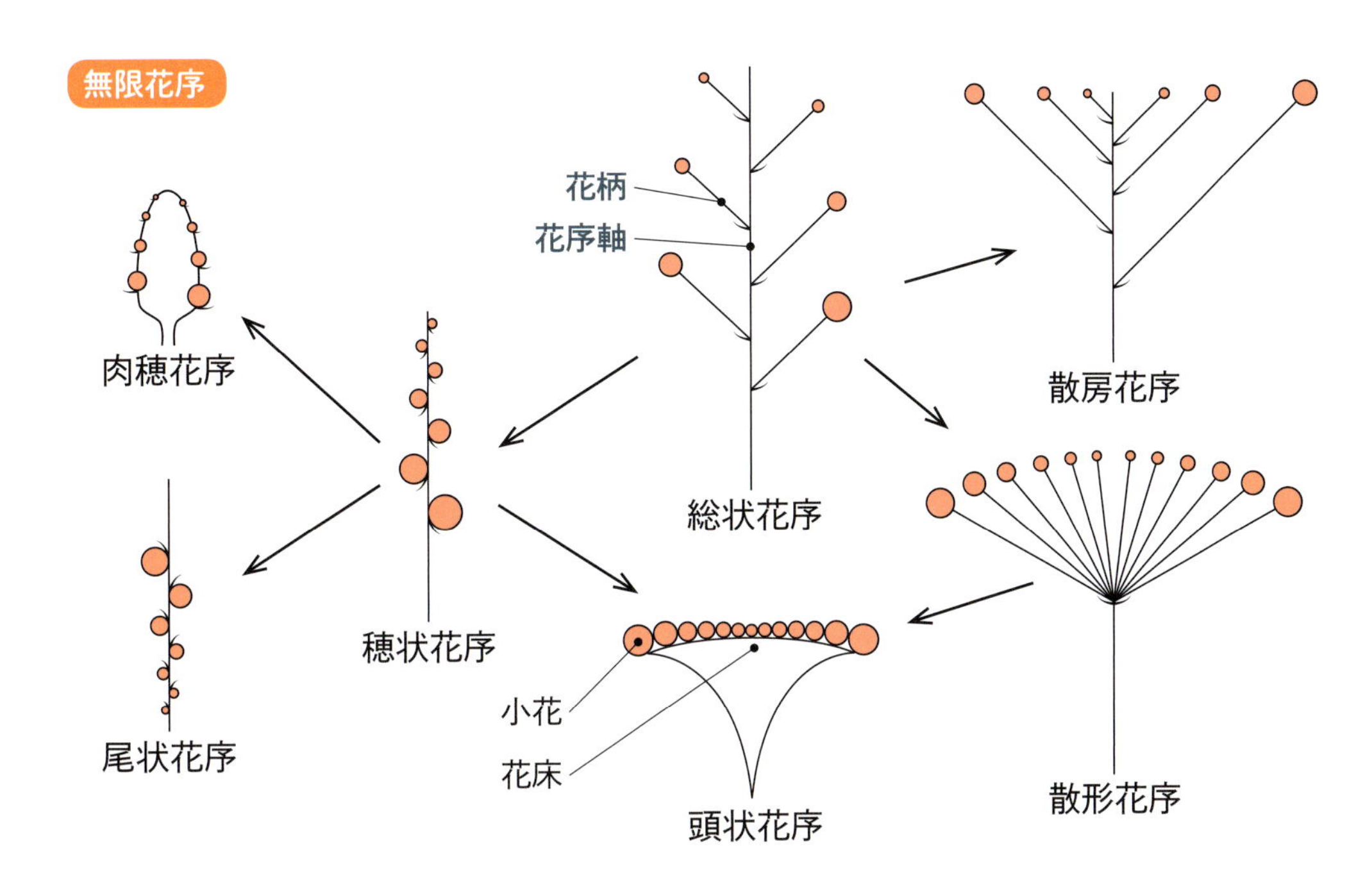

有限花序

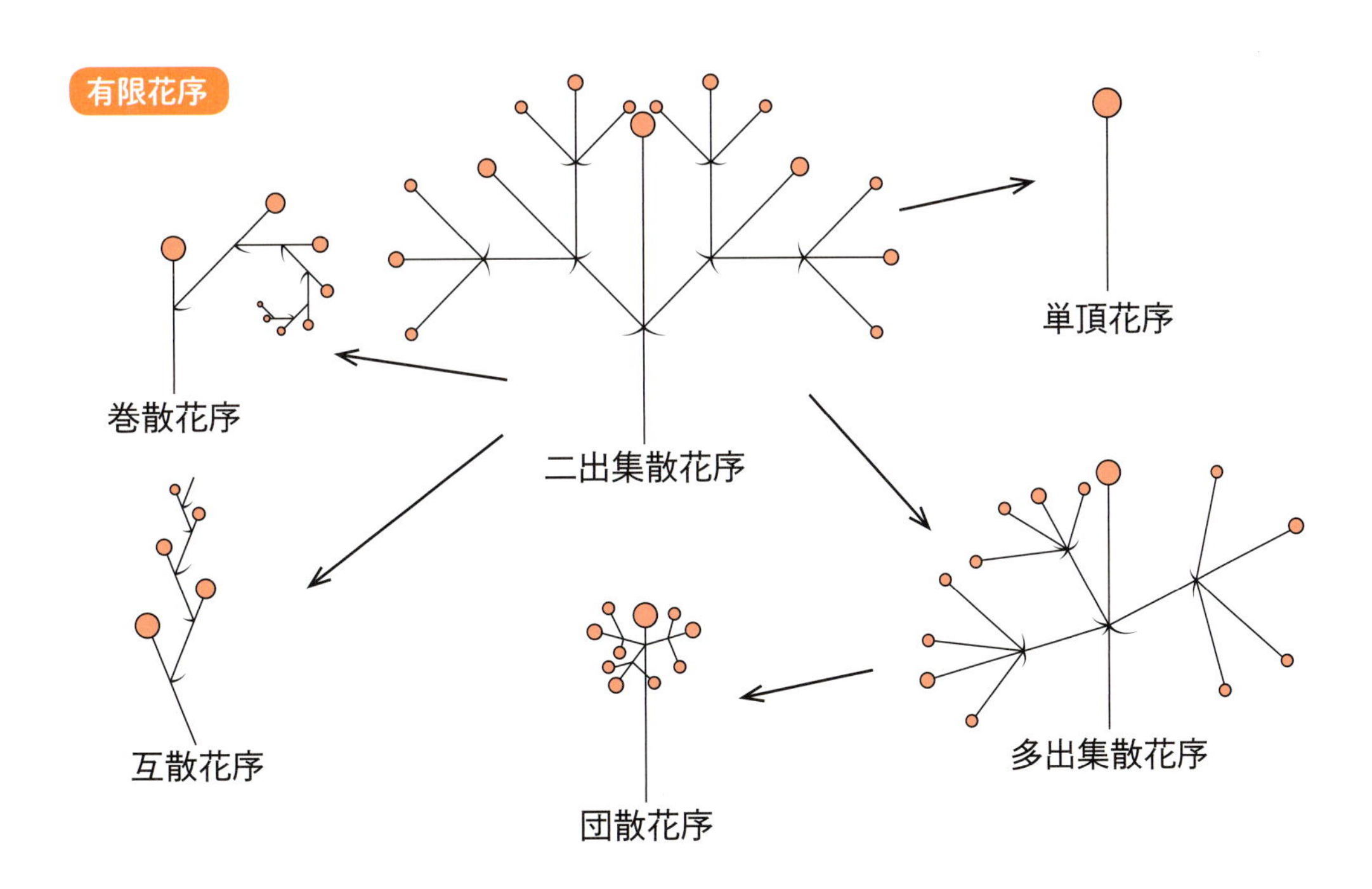

※花の大きさは開花の順序を示す。
※矢印は形態上の違いを理解するためのもので、進化の方向を示すものではない。
『野草図鑑④たんぽぽの巻』（保育社）を参考に作成

有限花序

有限花序は、わかりやすくいえば茎の天辺に花（頂花）ができ、その後、茎の途中で分枝した枝に頂花ができる、という形をくり返して花がついていく花序をいう。これには、二出集散花序・巻散花序・互散花序・単頂花序・多出集散花序などがある。これらを理解するには、二出集散花序を基本形として捉えるとわかりやすい。次に、有限花序の主なものについて説明する。

二出集散花序：枝分かれする際に、1節に2本ずつ枝を出す有限花序。

（例）センニンソウ属・ツルウメモドキ属・ナデシコ属・ニシキギ属など。

巻散花序：枝分かれする際に、1節に1本ずつ枝を出す花序（単出集散花序という）だが、片側だけに偏って出すもの。したがって、花序は渦巻き状になっている。そして、咲き終えた花は茎から反り返った形となり、次に咲く花が立ち上がってきて咲く。

（例）キュウリグサ・コンフリー・ルリソウ・ワスレナグサなどムラサキ科の植物に多い。

互散花序：単出集散花序の1つで、1本ずつ枝を出すが、左右交互に出すもの。このため花序軸はジグザグになる。

（例）グラジオラスなど。

単頂花序：枝分かれせず、花が花茎の先に単生するもの、および、葉腋や枝先に単生するものをいう。花茎に単生する例としては、オキナグサ・カタクリ・コオホネ・スミレ・ハス・ミスミソウなどがあり、葉腋や枝先に単生する例としては、カキノキ・コブシ・ヘビイチゴ・ヤブツバキなどがある。

多出集散花序：枝分かれする際に、1節に3本以上枝を出すもの。

（例）アジサイ・ガマズミ属・ミズキ・ヤブガラシなど。

団散花序：多出集散花序の節間や花柄が極端に短いひとまとまりの小さな花序。

（例）ウワバミソウ属・ミズ属・レンプクソウ属など。

杯状花序（椀状花序・壷状花序）：特殊な有限花序で、花がすべて頂生し、杯状の総苞に包まれるもの。花序1つが1つの花のように見えるが、雌しべ1本、雄しべ1本がそれぞれ1つの雌花であり、1つの雄花である。

（例）トウダイグサ属。

隠頭花序：特殊な有限花序で、花序軸が多肉化して、中央が凹んで、壷状になり、その内側に花序がついたもの。

（例）イチジク属。

複合花序

前述の花序は単独で花序を形成している場合であり、これを単一花序というのに対し、2つ以上の花序が組み合わさってできる花序を複合花序という。これには同形複合花序（同じ花序が組み合わさったもの）と異形複合花序（異なる花序が組み合わさったもの）とがある。

複合花序は一般に次のように呼ばれる。同形複合花序の場合は通常「複○○花序」という。例えば、大半のセリ科植物の花序は散形花序がもう1つ組み合わさったものである。こういう場合、複散形花序という。異形複合花序の場合は小さいほうの花序を先にいい、その後に全体の花序をつけて呼べばよい。例えば、オタカラコウのように頭状花序が総状についている場合、頭状総状花序という。

なお、複合花序のうち、花序全体が円錐形になるものを円錐花序という。例として、頭状複総状花序に由来するセイタカアワダチソウや、複総状花序に由来するノリウツギなどがある。

無限花序

総状花序（キケマン）

穂状花序（ヒトリシズカ）

肉穂花序（スパティフィラム）

尾状花序（コナラ）

散房花序（クサボケ）

散形花序（サルトリイバラ）

頭状花序（シロバナタンポポ）

有限花序

二出集散花序（コハコベ）

巻散花序（ムラサキ）

互散花序（グラジオラス）

単頂花序（チューリップ）

多出集散花序（ヤブガラシ）

団散花序（レンプクソウ）

杯状花序（タカトウダイ）

隠頭花序（イヌビワ）

カタクリはアリにタネを散布してもらっている

カタクリはタネの先にアリの餌となる脂肪酸をつけて（この部分をエライオソームという。写真ではタネの先の帽子状の部分）、アリにタネを運んでもらっている。アリはタネを巣に運んでから、可食部分だけを取って、残り（タネの本体で、カタクリにとって重要な部分）を巣の外に捨てる。このようにして運ばれた分だけカタクリは移動して、生育圏を広げている。

カタクリは発芽から開花まで約7年かかる

カタクリは発芽1年目は写真の左端の個体のように松葉のような子葉のみを展開する。2年目から葉らしい形になるが、写真の中2つの個体のように数年間は1枚の葉で、栄養状態にもよるが発芽後7〜8年して葉が2枚になると開花する。

カタクリの開花結実株は翌年開花しない

開花し、タネをたくさん実らせた株は翌年は開花しない。ただし、開花しても結実しなかったものは個体の栄養状態にもよるが翌春も開花する。

カタクリの球根は地中深いところにある

カタクリは乾燥しすぎないように地中深いところに球根（植物学的には鱗茎という）をもぐらせる。大きい球根では地表から10〜20センチのところに球根があることが多い。

カタクリは新しい球根を下方につくることによって地中深くもぐる

カタクリは春、発芽してから葉を展開させるまで昨年つくった球根の栄養分を使って成長し、葉を展開させてから新しい球根をつくりはじめる。この際、もし球根が十分な深さまでもぐっていない場合は新しい球根を前の位置より下方につくることによってより深くもぐるようにしている。

写真上は4月26日に撮影したもので、写真下は同じ位置で翌年4月13日に撮影したものである。写真上の上の個体は開花したが、結実しなかったもの。下の個体は開花結実したもの。写真下で上の個体は開花しており、下の個体は開花していない。

column カタクリの雑学 その2

カタクリは東北地方や北陸地方では今でも食用にされている

カタクリがたくさん自生する東北地方や北陸地方では、今でもカタクリの葉・花茎・花を食用としている。茹でて食べたり、茹でたものを乾燥させて保存食としたりしている。

昔、カタクリの球根からでん粉を採った

現在、市販されている片栗粉はジャガイモなどから採ったでん粉であるが、以前はカタクリの球根から採ったという。

カタクリは昔「かたかご」と呼ばれていた

『万葉集』にはカタクリは「堅香子」という名で詠まれている。ただ、残念ながら『万葉集』には1首しか詠まれていない。その1首が、

物部の　八十乙女らが　汲みまがふ
寺井の上の　堅香子の花　　大伴家持

大伴家持が越中に赴任したときに詠んだ和歌である。「物部の」は「八」に掛かる枕詞、「八十」は「十人単位で多い」という意で、詠まれている情景は次のようなものであろう。

全山がお寺の敷地となっている山の東斜面の麓に清水が湧き出ている。長閑な春の朝の日差しを浴びながら多くの乙女たちがその水を汲みに来て、弾むような声で話しをしている。乙女たちの声がする、その上の斜面には美しくて可憐なカタクリの花が一面に咲いている。

カタクリはしばしばさび病にかかる

カタクリの病害虫で1番問題となるのがさび病である。さび病は写真のように葉の裏にたくさんの橙色の小さな斑点となって現れる。

カタクリにも変わった個体が現れることがある

たくさんのカタクリの中には、普通とは異なる個体が現れることがある。その例を3つほど挙げる。

①白花のもの：通常、カタクリの花は紫がかった桃色だが、ときに白い花をつける個体が現れる。色素を有する生物の多くに現れるアルビノで、カタクリにもときに現れる。

②八重咲きのもの：カタクリの花びらは6枚だが、ときに7枚や8枚の個体が現れる。植物学では本来の花びらの数より多くなったものを八重咲きというので、花びら7枚の個体も一応八重咲きといえる。

③葉が無紋のもの：カタクリの葉には通常、部分的にアントシアニンによる紫色の紋が入るが、紋のない個体もときに現れる。

①白花の個体

②花びら7枚の花

③葉が無紋の個体

花粉症を引き起こす植物

花粉症と風媒花

花粉症を引き起こす植物のほとんどすべてが風媒花の植物である。風媒花は花粉を大量に出し、しかもその花粉は空中に浮くように軽くできており、虫媒花のようにべたつくこともない。このため、風媒花の花粉は虫媒花に比べ空気中に浮遊する量が非常に多く、滞空時間も長い。すなわち、人への影響もそれだけ大きくなるわけである。

とはいえ、花粉症は風媒花だけが引き起こすというわけではない。例えば、実つきがよくなるよう、花粉を採取し授粉作業をするりんご生産者にリンゴの花粉症が多く発症しているという。

花粉症を引き起こす主な植物

わが国で花粉症を引き起こす植物としてよく知られるものを次に挙げる。

【スギ（ヒノキ科）】

スギの花粉は抗原性が非常に高い。スギの木は戦後大量に植林され、現在、国土の10%がスギ林となっている。スギの木の絶対量が多いうえ、国内産木材の需要が激減し、管理されない状態になっているため、抗原性の高さとあいまって、日本において花粉症を引き起こす植物の代表的なものとなっている。花粉飛散盛期は2〜4月。

スギ

【ヒノキ（ヒノキ科）】

ヒノキの花粉も抗原性が高く、大量に植林されて、ヒノキの木の絶対量が多い分、影響が大きい。花粉飛散盛期は3〜5月。

【カモガヤ（イネ科）】

新規に造成してできる切り土法面などを安定させるため、外来のイネ科植物がしばしば使われてきた。その代表的な植物の1つがオーチャードグラス、すなわちカモガヤである。花粉飛散盛期は5〜6月。イネ科植物には共通抗原性があるといわれ、必ずしもカモガヤだけでなく、ほかにオオアワガエリ（チモシーグラス）など、また、イネも栽培面積が広い分、影響があるという。

カモガヤ

【ブタクサ（キク科）】

アメリカ原産の植物で、オオブタクサとともに飼料などに混入して日本に入り、現在は広く帰化している。アメリカにおいて花粉症を引き起こす植物のワースト1の植物である。花粉飛散盛期は8〜9月。

オオブタクサ

【シラカバ（カバノキ科）】
スギやヒノキがあまり植林されていない北海道において花粉症を引き起こす植物の代表的なものである。北海道における花粉飛散盛期は5～6月。

シラカバ

【ヨモギ（キク科）】
日本在来の植物で、広く普遍的に分布しており、秋の花粉症の一因となっている。花粉飛散盛期は9月。

ヨモギ

【カナムグラ（アサ科）】
日本に広く分布するつる性の植物で、抗原性は高い。花粉飛散盛期は9～10月。

カナムグラ

タンポポの花茎の観察

タンポポは花茎をピンと立て、その上に頭花を1輪つけるが、花が終わると花茎を寝かせて、地面に這うようにして、タネが熟すのを待つ。十数日すると、再び花茎を立て、その上に綿毛のあるタネを球形につける。タネが実るまで花茎を寝かせるのは、ほかの頭花の受粉や風散布の邪魔をしないようにするためであろうか？　それとも、花茎をピンと立てているとエネルギーの損失が大きいので寝かせるのだろうか？　それが知りたい。

また、開花時とそれが穂になったときの花茎の長さを5個体で測ったところ、穂のときの花茎の長さは開花のときの約2倍に伸びていた。開花時点で例えば、花茎が7センチだったとすると、穂になるとほぼ14センチになり、12センチだったとすると、タネ散布時点では約24センチになる。こうして、タネを少しでも遠くまで風で飛ばそうとしているのである。

セイヨウタンポポ。タネをつけた頭花の花茎の高さは、花が咲いている頭花の花茎の約2倍。ともに花茎はピンと立つが、タネが熟すまでの間は地面の上に寝ている

花弁状器官

多くの植物では、花弁で花の存在を虫などに訴えているが、一部の植物では花弁以外の部分を花弁状にして虫などを呼んでいる。次に、花弁状を呈している部位ごとにそれぞれ例を挙げる。なお、虫などに花の存在を知らせるために目立つ花弁および花弁状をした器官こそが、一般用語の花びらに当たる。植物学用語の「花弁」と一般用語の「花びら」はぜひ使い分けるようにしたい。

ハナショウブ。外花被片の上に立ち上がっている小さな花弁状のものは雌しべの先である。なお、立ち上がっている紫色のものは花弁に当たる内花被片で、萼片に当たる外花被片の方が目立つ

【雌しべが花弁状の植物】

アヤメ属（3裂した雌しべの先がそれぞれ小さな花弁状となる。ただし、花被片ほどには目立たない）。

【雄しべが花弁状の植物】

カンナ（雄しべは5個あり、小さめの花弁状の雄しべ1個にのみ葯があり、ほかの4個の雄しべは花弁状となって、目立つ。花弁は萼片状で、目立たない）・ダンドク・ミョウガ（唇弁は雄しべ4個が合着したものである。花弁もあり、唇弁ほどではないが目立つ）・ジンジャ。

カンナ。赤い4枚の花弁状のものは雄しべが変化したもの。中央の小さなのが花粉を出す雄しべである

ミョウガ。真ん中にある雌しべを包む筒は雄しべで花粉を出す。スプーンのような大きな花弁状器官は4個の雄しべが合体してできたもので花粉は出さない

【萼片（外花被片）が花弁状の植物】

萼片が目立ち、花弁がない植物：アケビ科・イチリンソウ属・ウマノスズクサ科・オキナグサ属・オシロイバナ科・シラネアオイ・ジンチョウゲ科・センニンソウ属・タデ科・ネコノメソウ属の一部（ハナネコノメ・オオコガネネコノメなど）・ミスミソウ属・リュウキンカ属・ワレモコウ属。

イチリンソウ。白い花弁状のものは萼片で、花弁はない

ウマノスズクサ。ラッパ状のものは萼で、花弁はない

萼片が目立ち、花弁（ここでは学術的には花冠とか内花被片というべき場合も花弁としてある）**はあるが目立たない植物**：アジサイ科（アジサイ属・イワガラミ属・バイカアマチャ属・クサアジサイなど）の装飾花・コウホネ属・セツブンソウ属（花弁は蜜腺化）・トガクシソウ属・トリカブト属（花弁は上萼片の中）・ルイヨウボタン属・レンゲショウマ属。

ガクアジサイ。花弁状のものは萼片で、真ん中の小さなのが花弁である

ヘメロカリス。萼片に当たる外花被片と花弁に当たる内花被は同じくらいの大きさ

萼片が目立ち、花弁も目立つが萼片ほどではない植物：アヤメ属。

萼片・花弁とも目立つ植物：アヤメ科の一部（クロッカスなど）・オダマキ属・モクレン属の一部（シデコブシ・タイサンボク・ハクモクレン）・オガタマノキ属・キジカクシ科・サボテン科（花弁と萼片とが連続してついており、どこからどこまでが花弁か不明）・シュロソウ科・ハス科・ヒガンバナ科・ユリ科。

萼片は目立つが、花弁ほどではない植物：ラン科。

アツモリソウ。ラン科の花は花弁3枚のうち下側の花弁は唇弁といって特殊な形をしておりよく目立つ。唇弁ほどではないが、萼片も花弁状をしていて目立つ

ハンカチノキ。黄白色の大きな花弁状のもの（ハンカチに当たるもの）は総苞である

【苞ないし総苞が花弁状の植物】

ゴゼンタチバナ・サトイモ科・ドクダミ（花序の最下の4つの小花の苞）・トウダイグサ属の一部（ノウルシ・オオニシキソウなど、※総苞の縁にある腺体が目立つ）・ネコノメソウ属の一部（ネコノメソウ・ヨゴレネコノメなど）・ハナミズキ・ハンカチノキ・ブーゲンビレア・ヘリコニア・ヤマボウシ。

ドクダミ。白い4枚の花弁状のものは花序の最下の4個の小花の苞である

【花序の近くの葉が花期に発色し、花弁状となる植物】

マタタビ・ハンゲショウ・ミヤママタタビ。

ミヤママタタビ。花期に花序のある枝の葉の一部はピンク色になって目立つ

家紋（かもん）と植物（しょくぶつ）

家紋とは

子ども用の紋付

家、または組織・団体の系譜・格式・権威などを象徴した図柄を紋章といい、わが国では家の紋章を家紋と呼ぶ。紋所（もんどころ）ということもある。

わが国では、平安時代中ごろ、公卿が輿（こし）などにつけた紋が家紋の始まりといわれる。平安時代後期、源平それぞれの武家が旗・武具・幕などにつけ、鎌倉時代になって一族・一門には1つの紋を原則とし、家紋となっていった。

江戸時代に武家の間で紋は変形されて、家柄や格式を示すようになった。元禄時代に紀伊国（きのくに）屋文左衛門（やぶんざえもん）が羽織に家紋をつけたのが町人での家紋の始まりといわれ、やがて庶民の間にも広がり、思い思いに家の紋をつくり、衣装や調度品・家具などにつけた。

明治時代になり万民が苗字を持つようになると、家紋が適当に使われるなどして、家とのつながりが薄れ、わかりにくくなっている場合も多い。

現在、広く用いられる家紋は数百、変形などを入れると数千に達するといわれる。

植物の家紋

十大家紋は、藤（ふじ）・片喰（かたばみ）・木瓜（もっこう）・蔦（つた）・鷹（たか）の羽（は）・柏（かしわ）・桐（きり）・茗荷（みょうが）・沢瀉（おもだか）・橘（たちばな）を図案化したものであり、鷹の羽以外はすべて植物の紋である。これからもわかるが、家紋は植物を図案化したものが多い。

また、同じ植物を図案化した家紋でもたくさんの種類がある。例えば、梅の紋の種類は100を超えるという。その一部を下に示す。

梅の紋の例

裏梅

八重梅

向こう梅

捻（ね）じ梅

中影梅

梅

星梅鉢

加賀梅鉢

梅鉢

捻じ向こう梅

香（にお）い梅

横見梅

日本の植物の家紋

家紋によく使われる植物、それぞれの植物につき家紋を1つずつ次に示す。

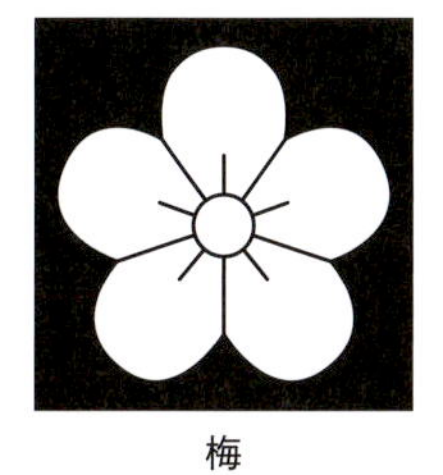
梅

稲（二つ穂稲の丸）

銀杏（三つ銀杏）

麻（麻の葉）

葵（徳川葵）

桔梗

片喰

柏（三つ柏）

梶（立ち梶の葉）

沢瀉（有馬沢瀉）

大根（違い大根）

桜

河骨（三つ河骨）

桐（五三桐）

菊（天皇家）

蔦

丁子（丸に違い丁子）

茶（茶の実）

橘

竹笹（切り竹に笹）

藤（柴田藤）

瓢（丸に瓢）

柊（抱き柊）

撫子

田字草

竜胆（笹竜胆）

木瓜

茗荷（抱き茗荷）

松（一つ松）

牡丹（立ち牡丹）

仮雄しべ

仮雄しべとは

雄しべは種子植物の雄性の生殖器官であり、雄性の配偶体である花粉を通常は形成する。しかし、一部の植物の一部の雄しべでは花粉を形成しない。このように花粉をつくらない雄しべ（雄ずい）を仮雄しべ（仮雄ずい）という。形は、通常の雄しべとあまり変わらないもの、痕跡的に形を残しているもの、花弁状に変化したもの、先が腺体となったものなどいろいろである。機能面では、特に機能をもたない仮雄しべと、雄性生殖機能とは別の機能をもつようになった仮雄しべがある。

特に機能をもたない仮雄しべ

特に機能を持たない仮雄しべをつくる花には、1つの花の中のすべての雄しべが退化するものと、一部の雄しべが退化するものがある。

【すべての雄しべが退化して仮雄しべとなるもの】

イタドリ属・カエデ属・キブシ科・ヤマノイモ属などの雌花。

【一部の雄しべが仮雄しべとなるもの】

クスノキ科（雄しべは2～3個ずつ3～4輪に並ぶが、そのうちの最も内側の雄しべは仮雄しべである）・オダマキ属（たくさんある雄しべのうち、雌しべに近い一部の雄しべは仮雄しべである）。

キブシの雌花。手前の花弁を除去。雄しべもあるが、これが仮雄しべ

別の機能をもつようになった仮雄しべ

1つの花の一部の雄しべが別の機能をもつようになったものを機能別に記す。

【花弁状となる】

ショウガ属（ミョウガでは5個の雄しべのうち1個は花粉を出す正規の雄しべである。この雄しべは筒状となり雌しべを包む。残り4個の雄しべは合体して1枚の大きな唇弁となっている）・カンナ属（カンナでは5個の雄しべのうち1個は花粉を出す正規の雄しべである。この雄しべも少し花弁化しているが、残り4個の雄しべは葯がなく、それぞれが目立つ花弁状となっている）・シナノキ（雄しべが多数あり、そのうちの5個が花弁状となる）。

雌しべ
葯
花弁
正規の雄しべ
仮雄しべ（雄しべ4個が合体したもの）

ミョウガ。花の中心から半円状に出ている管状のものは花粉を出す雄しべ。その下の大きな花弁状をしたものが仮雄しべである

ツユクサ。雌しべとほぼ同じ長さで、葯が淡褐色の2本の雄しべは正規の雄しべで、花糸が短くて、葯が黄色のX字形の3本の雄しべは仮雄しべ。中くらいの長さで、逆Y字形の雄しべ1本の花粉は量は少ないが、受精能力はあるようだ

カンナ（花の中心から棒状に横に伸びているのは雌しべ。その上に斜め上に伸びている、小さな花弁状のものが花粉を出す雄しべ。そのほかの4枚の花弁状のものはすべて仮雄しべである）

【花の存在を目立たせる】

ツユクサ属（ツユクサのX字形の葯を持つ3本の短い雄しべは仮雄しべである。花粉をほとんど出さないが、鮮やかな黄色をしている。花粉を出す2本の雄しべの葯の色とは対照的である。なお、中くらいの長さの雄しべ1本は量は少ないが花粉を出し、花粉は受精能力があるという）。

【腺体となる】

ウメバチソウ属（ウメバチソウでは10個の雄しべのうち1個おきの5個の雄しべは仮雄しべである。仮雄しべは先が細かく裂け、その裂片の先に小さな球状の腺体をつける）。

ウメバチソウ。立ち上がっていて、葯が黄白色の5本の雄しべは正規の雄しべ。正規の雄しべの間に仮雄しべが5つあり、それぞれの先は細かく裂け、その先に球状の腺体がある

column

オオバコは硬い土を好んで生えているわけではない

オオバコは人が踏み固めたところや、車のわだちの際などによく生えるため、硬い土が好きだと思われがちだが、日陰に弱いオオバコが、仕方なく、生えているだけなのだ。

植え鉢を2つと培養土を用意し、1つの鉢には培養土を指で強く押し固め、もう1つの鉢には普通に培養土を容れる。この2つの鉢に、4月7日、オオバコのタネを播き、発芽状態・生育状態を約4か月間、観察した。結果は次のとおりである。

①発芽率は2つの鉢ともほぼ100%。

②播種後、約1か月後の生育状態には明らかに差があった。押し固めた培養土で栽培したオオバコは、明らかにこじんまりと育っている。

③播種後4か月の調査終了時点では、普通の培養土で育てたオオバコはより大きく育ち、ほぼすべての株が開花した。

播種後3か月

播種後4か月。株の大きさの比較（左は普通の培養土で育てたもの、右は押し固めた培養土で育てたもの）

夏緑樹林（かりょくじゅりん）

か

夏緑樹とは、夏緑樹林とは

樹木は針状葉を有する針葉樹と、幅広い葉を有する広葉樹に分けることができる。また、季節によりつけている葉をすべて落とす落葉樹と、一年中緑色を保っている常緑樹に分けることができる。これらを組み合わせて、しばしば樹木は落葉広葉樹・常緑広葉樹・落葉針葉樹・常緑針葉樹の４つに分類される。

落葉広葉樹はさらに落葉する時期が冬期か乾期かによって夏緑樹と雨緑樹に分けられる。雨緑樹は主に亜熱帯～熱帯の地域に自生する樹木で、温度は十分にあるのに、乾期は水分が十分でないため乾期に落葉する樹木である。他方、夏緑樹は主に冷温帯の地域に自生する樹木で、冬期の寒さを乗り切るため冬期に落葉する樹木である。夏緑樹が優占して生える樹林を夏緑樹林という。

夏緑樹（ブナ）。冬期は落葉する

日本の夏緑樹林

わが国において夏緑樹林は、北海道東部を除く北海道の低地から本州の中部地方（中部地方で標高600～1600メートルのところ）にかけて、近畿地方以西屋久島にかけての標高がより高いところ（地域によるが800～2000メートル）すなわち、本来ならわが国の冷温帯の大半の地域に発達する。しかし、人の生活に伴い居住地や農耕地などとして破壊され、その上植林などが行われるなどして、現在は本来の姿の夏緑樹林は非常に少なくなっている。

夏緑樹林の分布図。『日本の植生』（朝倉書店）および『日本の植生図鑑①森林』（保育社）を参考に作成

0　500km

トウヒ - コケモモクラス／他			
ブナクラス	ミズナラ - コナラオーダー		
同	ブナ - ササオーダー	ブナ群団	ブナ - チシマザサ群集
同	同	同	ブナ - クロモジ群集
同	同	ブナ - スズタケ群団	ブナ - スズタケ群集
同	同	同	ブナ - ヤマボウシ群集
同	同	同	ブナ - シラキ群集
ヤブツバキクラス			

日本の夏緑樹林の分類

日本の夏緑樹林（生態学上ブナクラス※1という）は年平均気温が6～13℃の冷涼な地域に発達し、アズキナシ・イタヤカエデ・ツタウルシ・ナナカマド・ハリギリ（以上ブナクラスの標徴種※2）などが生える。前述のとおり北海道東部を除く北海道から本州の中部地方にかけてと、近畿地方以西屋久島にかけての標高の高いところに分布するが、大きくブナが優占して生える樹林とミズナラが優占して生える樹林とに分けることができる。ブナは年降水量が1300ミリ以上のところに通常自生し、ブナ林ができるが、それ未満のところではブナは生育しにくく、より乾燥に強いミズナラが自生し、ミズナラ林ができるのである。前者は林床にチシマザサやスズタケなどの生えるブナ林（ブナ—ササオーダーという）で、後者は林床にクマイザサやオオクマザサなどが茂るミズナラ林（ミズナラ—コナラオーダーという）である。

※1：日本の植生は、高山帯ないし寒帯を除くと、生態学上トウヒ—コケモモクラス（亜高山帯／亜寒帯に発達）・ブナクラス・ヤブツバキクラス（亜熱帯／暖温帯に発達）の3つに大きく分けられる。

※2：ある特定の植物群落において適合度の高い植物をその群落の標徴種という。

ブナ林の分布と構成樹種

ブナ林（ブナ—ササオーダー）は、黒松内低地線（長万部から黒松内）以西の北海道と本州・四国・九州の山地に発達し、ウリハダカエデ・コシアブラ・コハウチワカエデ・ブナ・ミズメ・リョウブ（以上はブナ—ササオーダーの標徴種）などが生える。ブナ—ササオーダーは冬期に雪の多い日本海側の山地にでき、林床にチシマザサが生えるブナ林（ブナ群団という）と、夏期に雨の多い太平洋側の山地にでき、林床にスズタケが生えるブナ林（ブナ—スズタケ群団という）との2つに大きく分けることができる。

白神山地のブナ林。人の影響をほとんど受けていないブナの原生林が大規模に分布しており、1993年に日本で初めての世界遺産（自然遺産）に登録された

ブナ群団はさらに細分されるが、その主な1つである日本海側の多雪地帯のブナ林（ブナ—チシマザサ群集）では、林床にチシマザサが生え、アカイタヤ・ミネカエデ・ムラサキヤシオで特徴づけられ、また、エゾユズリハ・ハイイヌガヤ・ヒメアオキ・ヒメモチなどの多雪に適応した常緑の低木が多く生える。

ブナ—スズタケ群団もさらに細分されるが、その代表的なものとしてブナ—シラキ群集がある。この群集は近畿地方以西の太平洋側に広がる林で、林床にスズタケが生え、コハクウンボク・ツクバネウツギ・ベニドウダンなどが自生し、さらにシロモジ・ヒメシャラなど襲速紀要素の植物を含む。

ミズナラ林の分布と構成樹種

ミズナラ林（ミズナラ—コナラオーダー）は北海道の大半と本州でも降水量の少ない長野県の盆地などに発達し、サワシバ・ホオノキ・ミズナラ（以上ミズナラ—コナラオーダーの標徴種）が生える。北海道のミズナラ林はさらに細分されるが、積雪量に応じて生える種類が変わる。また、長野県の盆地のミズナラ林はそのほとんどが現在、人の影響で本来のミズナラ林の姿でなくなっている。

釧路のミズナラ林。北海道の黒松内低地線（黒松内と長万部を結ぶ）以東はブナ林はなく、ミズナラ林が分布する

帰化植物

帰化植物とは

人が意識的・無意識的にかかわらず行った活動によって、他国から日本に持ち込まれ、日本において野生状態で生育し、世代を重ねている植物を帰化植物という。

帰化植物の渡来方法

帰化植物の渡来方法には、人がある目的をもって他国から導入する場合と、無意識的に運ぶ場合がある。前者は庭・田畑・牧場などで栽培していたものが逸出した植物や、新規に造成した法面などの保護を目的に使用した植物が野生化したもので、逸出帰化植物という。後者は人が外国へ行き来するのに伴って持ち物や衣服などにタネが付着して入ってくる場合や牧草のタネや食料・飼料などの輸入の折に混入して日本に入ってくる場合である。

セイタカアワダチソウ（キク科）

帰化植物の生育地

帰化植物の多くは人が攪乱した環境に生育する。そういう環境は一般に土地が新しく土壌が乏しいところで、広く開けて日当たりがよく、どちらかといえば乾燥している場所である。したがって、自然度の高い場所への帰化植物の侵入は割合としては非常に少ない。

渡来時期による帰化植物の分類

帰化植物の分類の仕方にはいくつかあるが、そのうち渡来時期による分類の1つを挙げると、石器時代から弥生時代に渡来した植物を史前帰化植物（3世紀後半以前）、古墳時代から室町時代に渡来したものを古代帰化植物（3世紀後半～15世紀中ごろ）、戦国時代から江戸時代に渡来したものを近世帰化植物（15世紀中ごろ～19世紀中ごろ）、江戸時代末期から現代に渡来したものを現代帰化植物（19世紀中ごろ以降）という。

通常、帰化植物として扱うのは現代帰化植物であるが、近世帰化植物を含めて指すこともある。

カモガヤ（イネ科）

帰化植物の属する科

帰化植物が属する科はいろいろあるが、種類数の多い科は比較的偏っている。種類数の多い順に数科挙げると、キク科・イネ科・マメ科・アブラナ科・ヒルガオ科などがある。

ムラサキツメクサ（マメ科）

帰化植物の問題点

帰化植物の問題点として次のようなことが考えられる。

①帰化植物がある地域の植物相や生態系を攪乱する。すなわち、わが国にもともと自生する植物との間で生存競争が起こったり、交雑したりするなどが心配される。

②帰化植物が増えると人にとっての良好な環境が悪化する可能性があり、また、帰化植物が農耕地などに侵入するとこれを取り除くには費用が相当かかる。

マメグンバイナズナ（アブラナ科）

column

ムラサキツメクサの花序は半分ずつ咲き進む

ムラサキツメクサは、短い花序軸に小さな花をたくさん密につけ、花序全体で小さな球形をしている。おもしろいことに、球形の花序の半分ずつ花が咲き進む。

その理由は次のようである。ごく小さな蕾のとき、すぐ下にある葉2枚のそれぞれの托葉がこれを包み、保護している。開花近くなると、まず1対の托葉が蕾を開放する。そして、時をおいてもう1対の托葉も蕾を開放する。その時間差の分、花序の花の咲き進み具合に差となって現れるのである。大半の花が咲くとわかりにくくなるが、この差は花が咲き終わるまで続く。

2対の托葉が花序を包んでいる

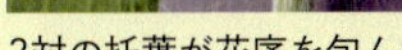

托葉が花序を開放し始め、
花序の頭が見えるようになる

右半分が先に開放され、
咲き進んでいる

開放されてからの
時間によって、咲き進み方にも
いろいろな段階がある

すべての花が咲き、
球形の花序となる

枯れるときも半々である

キク科の特徴

キク科植物の花、果実における特徴

キク科植物の花および果実における特徴として次のようなものがある。

・1輪の花はたくさんの小花が集まって形成された頭花である。

・頭花の周りをたくさんの総苞片からなる総苞が取り囲む。

・小花は浅く5裂した舌状花ないし筒状花である。ただし、舌状花では3裂のものもある。

・小花の雄しべは5本で、それぞれの葯が互いに合着して筒状となり（集葯雄しべという）、雌しべの花柱を取り囲む。

・子房は下位で、中に胚珠が1個ある。

・果実は下位痩果（キク果ともいう。また、ただ単に痩果といわれることも多い）となる。

シロヨメナの小花。
左が舌状花、右は筒状花

舌状花
筒状花
花床
総苞片

頭花の模式図

花冠
花粉
葯
花糸
雌しべ
冠毛
子房

筒状花の分解図

キク科の大分類

キク科は小花がすべて舌状花からなるか否かによってタンポポ亜科とキク亜科に分類される。

タンポポ亜科：小花がすべて舌状花で、茎や葉を切ると白い乳液が出る。

キク亜科：小花がすべて筒状花か、頭花の外側の小花が舌状花で、内側の小花が筒状花となる。茎や葉を切っても白い乳液は出ない。

シロヨメナ（キク亜科）
頭花の外側の小花だけが舌状花で、内側はすべて筒状花である

ノハラアザミ
（筒状花のみのキク亜科）
小花すべてが筒状花で、目立つ花びらはまったくない

シロバナタンポポ
（タンポポ亜科）
小花はすべて舌状花だが、中心部に近いほど花びら（花冠）が小さくなる

気候帯と植生分布

世界の気候帯と植生分布

ある場所に形成される植生は、気温と雨量に大きく影響される。そこで、世界の各気候帯について強乾燥・乾燥・準湿潤・湿潤に分けて、そこに生じる標準的な植生を表で示すと次のようになる。下の表は標準的な植生であって、これに地形・土壌・地史的要因・積雪量などの要素が加わって、それぞれの場所にいろいろな群落ができるのである。

気候帯は、おおざっぱには年平均気温で分けられている。マイナス5℃以下だと寒帯、マイナス5~5℃だと亜寒帯、5~10℃だと冷温帯、10~20℃だと暖温帯、20~24℃だと亜熱帯、24℃以上だと熱帯となる。

乾燥~湿潤の程度は、気候帯により大きく異なる。例えば、暖温帯における準湿潤は年降水量で「300~750」~「1000~1300」ミリであり、熱帯における準湿潤は年降水量で「1000~1400」~「1700~2000」ミリである。したがって、年降水量が同じ1500ミリでも、暖温帯では湿潤になるのに対して、熱帯では準湿潤ということになる。

気候帯ごとの乾湿に応じて生じる標準的な植生

<table>
<tr><th></th><th>強乾燥</th><th>乾　燥</th><th>準湿潤</th><th>湿　潤</th></tr>
<tr><td>寒　帯</td><td>–</td><td colspan="3">ツンドラ</td></tr>
<tr><td>亜寒帯</td><td>–</td><td>落葉針葉樹林</td><td colspan="2">常緑針葉樹林</td></tr>
<tr><td>冷温帯</td><td rowspan="4">砂　漠</td><td rowspan="2">ステップ</td><td colspan="2">夏緑樹林</td></tr>
<tr><td>暖温帯</td><td>（冬乾燥）
暖温帯落葉樹林</td><td>照葉樹林
（夏乾燥）硬葉樹林</td></tr>
<tr><td>亜熱帯</td><td rowspan="2">サバンナ・
とげ低木林</td><td rowspan="2">雨緑樹林</td><td rowspan="2">多雨林</td></tr>
<tr><td>熱　帯</td></tr>
</table>

雨緑樹林

照葉樹林

常緑針葉樹林

熱帯雨林

サバンナ

夏緑樹林

気根（きこん）

気根とは

地中に伸ばす普通の根を地中根というのに対し、大気中に伸ばす根を気根という。気根は、その主な働きにより呼吸根・吸水根・同化根・支持根・保護根・付着根・絞め殺し根に分けることができる。ただし、これは主な働きにより分けたもので、そのほかの働きも一緒に行うことがある。

呼吸根（ラクウショウ）
根が息苦しいと呼吸根を出すので、
水辺側に呼吸根を出すが、
反対側（陸側）には出さないことが多い

気根の分類

気根は前述のように分類されるが、次にそれぞれの気根ごとに説明する。

呼吸根：呼吸するために出す根で、沼沢地やマングローブ地帯など土中の空気が非常に少ない状態のところに生える植物においてしばしば発達する。

(例) オヒルギ・マヤプシキ・ラクウショウなど。

吸水根：空中の水分を吸収するための根をいい、着生ランなどでよく発達する。

吸水根（ランの1種）

同化根：葉緑素を持ち、**光合成**（81頁）を行う根を同化根という。クモランでは普通葉は退化して小さく、根を扁平にして光合成をここで行う。

同化根（ランの1種）

支持根（支柱根）：地上茎から四方に伸びて植物体を支える根をいい、ガジュマル・タコノキ・ヤエヤマヒルギなどでよく発達する。トウモロコシでも小さな支持根が見られる。

支持根（タコノキ）

保護根：地上茎から伸びた根が幾重にも重なり合って茎を覆い、茎を保護する根を保護根という。木生シダのヘゴなどに見られる。

保護根（マルハチ）

根針：気根が針状になったものを根針という。動物からの被食などに対して保護している1種の保護根といえる。ヤシ類の一部に見られる。

根針（ヤシの1種）

絞め殺し根：はじめのうちは着生しているだけであるが、次第に着生している樹木の幹に根を網目状に張り巡らしてその木を絞め殺してしまう。この際に張り巡らされた根が絞め殺し根である。こうして日光の奪い合いに有利となるだけでなく、枯れた植物が腐っていく折に栄養分として利用しているという。絞め殺し根を出す植物は熱帯や亜熱帯に生育するイチジク属の植物に多い。わが国にもガジュマル・アコウが自生し、屋久島など南の島々でも絞め殺された後の空洞を見ることができる。この気根に対する適切な名称がないようなので、ここではこの用語を用いた。なお、ガジュマル・アコウなどの気根は必ず絞め殺し根となるわけではない。上からただ下に垂らす根となることが多い。

絞め殺し根（イチジク属の1種）

絞め殺し根（イチジク属の1種）
着生された木は、網目状に張り巡らされた根によりすでに絞め殺されて朽ち、空洞になっている

付着根：登はんするつる植物の登はんの仕方の1つとして茎から根を出して、それで他物に付着するというのがある。この働きをする根を付着根という。

(例) イタビカズラ・イワガラミ・キヅタ・ツタウルシ・ツルアジサイ・ツルマサキ・テイカカズラ・フウトウカズラなど。

付着根（ツルマサキ）

寄生植物（きせいしょくぶつ）

寄生とは

異なる種類の生物が行動的にあるいは生理的に緊密な結びつきを保ちながら生活していて、それによって一方が利益を受け、他方が何らかの害を受けている場合を寄生という。この際、利益を受ける方を寄生者といい、害を受ける方を宿主とか寄主という。

寄生植物とは

ほかの植物に寄生する植物を寄生植物といい、これは**光合成**（81頁）を行うか否か、すなわち葉緑素の有無により全寄生植物と半寄生植物とに分けられる。前者は葉緑素を持たず、光合成を行わないで、栄養分と水を宿主にすべて依存する植物で、後者は葉緑素を持ち（緑の葉を持ち）、光合成を行うが、宿主から水およびそれに溶けた養分を摂取する植物である。

全寄生植物の例

全寄生植物には緑色の葉はなく、寄生植物であることはわかりやすいが、**腐生植物**（236頁）も緑色ではないので、見分けは難しい。

次に全寄生植物の例を挙げる。なお、（　）内は宿主植物と寄生部位である。

ナンバンギセル［ハマウツボ科］（ススキ・ミョウガ・サトウキビなどの根）
オオナンバンギセル［ハマウツボ科］（シバスゲ・ヒメノガリヤスなどの根）
ハマウツボ［ハマウツボ科］（カワラヨモギなどの根）
ヤセウツボ［ハマウツボ科］（各種植物の根。特にムラサキツメクサの根によく寄生）
キヨスミウツボ［ハマウツボ科］（カシ類・アジサイ類の根）
オニク［ハマウツボ科］（ミヤマハンノキなどの根）
ヤマウツボ［ハマウツボ科］（ブナ・カバノキ・ヤナギなどの根）
ヤッコソウ［ラフレシア科］（シイ類の根）
ツチトリモチ［ツチトリモチ科］（クロキ・ハイノキなどの根）
ミヤマツチトリモチ［ツチトリモチ科］（カエデやイヌシデなどの根）
マメダオシ・ネナシカズラ・アメリカネナシカズラ［すべてヒルガオ科］（各種植物の茎）

半寄生植物の例

半寄生植物は緑色の葉を持っているので、特に地下部に寄生している半寄生植物では寄生しているかどうかはわかりにくい。

次に半寄生植物の例を挙げる。なお、（　）内は宿主植物と寄生部位である。

ヤドリギ［ビャクダン科］（エノキ・ケヤキ・ブナなどの落葉広葉樹の茎）
ヒノキバヤドリギ［ビャクダン科］（ツバキ・モチノキなどの常緑広葉樹の茎）
マツグミ［オオバヤドリギ科］（アカマツ・ツガ・モミなどの針葉樹の茎）
ツクバネ［ビャクダン科］（ツガ・モミ・アセビなどの根）

そのほか、カナビキソウ［ビャクダン科］・カマヤリソウ［ビャクダン科］・ママコナ・シオガマギク・コシオガマ・クチナシグサ・ヒキヨモギ・コゴメグサ［すべてハマウツボ科］などがある。

全寄生植物

ススキの根に寄生する
ナンバンギセル

ヒメノガリヤスの根に寄生する
オオナンバンギセル

ブナの根に寄生するヤマウツボ

いろいろな植物の茎に寄生するネナシカズラ。この個体が何に寄生していたかは調べていない

アメリカネナシカズラもいろいろな植物の茎に寄生する。宿主は不明

世界最大の花、ラフレシアも寄生植物。この植物はテトラスティグマというブドウ科のつる植物の根に寄生する

半寄生植物

ケヤキの枝に寄生するヤドリギ。枝など地上部に寄生する場合、宿主はわかりやすい

モミの根に寄生するツクバネ。ツクバネの場合は宿主がかなり限定されているので、周りの植物を調べればたいがい宿主がわかる

ヒキヨモギはいろいろな植物の根に寄生するので、周りのどの植物に寄生しているかは、根をていねいに掘り出してみないとわからない

球根植物（きゅうこんしょくぶつ）

球根植物とは

球根植物とは、多年草（たねんそう）のうちその植物にとって生活に適さない時期に地上部を枯らして、地中にある体の一部を肥大させ、そこに栄養分や水分を蓄える植物である。肥大部分は、種類により主に葉が変化したもの・茎が変化したもの・根が変化したものがある。なお、球根という用語は通常、花卉園芸（かきえんげい）において用いられる言葉である。また、球根植物は通常、タネから開花までに長い年月を必要とするなどの理由で、球根で増殖し、球根で流通している。

春植え球根植物と秋植え球根植物の特徴と原産地

球根植物は通常、球根の植え時により春植え球根植物と秋植え球根植物とに分けられる。

【春植え球根植物】

春に球根を植える植物を春植え球根植物といい、一般に夏～秋に開花し、冬前に地上部を枯らす。ただし、冬でも保温すれば生育し続ける種類もある。アメリカ大陸の熱帯～亜熱帯地域の山地と南アフリカを原産地とするものが多い。

・メキシコ：ダリア
・中米～南米：アマリリス・ゼフィランサス・ハブランサス
・アメリカ合衆国南部～西インド諸島：カンナ
・南アフリカ：グラジオラス・ユーコミス・ハエマンサス・ロードヒポクシス・キルタンサス

【秋植え球根植物】

秋に球根を植える植物を秋植え球根植物といい、一般に春に開花し、盛夏前に地上部を枯らす。販売されている秋植え球根には、ユリ類やクロユリなど日本に原産するものもあるが、その大半は地中海性気候地域を原産とする。地中海性気候の地域は夏に降水量が極めて少なく、それに適応するために乾燥に強い球根の形で夏を過ごすのである。このため、球根は乾

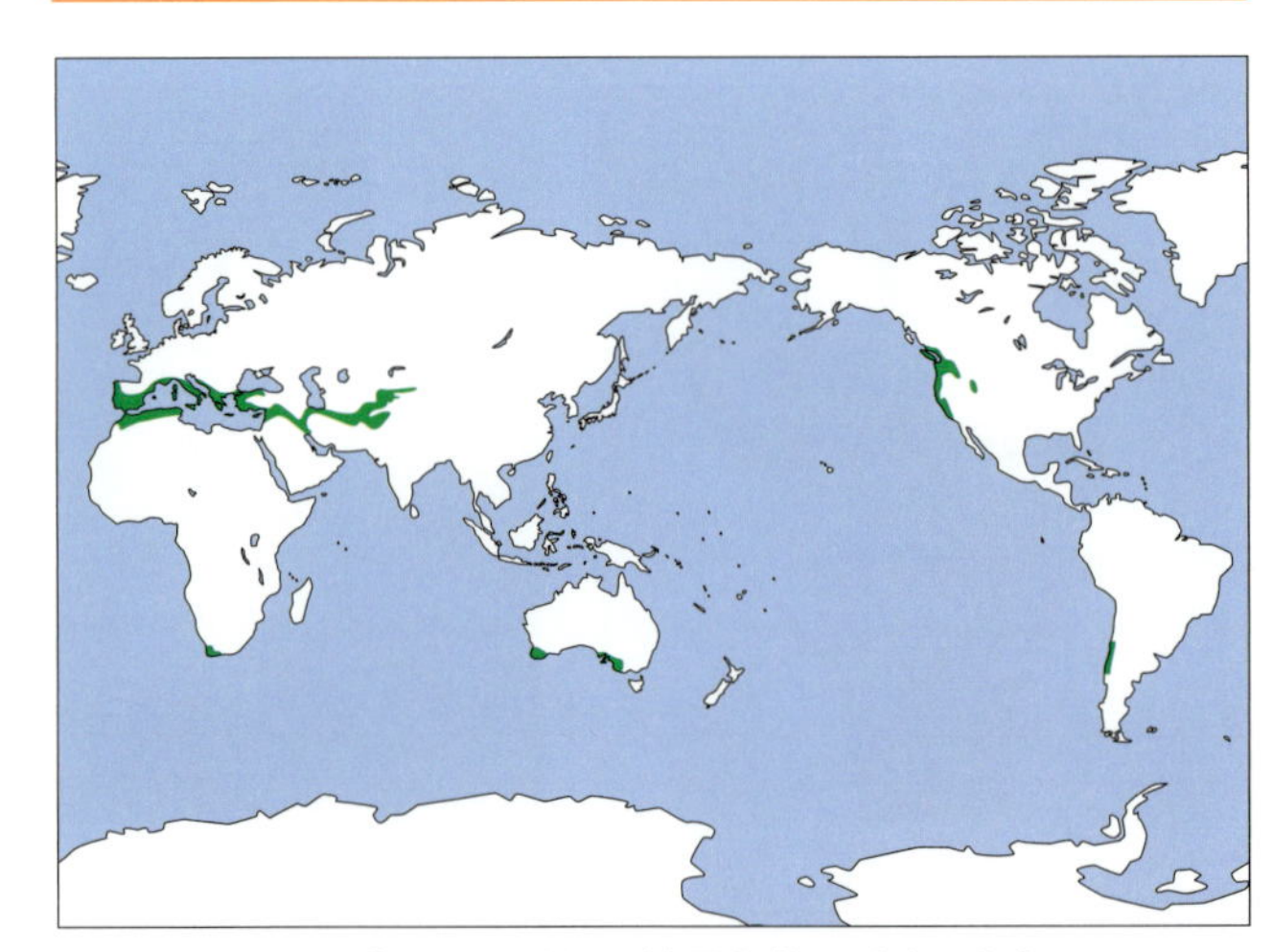

地中海性気候地域。『図版地図資料』（帝国書院）を参考に作成

サンフランシスコの月別降水量平年値

（1982～2010年の平均値、小数点以下は四捨五入）

月	サンフランシスコ	（比較）東京
1	101	53
2	106	56
3	70	118
4	32	125
5	14	138
6	3	168
7	0	154
8	1	168
9	4	210
10	23	198
11	59	93
12	104	51
合計	517mm	1,529mm

『理科年表 平成30年版』（丸善出版）による

燥によく耐え、園芸店の店頭にゴロッと置かれて売られるが、日本産のユリ類などは乾燥に耐えられないので、おがくずなどの中に入れられて売られている。従って、地中海性気候地域の原産か、日本原産かは園芸店の店頭における販売形態でほぼ確実に見分けられる。

・地中海沿岸地域〜アフガニスタン：チューリップ・クロッカス・ヒアシンス・コルチカム・スイセン・ムスカリ・スノードロップ・アネモネ・アイリス

・南アフリカの南部：フリージア・スパラキシス・イキシア・バビアナ・ネリネ・ラケナリア

・アメリカのカリフォルニア〜オレゴン：ブローディア

・チリの中部：テコフィレア

球根の形態による分類

球根は形態などから植物学的に鱗茎・球茎・塊茎・根茎・塊根に分類される。

鱗茎：ごく短い茎に、分厚く変化して養分を蓄えた葉が幾重にも重なってついた形の球根。これには、鱗状鱗茎（鱗状の鱗片葉が重なりあったもので、薄い皮で覆われない・a）と層状鱗茎（鱗片葉が層状に重なりあい、最も外側の鱗片葉が薄い皮となって鱗茎全体を覆っている）とがある。また、層状鱗茎には、元の球根は消耗し毎年、子球に更新する種類（b）と、更新されずに新しい鱗片葉が球根内部でつくられ元の球根自体が大きくなる種類（c）がある。

（例a）ユリ・クロユリ。

（例b）チューリップ・アイリス。

（例c）アマリリス・ヒアシンス・ヒガンバナ・スイセン。

ユリ（鱗状鱗茎）

チューリップ（層状鱗茎）

球茎：節のある茎が縦方向に寸詰まりとなってほぼ球形になり、養分をそこに蓄える球根。葉は硬質となり、節ごとについて球根を覆う。球根は毎年、更新される。

（例）クロッカス・グラジオラス・フリージア・イキシア。

塊茎：塊状の地下茎。球茎とは異なり硬質化した葉がつくことはない。これには、球根が毎年、更新される種類（a）と、更新されることなく地上部の生育状態に応じて球根も大きくなる種類（b）がある。

（例a）アネモネ・カラジウム。

（例b）キュウコンベゴニア・グロキシニア・シクラメン。

クロッカス（球茎）

アネモネ（塊茎）

根茎：形態的には、地中で横に寝た短い茎が太って、栄養分を蓄えた形の球根。

（例）ジャーマンアイリス・カンナ・ジンジャ・クルクマ。

塊根：栄養分を主に肥大した根の部分に蓄える球根。

（例）ダリア・ラナンキュラス。

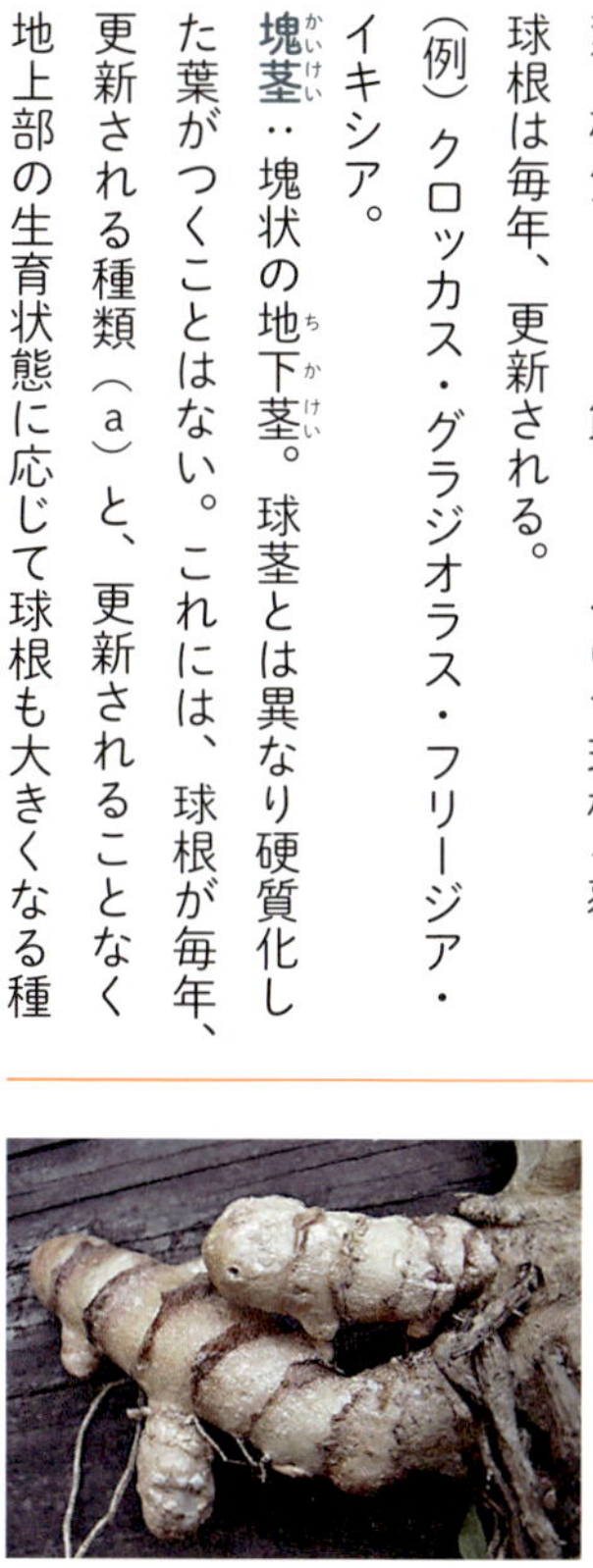
クルクマ（根茎）

ランキュラス（塊根）

休眠

休眠とは

生物が一時的に成長や活動を停止することを休眠という。休眠は生物が環境に適応するために獲得したもので、通常は体内の水分含量を減らしたり、物質代謝を著しく低下させたりしている。こうすることによりその生物にとって適さない環境下でも通常死ぬことなく、生命を保っていけるのである。休眠に入る要因として、温度・日長・水分・抑制物質などが知られる。

一部の動物が行う冬眠なども休眠の1種であり、植物においては種子・胞子・芽などで休眠する。次に植物の休眠のうち、種子と芽の休眠について説明する。

種子の休眠

休眠状態にある種子を休眠種子という。通常、発芽に適する外的条件がそろっていてもある期間は発芽しない。この休眠は内因性で不可避的であるので内因性休眠とか不可欠休眠ともいうが、通常は自発休眠という。野生植物では、種子は成熟すると同時に通常、自発休眠に入る。こうすることにより種子が散布される前に枝の上で発芽してしまうのを避け、また、一斉に発芽するのを防ぎ、不適切な環境下で一斉に発芽して全滅してしまう危険性を避けている。

種子における自発休眠のタイプとして、①胚そのものが未熟である、②胚は完成しても貯蔵物質が胚に利用される状態になっていない、③種子が発芽抑制物質をまとっている、などが知られている。

一方、種子が発芽しうる状態にあっても環境条件によって強制的に発芽を抑えられていることがある。これを他発休眠という。自発休眠していない種子でも、環境が適していないときは他発休眠に入って、環境条件が整うまでやり過ごすのである。

芽の休眠

休眠状態にある芽を休眠芽という。四季がある地域では冬季に休眠芽を形成する。これを**冬芽**（239頁）という（草本植物の冬芽は通常、越冬芽という）。また、夏が乾季となる地域では暑さと乾燥に備えた休眠芽を夏季に形成する。これを夏芽という。

頂芽が旺盛に伸びている際はその枝の腋芽は通常、休眠芽となる。頂芽が駄目になると腋芽は伸びだすが、伸びだすことなく、長いこと休眠状態が続くと休眠芽は痕跡的となり、さらにその状態が続くと、茎の二次肥大成長により材の中に芽が埋まってしまう。これを潜伏芽という。潜伏芽は何年かした後、ときに成長を再開し、幹の表面を突き破るように出てくることがある（これを胴吹きという）。なかでも熱帯地域に自生する植物ではこの芽に花をつけるものが多い。この花を幹生花という。なお、球根内に形成される芽も休眠している。

休眠打破

休眠から覚めて発芽し、生育を開始すること、すなわち、休眠が破られることを休眠打破という。多くの植物では特定の温度を一定期間受けることによって休眠は打破される。

なお、一部の休眠については人為的に打破する方法が確立されており、農園芸分野で応用されている。人為的休眠打破の方法として低温処理・高温処理・植物ホルモン剤による処理・燻煙処理などがある。

距（きょ）

距とは

内花被（花冠）や外花被（萼）の一部分が伸びて、片方の先が閉じた管となり、そこに蜜を貯えるようになったものを距という。

距の種類

内花被・外花被のどちらが伸びだしたものか、どの内花被・外花被が伸びたものかによって距を分け、次にそれぞれの例を示す。

①花弁すべてが距をつくる種類：イカリソウ属・オダマキ属・トリカブト属。

②上の花弁が大きな距を、下の花弁がごく小さな距をつくる種類：キケマン属（ヤマエンゴサク・ムラサキケマンなど）。

③下の花弁だけが距をつくる種類：スミレ属・ラン科の一部の属（エビネ・サギソウなど。ラン科の場合、蕾のときとは花が180度ねじれて咲くので上の花弁ともいえる）。

④合弁花冠で元の花弁に当たる部分がその数分距をつくる種類：ハナイカリ。

⑤合弁花冠で距を1つつくる種類：ウンラン属・キンギョソウ属・タヌキモ属。

⑥萼片がつくる距の中に花弁がつくる距が入り込む種類：ヒエンソウ属・オオヒエンソウ属（セリバヒエンソウなど）。

⑦外花被片すべてが距を2つずつつくる種類：ホトトギス属。

⑧上の萼片が距をつくる種類：ノウゼンハレン属。

⑨下の萼片が距をつくる種類：ツリフネソウ属（ツリフネソウ・ホウセンカ・インパチエンスなど）。

イカリソウ（①の例）

ウンラン（⑤の例）

ジロボウエンゴサク（②の例）

セリバヒエンソウ（⑥の例）

アカネスミレ（③の例）

ホトトギス（⑦の例）

エビネ（③の例）

ノウゼンハレン（⑧の例）

ハナイカリ（④の例）

キツリフネ（⑨の例）

共生

共生とは

共生とは、異なる2種類の生物が互いに行動的あるいは生理的に緊密な結びつきを保ちながら一緒に生活している現象をいう。

共生者にとっての生活上の必要性や関係の持続性などによって共生はいろいろに分類されるが、通常は共生者の生活上の損得に基準を置いて、相利共生・片利共生・**寄生**（64頁）の3つに大別される。

相利共生とは、一緒に生活することによって共生者の両者とも利益を得る共生で、片利共生とは、片方は利益を得るがもう一方は利益も不利益も得ない共生である。また、寄生は片方は利益を得るがもう一方は不利益をこうむる場合である。ただし、一般には狭義に捉えて（寄生は共生とは別のものと捉えて）前2者のみ、しばしば相利共生のみを共生としている。

植物と細菌・菌との共生の例

植物が細菌や菌と共生する例を次に挙げる。

【窒素固定菌との共生】

窒素固定菌（168頁）は、大気中の窒素ガスを植物が利用可能な形に変え、植物に与える。一方、植物は窒素固定菌が生活するに必要な栄養分や酸素・水などを与える。窒素固定菌の宿主植物としては、グミ属・ソテツ属・ドクウツギ・ハンノキ属・マメ科・マンリョウ・ヤマモモなどがある。

シロツメクサの根粒
（根粒菌のすみかになっている）

【菌根菌との共生】

菌根菌は、植物の根の周囲や根の内部で生活し、根から分泌された有機物をエネルギー源としたり、直接植物からエネルギー源をもらっている。一方、植物は種類や栄養状態などにもよるが菌根菌から次のようなことをしてもらっている。①有機態窒素の供給、②植物ホルモンの供給、③土壌中の水および水に溶けた養分の供給、④菌鞘によって凍害や乾害からの根の保護、⑤病原菌による感染の防止。

菌根菌と共生している植物は全植物の80％以上といわれる。ツツジ科植物とラン科植物などでは、ほぼすべての種が決まった菌根菌と共生している。

クロヤツシロランの地下部を掘ってみたら、根を枯れ葉まで伸ばし、菌根菌と共生して、腐生生活をしていた

植物と昆虫との共生の例

植物が昆虫と共生する例を次に挙げる。

【イチジク属の植物とイチジクコバチ類との共生】

イチジク属の植物はイチジクコバチに受粉(じゅふん)してもらっている。一方、イチジクコバチは生息に適した環境と食物をイチジク属の植物に提供してもらっている。

キクの仲間の花とミツバチ。
ミツバチは蜜を求めて訪花するだけでなく、花粉を集めて、後ろ脚につけ、幼虫の餌として巣に持ち帰る

ゼラニウムとハナアブ。
ハナアブは花粉をなめに訪花する。植物にとってはありがたいパートナーである

【虫媒花(ちゅうばいか)植物と昆虫】

虫媒花植物は昆虫に受粉してもらって、その報酬として昆虫に蜜や花粉を与えている。

ガクアジサイ（栽培品種）と甲虫。
アジサイは花序の上を平にし、いろいろな虫が止まれるようにしている。甲虫が花粉を求めて、歩き回り、受粉してもらっている

アサギマダラとヤツデ。
チョウは通常、花から離れたところに止まり、長い口吻を差し込んで吸蜜するので、あまりありがたくないが、ヤツデでは雄しべがチョウの体についている

【アリ植物とアリとの共生】

アリ植物は茎を肥大させてアリに巣を提供する一方、アリ植物は害虫をアリに追い払ってもらったり、アリが食べ残したものやアリの糞などを栄養分として得ている。なお、アリ植物はわが国には自生せず、熱帯・亜熱帯地方に多く自生する。また、アカネ科・マメ科・シダ植物などいろいろな植物群に見られる。

樹木に着生している
アリ植物のアリノストリデ
（アカネ科、インドネシア）

樹木に着生しているアリノスダマの1種、
ミルメコディア・ベッカリー
（アカネ科、オーストラリア）

切り花の水揚げ法

切り花の花持ちが悪くなる原因

切り花の花持ちが悪くなる原因として次のようなことが考えられる。

①細菌や菌によって切り口が腐り、水が吸えなくなる。

②道管に空気が入ってしまったり、樹液や乳液が道管を詰まらせるなどして水が道管内を移動できなくなる。

③切り花の鮮度を保つのに必要な栄養分が不足する（置かれた場所が暗く、光量不足であったり、葉の枚数が減らされるなどして、光合成があまり行えないことが1つの要因）。

④植物ホルモンのエチレンが出て、あるいは、バナナやリンゴなど周りにエチレンを出すものが置かれて、これが老化を促す。

カーネーションの切り花

切り花の水揚げ法

切り花を長持ちさせるには、前述の原因を取り除くようにすればよい。切り花はできる限り涼しいところに置き、茎を切る際はよく切れるハサミを使い、ハサミは清潔に保ち、水に浸かる葉は取り除き、切り花の水をときどき換え、バナナやリンゴなどの果物をそばに置かない、などは切り花を長持ちさせるのに重要なことである。また、現在では殺菌剤や糖分などを含む切り花鮮度保持剤がいろいろ市販されており、切り花生産者においても長持ちするようエチレンに対する感受性を鈍らせる処理がなされている場合もあるが、切り花の水揚げ法という形でいろいろ経験的に知られている方法がある。それを次に記す。

水切り：水を入れた容器の中で茎を切り戻す。切る際の基本は斜めに切ることで、ほとんどの花材で有効。

水切り。切り花の水揚げ法の基本中の基本で、容器に水をはり、水の中で茎の先を切り落とす

深水：花に水がつかないように気をつけながら深く水に浸すことで、ほとんどの花材で有効。

割る・叩く：切り口を割ったり叩いたりし、水が上がったら切り戻す。この方法が有効な花材には、あじさい・ガーベラ・カンパニュラ・クリスマスローズ・こでまり・ストック・千両・ばら・山吹などがある。

焼く：水切りをした後、濡れた新聞紙などで包んで（花や葉に熱気が当たらないようにするため）切り口を焼く。焼いたらすぐに水に浸け、水切

か

形態

分類

生理

生態

環境

文化

りをする。この方法が有効な花材には、あじさい・アスパラガス・カラジウム・シャクヤク・ばら・ブバルジア・ブルースター・ポインセチア・マーガレットなどがある。

花や葉に熱気が当たらないように濡れた新聞紙で切り花を包んで焼く。新聞紙に火がつかないように十分に気をつけること

煮る：水切りをした後、煮立った湯の中に切り口から2～3センチの部分を1分くらい浸す。その後すぐに水に浸け、切り戻す。この方法が有効な花材には、あじさい・女郎花・桔梗・菊・けいとう・ジンジア・千両・葉げいとう・ばら・ひまわり・ポピー・マーガレット・都忘れなどがある。

塩をすり込む：水切り後、切り口に塩をすり込む。この方法が有効な花材には、カラー・カンナ・カンパニュラ・桔梗・けいとう・葉げいとうなどがある。

酢に漬ける：水切りをした後、切り口を酢に漬ける。この方法が有効な花材には、イネ科の植物の多く（かんちく・熊笹・すすき）、あじさい・ジンジャなどがある。

酢に浸ける

ポンプで水を注入する：切り口から水揚げ用ポンプで水や薄めた酢酸塩を注入する。この方法が有効な花材には、カラーの葉・睡蓮・蓮などがある。

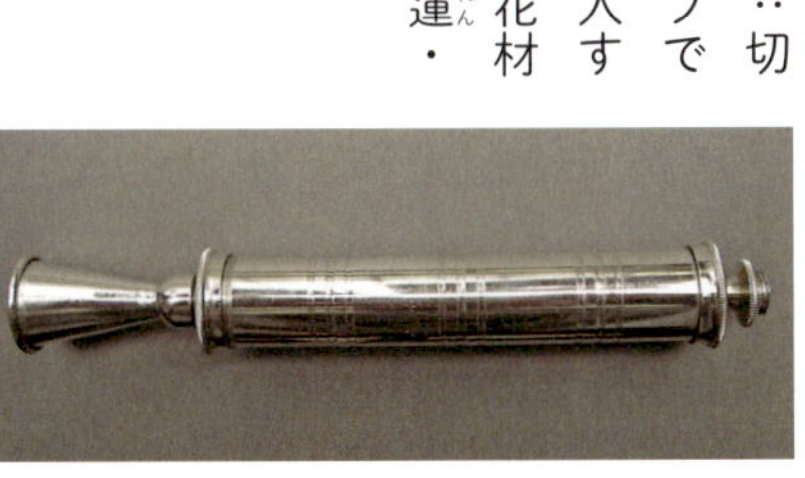

水揚げ用ポンプ

メタセコイアの葉序は2通り

メタセコイアの葉序には2つのタイプがある。1つは十字対生で、この葉序となる葉の一部の腋には芽ができ、それが伸び出した枝に二列対生の葉をつける。二列対生といっても、整然と2列に並んでいるのではなく、ほんの少しだがジグザグする2列である。この葉序となる枝には密に葉がつき、秋に枝ごと落とす。一方、十字対生の葉をつけた枝は秋に落枝することはない。また、秋に落枝する枝のすぐ下に冬芽をつける。落枝痕は白く真ん丸で、冬芽がそのすぐ下にあり、枝に直角に出るのが特徴なので、メタセコイアは冬期に枝で見分けやすい。

冬芽は、白くて丸い落枝根のすぐ下に枝に直角に出る

メタセコイアの枝。写真右上に伸びる枝につく、少しまばらに数対ある葉は、写真ではわかりにくいが、十字対生についている。下から5対目の葉のそれぞれの腋から枝が1本ずつ伸びている。これには二列対生に葉が密に並び、秋に葉をつけたまま落枝する

クズが詠まれている和歌

クズの和歌での詠まれ方とその変遷

『万葉集』ではクズは21首詠まれているが、その詠まれ方には次の5つがある。

①たくましく伸びる性質を例えとして詠む。
②クズの葉裏が風でなびいて白く見えることから、「なびく」とか「返す」などを修飾するために詠む。
③美しい花として詠む。
④秋の黄葉を詠む。
⑤繊維採取の作業を詠む。

クズの花。秋の七草の1つだけあって意外と美しい

前述のとおり、クズの葉は裏が白く、風でなびくと葉の裏が目立って見えるため、『古今集』のころより「裏が見える」から「裏見」すなわち「怨み」に掛けて詠まれはじめ、『新古今集』以降はクズが詠まれる場合は非常に多くが「葛の葉の」があたかも「怨み」に掛かる枕詞であるかのように詠まれるようになる。

明治になって、正岡子規が写生主義・万葉調を唱えるようになり、クズは再び『万葉集』で詠まれたような詠まれ方に戻るのである。

次にそれぞれの例を示す。

真葛延ふ　夏野の繁く　かく恋ひば　まことわが命　常ならめやも　『万葉集』

水茎の　岡の葛葉を　吹き返し　面知る児らが　見えぬ頃かも　『万葉集』

萩の花　尾花葛花　なでしこの花　女郎花　また藤袴　朝顔の花　『万葉集』

雁がねの　寒く鳴きしゆ　水茎の　岡の葛葉は　色づきにけり　『万葉集』

ほととぎす　鳴く声聞くや　卯の花の　咲き散る丘に　くず引くをとめ　『万葉集』

秋風の　吹きうらがへす　葛の葉の　うらみてもなほ　うらめしきかな　『古今集』

秋風は　すごく吹くとも　葛の葉の　うらみ顔には　見えじとぞ思ふ　『新古今集』

山のべに　にほひし葛の　房花は　藤波よりも　あはれなりけり　斉藤茂吉

風でなびいて葉裏が見えることもあるが、強光を避けるために小葉を立てるため葉裏が見えることが多い

毛（け）

毛とは

高等植物の体の表面に細く突起状に生える表皮系起源のものを毛という。毛の形や働きはいろいろで、また、毛は葉・茎・根・花・果実など植物のあらゆる器官に生ずる。植物体の成長に伴い、毛は脱落する場合が多い。

なお、同様のものでも表皮系起源でないものは毛といわず、毛状体という。モウセンゴケの葉の触毛や、イラクサの刺毛は毛状体である。ただし、これも含めて通常は毛として扱う。

ハハコグサの毛は、保温・保湿・紫外線カットなど、その働きは多い

毛の種類

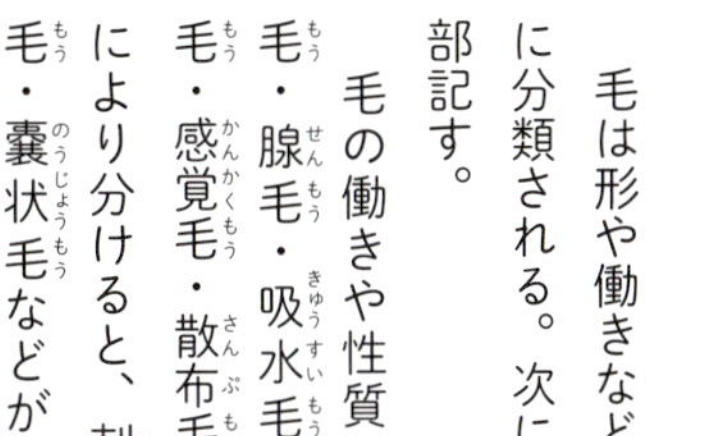

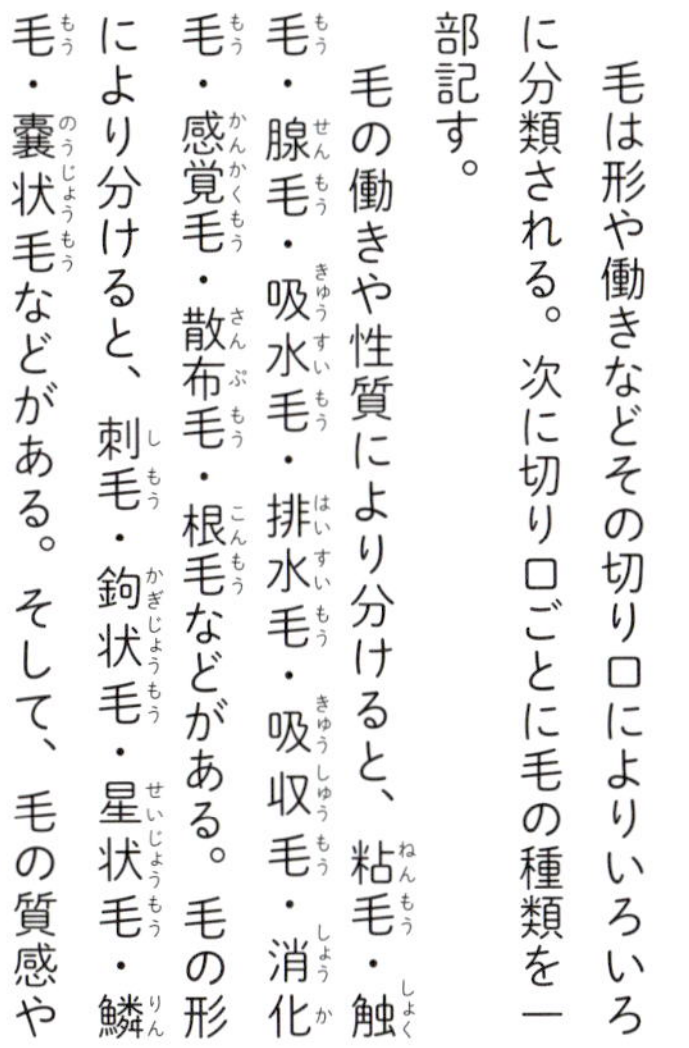

毛は形や働きなどその切り口によりいろいろに分類される。次に切り口ごとに毛の種類を一部記す。

毛の働きや性質により分けると、粘毛・触毛・腺毛・吸水毛・排水毛・吸収毛・消化毛・感覚毛・散布毛・根毛などがある。毛の形により分けると、刺毛・鉤状毛・星状毛・鱗毛・嚢状毛などがある。そして、毛の質感や向きにより分けると、絨毛・綿毛・開出毛・逆毛などがある。

ホタルブクロ。花の中に生える毛を使って虫がよじ登る

毛の働き

一般的な毛の主な働きには、次のようなものが考えられる。

①保温
②保湿（蒸散の抑制など）
③紫外線や強光が直接植物体に当たるのを和らげる
④海辺では塩害を防ぐ
⑤水をはじく
⑥虫の食害を軽減する
⑦虫の進行を制限したり手助けする
⑧タネ散布の手段

ヨモギの毛は、保温・保湿などの働きがある

風散布用の毛

毛の働きのうち、タネ散布の手段としての毛について次に詳しく記す。

タネはいろいろな手段で散布されるが、その1つとして風散布がある。風散布の1つの方法としてタネに毛（散布毛）をつけている場合が多い。その毛は、

①種髪
②残存花柱の毛
③冠毛
④そのほかの毛

に分けることができる。

チングルマの花柱の毛。タネから長い花柱が出ていて、それに毛が生えている

ガガイモの種髪。毛が生えたタネが莢の中に入っていれば、その毛は種髪である

種髪とは、種子にある毛の束で、珠皮起源か**胎座**（152頁）起源のものをいう。袋果や蒴果などの裂開果に特有である。アカバナ科・キョウチクトウ科・ノウゼンカズラ科・フヨウ科・ヤナギ科の大半などに見られる。

残存花柱の毛は、受精後も花柱が子房についたまま残りそれに毛が生えているもので、オキナグサ属・センニンソウ属・チョウノスケソウ属・チングルマ属に見られる。

タンポポの冠毛。タンポポなど一部のキク科植物ではタネと冠毛との間に果嘴（通常は嘴）という細い棒がある

ワタスゲ。花被片が糸状で、花後にそれが伸びる

冠毛とは、下位痩果などの頂部につく、環状に並ぶ、萼と相同な器官のことで、普通は毛状で、キク科などに見られる。なお、冠毛は種類によっては毛状でない。センダングサ属では付着散布に利用するのぎ状のもので、ヌマダイコン属では棒状、コゴメギク属では鱗片状である。

風散布用に生える毛として、そのほかワタスゲやサギスゲなどに見られる花被片が糸状で花後に伸びる毛、ガマ科に見られる果柄基部にある毛、ススキやオギなど一部のイネ科に見られる小穂基部にある毛、スズカケノキ属に見られる痩果基部にある毛、ケムリノキにある花柄にある毛などがある。

ケムリノキのタネ。雌花のそばに雄花がたくさんあり、花後、花は落ち、花柄だけが残る。その花柄が伸びだし、それに毛が生えている

原始的な花と進化した花

原始的な花と進化した花

花は植物が進化していく過程で、形態を変えている。現在見られる花には進化した形態の花がある一方、原始的な形態を留めている花もある。

生物の分類体系は生物の進化に基づいて組み立てられており、植物の場合これまで花の形態上の違いは分類群をまとめるときの重要な要素とされてきた。生物の分類がDNA上における違いをもとに行われるようになった現在でも、花の形態を見ることによりその植物が原始的なものか進化したものかについて、ある程度見当をつけられることに変わりはない。

原始的な花の形態を残すスイレン（スイレン科・上）とコブシ（モクレン科・下）

原始的な花と進化した花の形態上の違い

下表に、花の部位ごとに原始的な花と進化した花との違いを記す。

要するに、器官や組織がらせん状に並ぶより輪生状に並ぶほうが、離生するより合着しているほうが、不特定多数あるより少数一定のほうが進化しているということである。

ある植物が原始的な花か進化した花かをより適切に読みとるには、できる限り多くの部位を見る必要がある。1つ2つの部位を見ただけでは適切な進化の程度を読みとれるものではない。また、キク科の頭花のように小さい花（小花）が集まって1輪の花をつくるものは、小花を1つの花として捉えて下の表を見るとともに、集合した形でより複雑に進化していることを読みとる必要がある。

花の部位ごとの違い～原始的な花と進化した花

花の部位	原始的な花		進化した花
萼	離生	→	合着
花冠	離生	→	合着
雄しべ	離生	→	合着
	多数で数不定	→	少数で数一定
雌しべ	多数で数不定	→	1つ
・心皮	離生	→	合着
・子房	上位	→	下位
・胚珠（1つの子房中の数）	多い	→	少ない
花（向き）	上向き	→	横向き／下向き
（対称軸）	放射相称	→	左右対称
花の各部位の並び方	らせん状	→	輪生状
雄しべと花冠	離生	→	合着
雌しべと雄しべ	離生	→	合着

花冠

ウメバチソウ（離生）

キキョウ（合生）

花冠が離生するものより合生するもののほうが進化している

雄しべ

センニンソウ（不特定多数）

サフラン（3本）

雄しべの数が多数で不定のものより少数で、一定数のもののほうが進化している

雌しべ

ハマナス（不特定多数）

オオイヌノフグリ（1本）

雌しべの数が多数で不定のものより少数で、一定数のもののほうが進化している

子房

カタクリ
(子房上位：花被片3枚除去)

スイセン（子房下位）

子房が上位のものより下位のもののほうが進化している

花（向き）

フデリンドウ（上向き）

ヤマホタルブクロ（下向き）

花の向きが上向きのものより、下向きのもののほうが進化している

花（対称軸）

アズマイチゲ（放射相称）

クズ（左右対称）

花の対称軸が放射相称のものより、左右対称のもののほうが進化している

県(けん)の木(き)・県(けん)の花(はな)

わが国の都道府県では、それぞれ都道府県の木・都道府県の花を制定している。次に都道府県ごとの都道府県の木・都道府県の花を記す。

都道府県の木と花

	都道府県の木	都道府県の花
北海道	エゾマツ	ハマナス
青森県	ヒバ	リンゴ
岩手県	ナンブアカマツ	キリ
秋田県	アキタスギ	フキノトウ
宮城県	ケヤキ	ミヤギノハギ
山形県	サクランボ	ベニバナ
福島県	ケヤキ	ネモトシャクナゲ
茨城県	ウメ	バラ
栃木県	トチノキ	ヤシオツツジ
群馬県	クロマツ	レンゲツツジ
埼玉県	ケヤキ	サクラソウ
千葉県	マキ	ナノハナ
東京都	イチョウ	ソメイヨシノ
神奈川県	イチョウ	ヤマユリ
新潟県	ユキツバキ	チューリップ
富山県	タテヤマスギ	チューリップ
石川県	アテ	クロユリ
福井県	マツ	スイセン
山梨県	カエデ	フジザクラ
長野県	シラカバ	リンドウ
岐阜県	イチイ	レンゲソウ
静岡県	モクセイ	ツツジ
愛知県	ハナノキ	カキツバタ
三重県	ジングウスギ	ハナショウブ

サクラソウ
埼玉県の田島ヶ原は自生地として
よく知られている

トチノキ
県名になっているだけあって、
栃木県では古くから親しまれている

ハマナス
北海道など寒い地方の海岸の砂地に
自生し、夏に海辺を彩る

都道府県の木と花

	都道府県の木	都道府県の花
滋賀県	モミジ	シャクナゲ
京都府	キタヤマスギ	シダレザクラ
奈良県	スギ	ナラヤエザクラ
大阪府	イチョウ	ウメ・サクラソウ
和歌山県	ウバメガシ	ウメ
兵庫県	クスノキ	ノジギク
鳥取県	ダイセンキャラボク	二十世紀ナシ
島根県	クロマツ	ボタン
岡山県	アカマツ	モモ
広島県	モミジ	モミジ
山口県	アカマツ	ナツミカン
香川県	オリーブ	オリーブ
愛媛県	マツ	ミカン
徳島県	ヤマモモ	スダチ
高知県	ヤナセスギ	ヤマモモ
福岡県	ツツジ	ウメ
大分県	ブンゴウメ	ブンゴウメ
佐賀県	クスノキ	クスノキ
長崎県	ツバキ・ヒノキ	ウンゼンツツジ
宮崎県	フェニックス・ ヤマザクラ・オビスギ	ハマユウ
熊本県	クスノキ	リンドウ
鹿児島県	カイコウズ・クスノキ	ミヤマキリシマ
沖縄県	リュウキュウマツ	デイゴ

リンドウ
やや乾いた山地や草地に自生し、
長野・熊本の県の花に指定

ウメ
茨城・大阪・和歌山・福岡・大分の
5府県で、県の木・県の花に指定

モモ
岡山県のモモの栽培は古く、
桃太郎伝説もある

光合成

光合成とは

植物は、気孔から取り入れた空気中の二酸化炭素と、根から吸い上げた水とを原料として、光のエネルギーを利用して葉や茎などにある葉緑体において炭水化物を合成している。この合成作用を光合成という。これを化学式で表すと、次のようになる。

$$6CO_2 + 6H_2O + \text{光エネルギー} \rightarrow C_6H_{12}O_6 + 6O_2$$

（二酸化炭素）（水）　（炭水化物）（酸素）

植物は光合成によりできた炭水化物を脂肪に変えることができ、さらに、水に溶けている窒素分とでタンパク質をつくり出すことができる。植物は三大栄養素を容易につくることができるのである。おおざっぱにいえば、植物は光合成で体をつくることができるのである。そのうえ、植物は光合成でつくった炭水化物を体内で燃やし、生きていくのに必要なエネルギーを得ることもできる。植物は光合成だけで体をつくり、生きていくのに必要なエネルギーを得ることもできる、すなわち生きていけるのである。

植物が光合成を行うのに必要なもの

極端ないい方ではあるが、前述のとおり植物は光合成だけで生きていけるのであるから、逆にいえば植物は必死になって光合成を行おうとしている。

一方、光合成に必要なものは上の化学式からもわかるとおり、①二酸化炭素、②水、③光、それに、④生育に適する温度があることである。光合成を行うにはこの4つが絶対に必要なので、これらが不足しないようこれらを取り込もうとする植物の姿が観察できる。

植物が採っている光や水の不足に対する対処法

二酸化炭素は大気中に0・04％弱とはいえ無限にあるので、これが不足することはとりあえずない。温度についてはここでは触れないものとすると、光と水が植物にとって重要な要素であり、これら2つのどちらでもある期間不足すると植物は枯れてしまう。したがって、植物は光と水が不足しないようにいろいろと対策を講じている。植物が採っている、光と水の不足に対する対処法には次のようなものがある。

①競争する。
②我慢する（少なくてもすむ体制をつくる）。
③時期を選ぶ（多い時期のみ活動する）。
④工夫する（少ないのを多くするよう工夫する、または、少なくないがほかと競争にならないよう工夫する）。

光の不足に備えた植物の取り組み

具体的に光と水の不足に備えた植物の取り組みを挙げる。まずは、光の不足に対する取り組みを記す。

①競争する：パイオニア植物（クサギ・シラカバなど）は明るくなったところに競争するように入り込んでくる。

②我慢する：ジャノヒゲ・ヤブランや陰樹（アオキ・シイノキなど）などはパイオニア植物とは異なり、ゆっくり入り込んできて、日当たりの悪さを我慢しながらじっくり成長する。

③時期を選ぶ：春植物（カタクリ・イチリンソウなど）の多くは落葉樹林で生活する。それは、落葉樹は春にはまだ葉を広げておらず、林床は明るく、十分に光が得られるからである。関東

陽樹の林のなかに入り込んできた
ヒサカキなどの陰樹

明るくなったところに入り込んできた
アカメガシワ・クサギ・タラノキなどの
パイオニア植物

地方では、春3月ごろに気温が上がると芽を出し、落葉樹が葉を広げる前に開花結実し、5月には地上部を枯らして、以降翌春まで**休眠**（68頁）してしまう。1年を2か月くらいで過ごすのは非常に効率は悪いが、春植物はそんな生き方を選んだのである。

5月初旬、木々は葉を広げ、
林床への光の差し込みを遮りはじめる

落葉樹林の4月初旬、
林床に光は十分差し込む

④工夫する：ほかの植物と競争にならないように工夫している例として、オオバコを挙げることができる。オオバコは人が踏み固めた道沿いや農道の車のわだちの周りなどにしばしば生えるが、こんな場所は土が硬すぎてほかの多くの植物は生えることができない。そんなところでも発芽し生育できる特別な体制をつくり出して、生活している。ほかの植物が生えることができないので日当たりがよく、オオバコはそこで競争することなく生活しているのである。

4月初旬日の光を浴びてカタクリなどが
元気に花を咲かせている

水の不足に備えた植物の取り組み

次に水の不足に対し植物がどのように対処しているかを記す。

①**競争する**：セイタカアワダチソウは根からデヒドロマトリカリアエステルという物質を出し、ほかの植物の根の生育を阻害していることが知られている。こうして自分の水確保のエリアを広げているのである。

②**我慢する**：砂漠で生活する植物にとって葉にたくさんある気孔（きこう）から水分を蒸散（じょうさん）させてしまうことは致命的なので、サボテンは葉を刺や毛に変えて葉から蒸散させないようにし、水の少ない砂漠で我慢するように生活している。

オオバコは人が踏み固めた道沿いなどにしばしば生える

③**時期を選ぶ**：ユリやフリチラリアなどごく一部を除き、チューリップ・ヒアシンス・クロッカスといった秋植え**球根植物**（きゅうこんしょくぶつ）（66頁）のほとんどすべてが地中海性気候地域の原産である。地中海性気候は冬季に雨は降るが、夏にはあまり降らない。雨があまり降らない夏は生活しにくいので、この時期に地上部を枯らして、地中に球根をつくり、水や養分の貯蔵庫としている。こうして夏季に休眠するようにしたのが秋植え球根植物である。

④**工夫する**：アカマツは極端な陽樹（ようじゅ）で、光が十分にないと育たない。わが国のように雨の多い国ではいろいろな樹木が生えてくるため日陰になりやすく、アカマツは育ちにくい。そこで水分や養分の不足する尾根筋や岩山の斜面などに生えるようにしたのである。この際、菌根菌（きんこんきん）を根に住まわせる。菌根菌は菌糸（きんし）を岩山の隙間などに伸ばし、水や養分などを採ってきてアカマツに与えているのである。このようにアカマツは菌根菌と**共生**（70頁）することによって水分や養分の不足するところで生きていけるのである。

サボテンの刺は蒸散を抑制するために葉を変化させたものである

アカマツは菌根菌と共生して生活するので、水分や養分が少ない岩山でも生えることができる。ここなら光を十分に得られるのだ

光合成速度と環境要因との関係

光合成速度と環境要因との関係

光合成の速度は、二酸化炭素濃度・光の強さ・温度などの環境要因により変化する。次に、それぞれの環境要因が光合成速度に及ぼす影響を記す。

二酸化炭素濃度の影響

二酸化炭素濃度が光合成速度に及ぼす影響
『植物生理学入門』（オーム社）を参考に作成

水の量と照度が十分にあり、生育に適した温度の下では、二酸化炭素濃度がある一定の濃度までの間は光合成速度は濃度に比例して上がるが、その濃度を過ぎると光合成速度はそれ以上上がらない。強い光の下では、二酸化炭素濃度が0・1%くらいまで、また、弱い光の下では0・04%くらいまでほぼ比例して光合成速度が上がる。

光の強さの影響

光の強さが光合成速度に及ぼす影響
『植物生理学入門』（オーム社）を参考に作成

水の量が十分で、適温の下では、光合成速度は光の強さに比例して増加するが、ある照度（この照度を光飽和点という）以上で光合成速度はかえって抑制される（これを強光阻害という）。陰生植物では低い照度で強光阻害が起こる。光飽和点は樹種により異なるが、目安として陰樹で1100ルクス、陽樹で3300ルクスである。

温度の影響

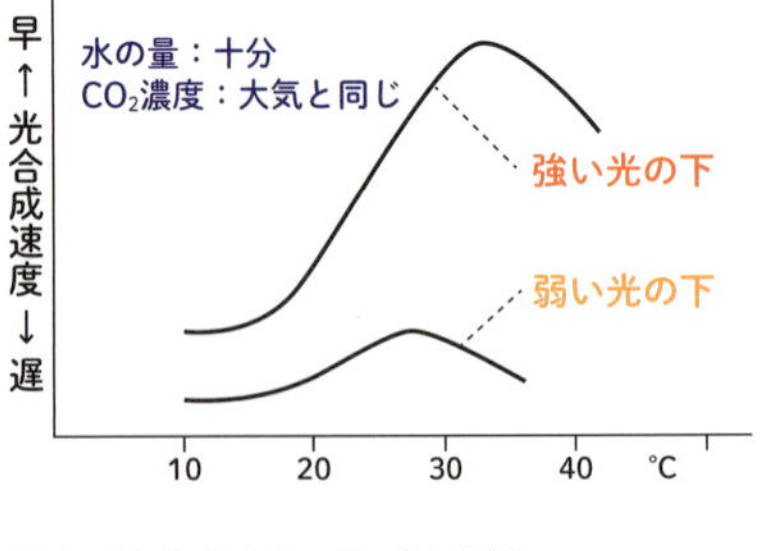

温度が光合成速度に及ぼす影響
『植物生理学入門』（オーム社）を参考に作成

水の量と照度が十分にある場合、温度が15℃前後から33℃前後までは高いほど光合成速度は上がるが、それより温度が高くなると光合成速度は一気に下降する。弱い光の下では照度が制限要因となってしまい、光合成速度に温度はそれほど影響しない。

更新（こうしん）

樹木の更新

森林などにおいて樹木が老齢などにより枯死し、同一樹種の新しい個体が入れ替わるように生えてくることを樹木の更新という。

更新の種類

樹木の更新には、実生（みしょう）個体による更新とクローン個体による更新とがあり、それぞれを次のように分けることができる。

【クローン個体による更新】

萌芽更新（ほうがこうしん）：株の下部や根際から芽を出した個体により行われる更新。自然界ではカツラやイヌブナなど株元にひこばえを出す樹木は、この方法により更新することが多い。また、雑木林におけるコナラやクヌギなども人為的にこの方法で更新されている。

倒れかけているアブラチャンの斜面上側にはすでにひこばえが生えている。元の個体が倒れて枯れてもよいように萌芽更新の準備ともいえる

人為的に伐採された株から萌芽更新した個体（樹種はクヌギ）

根萌芽更新（こんぼうがこうしん）：横に伸びた根のある程度先のほうから芽を出した個体により行われる更新。ヤマナラシやマメザクラなどはこの方法で更新することが多い。

伏条更新（ふしじょうこうしん）：枝が地面に触れて、そこから芽を出した個体により行われる更新。ユキツバキはこの方法で更新していることが多い。

【実生個体による更新】

実生個体による更新を実生更新（みしょうこうしん）とか下種更新（かしゅこうしん）という。タネから発芽した個体により行われる更新である。実生更新をさらにタネが発芽する場により分けると次のようなものがある。

ギャップ更新（こうしん）：ギャップ（森林の高木層を形成していた樹木が枯死することによって樹冠（じゅかん）にできた空間）

サイカチが根萌芽更新により生えてきた個体

熱帯雨林の中にできたギャップにより日が当たるようになって、いろいろな実生苗が生えてきたところ。この後、それぞれの個体の間で競争が起こり、勝ち残ったものがギャップを埋めることになる。ギャップ更新の始まりである

により林床が明るくなり、そこに細々と生きていた稚樹や光を待っていたタネが発芽して行われる更新。

マウンド更新：木が倒れて根が大きくもちあがり、そのときにできた土のマウンドの上で実生更新が行われる場合の更新方法。ブナ林におけるブナの重要な更新法である。

ブナ林でブナが倒れ、土がもちあがっている。このマウンドにブナのタネがこぼれて発芽すれば、マウンド更新の始まりとなる

倒木更新：倒木が徐々に腐り、その上にコケなどが生えて、腐朽した幹とともに土壌に似た環境がつくられ、その上で実生更新が行われる場合の更新方法で、倒木の上に1列に並ぶように、また、倒木の上にまたがるように木が生える特徴がある。針葉樹林の針葉樹はしばしばこの方法で更新している。

倒木の上に針葉樹の実生苗がたくさん生えはじめたところ。倒木更新の始まりである

倒木更新により世代交代した個体(倒木の上にまたがるように育っているのがわかる)

切り株更新：切り株の上の面が徐々に腐朽し、倒木更新同様、コケなどが生えるなどして土壌に似た環境がつくられ、その上で実生更新が行われる更新方法。屋久島ではスギ材を切り出した切り株の上にスギがこの方法で更新しているのが見られる。

切り株の上にたくさんの実生苗が生えている。切り株更新の始まり

切り株更新によりスギの上にスギが生えたもの

紅葉・黄葉

紅葉・黄葉とは

秋に落葉性の植物の葉が赤色に変わる現象を紅葉という。種類によって、また、葉のつく部位の日当たり具合など環境によって赤色にならず黄色になるが、これを黄葉という。

紅葉・黄葉の起こる仕組み

秋が深まり気温が低下すると、寒さにより葉の中のクロロフィルが分解され、葉の中にあるカロテノイドが目立つようになる。カロテノイドは葉を紫外線から守る働きをする黄色の色素なので黄葉が起こる。

また、寒さにより葉のつけ根に離層ができはじめると、**光合成**（81頁）でできた糖分がほかの部位に移動できなくなり、葉に糖分が蓄えられる。蓄えられた糖分はアントシアニンに変えられるが、これは落葉前の葉を紫外線から守るためと考えられる。アントシアニンは細胞液中では赤い色を呈するので、紅葉が起こる。

すなわち、黄葉はクロロフィルが分解されて、葉中に残っているカロテノイドの色が目立ち、ほとんどアントシアニンができない場合に起こり、紅葉は残っているカロテノイドの色に加えてアントシアニンの色が発色した場合に起こるのである。

ゴンズイ・タラノキ・ハナミズキなどでは通常、紫色に紅葉するが、これはクロロフィルが分解される前に赤い色素がつくられ、両方の色素で紫色になるのである。また、コクサギやコシアブラでは白に近い黄白色に黄葉するが、これはこれらの植物のカロテノイドがそのような色のカロテノイドだからである。

なお、葉にフロバフェン（タンニンの1種）を多く含む種類では、カロテノイドとアントシアニンの色にフロバフェンが加わって褐色になる。

美しく紅葉する条件

美しく紅葉するには次のような条件を多く満たす必要がある。

①紅葉が美しい種類であること（ウルシ科・カエデ属・ツツジ科・ニシキギ科・バラ科・ブドウ科など）。

②昼と夜の寒暖の差が大きいこと（昼間はよく晴れて、気温が上がり、夜間に一気に冷えるようなところ）。

③それまでに太陽の紫外線にたくさん当たっていること。

④適度の空中湿度があること（葉が乾燥したり、枯れたりしにくい）。

column

紅葉に関する雑学

・紅葉は多くの植物で最低気温が8℃以下になると始まり、5～6℃になると一気に進む。

・山の紅葉は標高差で1日当たり約50メートルの速さで山を下がる。

・草の葉が紅葉することを、特に草紅葉という。草紅葉（黄葉するのを含めて）が美しい種類として、アカバナ・アメリカフウロ・イタドリ・コキア・タカトウダイ・チガヤ・ホソバハマアカザ・ムラサキエノコロ・ヤマノイモなどがある。

・紅葉するという意味の「もみづ」という自動詞の連用形「もみぢ」が紅葉という意味の名詞として使われるようになり、新仮名遣いで「もみじ」となった。

国花（こっか）

世界の国花

世界の多くの国で、それぞれに国の花を指定している。それを国花という。国花はその国民に愛され親しまれているだけでなく、その国の象徴となっている花ともいえる。次に世界各国の国花を記す。

ダリア
メキシコの高地で発見されて以来改良を重ねて現在のいろいろな品種がある

ドイツスズラン
日本に自生のスズランより花も株も大きく、強健で栽培しやすい

シロツメクサ
別名クローバー。小葉が4枚のものを見つけると幸運が訪れるといわれる

チューリップ
小アジア原産の植物で、トルコ経由でヨーロッパに。オランダで品種改良が盛んに行われてきた

サトウカエデ
樹液を煮詰めてメープルシロップを採る。カナダの国旗には、サトウカエデの葉が描かれている

バラ
北半球各地にバラ属の植物が100～200種あり、それらを交配して、非常に多くの品種が栽培されている

イネ
この実から籾殻を取り去ったものが米で、トウモロコシ・コムギとともに世界三大穀物の1つ

世界の国花

※国花は、国によっては法律で制定されている場合もあるが、それぞれの国の歴史的経緯などから慣習的に決められている場合も多い。また、国樹というべきものもここでは国花としてある。

アイスランド	チョウノスケソウ
アイルランド	シロツメクサ
アメリカ合衆国	バラ
アルゼンチン	アメリカデイゴ
イギリス連合王国	バラ
イスラエル	オリーブ・シクラメン
イタリア	デージー
インド	ハス・インドボダイジュ
インドネシア	ボルネオソケイ・コチョウラン・ラフレシア
エジプト	スイレンの1種
エチオピア	カラー（オランダカイウ）
オーストラリア	ゴールデンワトル（アカシアの1種）
オーストリア	エーデルワイス
オランダ	チューリップ
ガーナ	ナツメヤシ
ガイアナ	オオオニバス
カナダ	サトウカエデ
韓国	ムクゲ
カンボジア	イネ
ギリシア	オリーブ・アカンサス
コロンビア	アラビアコーヒー・カトレア
サウジアラビア	バラ
シンガポール	バンダの1種
スイス	エーデルワイス
スウェーデン	セイヨウトネリコ・ドイツスズラン
スペイン	カーネーション・オレンジ
スリランカ	スイレンの1種
セネガル	バオバブ
タイ	ナンバンサイカチ・スイレン
台湾	ウメ
中国	ボタン
チェコ	ボダイジュ
チリ	アメリカデイゴ
デンマーク	ムラサキツメクサ・マーガレット
ドイツ	ヤグルマギク・ヨーロッパナラ
ドミニカ共和国	マホガニー
トルコ	チューリップ
ナミビア	ウェルウィッチア（奇想天外）
日本	サクラ・キク
ニュージーランド	レプトスペルマム・シルバーファーン
ノルウェイ	サキシフラガ（ユキノシタの1種）
パキスタン	ソケイ属（Jasminum）の1種
バチカン	マドンナリリー
パラグアイ	パッションフルーツ
ハンガリー	チューリップ・ゼラニウム
フィリピン	マツリカ
フィンランド	ドイツスズラン
ブータン	メコノプシスの1種
ブラジル	カトレア・カエサルピニア（ジャケツイバラ属の1種）
フランス	アイリス・ユリ
ブルガリア	ローザ ダマスケナ
ペルー	ヒマワリ
ポルトガル	ラベンダー・コルクガシ
マダガスカル	タビビトノキ・ポインセチア
マレーシア	ブッソウゲ
南アフリカ	プロテアの1種
ミャンマー	サラノキ・カリン（マメ科）
メキシコ	ダリア
モナコ	カーネーション
モロッコ	バラ
モンゴル	セイヨウマツムシソウ
リビア	ザクロ
ルクセンブルグ	バラ
ルーマニア	ローザ カニナ（バラの1種）
レバノン	レバノンスギ
ロシア	ヒマワリ・カミツレ

諺・慣用句に使われている植物

諺や慣用句にはしばしば植物が使われている。次にその例を示す。

青は藍より出でて藍より青し（弟子が師よりも学識や技量においてすぐれている様）

出藍の誉れ（弟子が師よりも学識や技量においてすぐれている様）

アイ
明治時代初期、わが国では多くの人が藍染の衣服を着ていたので、藍染の色をジャパンブルーと呼んだ

麻の中の蓬（悪人でも善人と交われば自然と感化されて善良となる。よい環境が大切ということ）

麻を荷って金を捨てる（目先の利に目がくらみ、大切なものを手放すこと）

朝顔の花は一時（人の世の栄華ははかない。物の衰えやすいこと、はかないことの意）

薊の花も一盛り（見た目に美しくないものでも、盛りの美しさを見せるものである）

難波の葦は伊勢の浜荻（同じものでも土地土地によって呼び名が違う）

アシ
「アシ」が「悪し」に通じ、縁起がよくないので、「ヨシ」ともいわれるようになった

小豆の豆腐（ありえないものを洒落て言うときの言葉）

狐に小豆飯（「猫に鰹節」と同じで、好物をそばに置いておくと油断がならないこと。油断できないことの例え）

いずれがあやめか杜若（どれもよくて、その中から1つを選ぶのに迷うときに使う）

六日のあやめ、十日の菊（5月5日の端午の節句の際にはあやめが、9月9日の重陽の節句の際には菊が使われるが、それぞれその日に遅れてしまった花ということ。すなわち、時機に遅れて役に立たないこと。大事なときに役に立たないことを指す）

濡れ手で粟（苦労しないでたやすく利益を得ること。安々と金儲けをすることに対し、よく使われる）

粟一粒は汗一粒（農家の苦労を例えたもので、つらい仕事が結実したもの。どんなものでもおろそかに扱ってはいけないという教え）

独活の大木（大きくても弱々しく役に立たないものの例え）

瓜のつるには茄子はならぬ（平凡な親からは平凡な子どもしか生まれない。親が立派でないのに子が立派であるはずがない）

瓜に砂糖肥（方法を誤っては、いかに金をかけ努力してもよい結果はうまれない。嘲笑して言う感がある）

けちん坊の柿の種（けちは柿の種のようなものさえ惜しむ。けちが著しいことにいう）

菊作りは罪作り（菊づくりに熱中すると、ほかのことを忘れてしまう）

キク
菊づくりは芽かき・水やり・施肥など、管理・作業がとても大変である

桐一葉落ちて天下の秋を知る（小さな前触れによって衰弱の兆しを知る。小さな1つのことから世の中の大きな流れを読みとる）

火中の栗を拾う（自分の利益にもならないのに、他人のために危険を犯し、事態を収拾するよう尽力すること）

楠の木分限　梅の木分限（育つのに時間がかかる楠に例えて手がたく財産をつくりあげた人が楠の木分限。成長がよく、早く実がなる梅に例えて、にわか成金を梅の木分限という）

芥子ほど（ほんのわずかという意）

人のごぼうで法事する（他人の物を借りて自分の義務を果たす）

粉米も噛めば甘い（つまらない物事でもかみしめると、よいところを見つけ出すことができる）

桜伐る馬鹿、梅伐らぬ馬鹿（木の剪定を教える言葉で、桜は幹や枝を伐ると腐りやすく、梅は適当に剪定しないと花が咲きにくい）

立てば芍薬、座れば牡丹、歩く姿は百合の花（美人の姿や所作を花に例えた形容）

じゅんさいで鰻をつなぐ（どちらもヌルヌルして掴みどころがない。馬鹿馬鹿しくてできないことの例え）

幽霊の正体見たり枯れ尾花（手強い相手や恐ろしいと思っている物も正体や素性がわかるとありきたりのものであったときの例え）

千日に刈った萱を一日に亡ぼす（これまで苦労してきたものを一時で無にしてしまうことの例え）

ススキ
茅葺きに使うイネ科植物をカヤというが、通常はススキを指す

李花一枝春雨を帯びる（美人が愁いを含んでいる様）

李下に冠をたださず（間違っていないことでも、疑惑を招くようなことをしてはならないという例え）

せんだんは双葉より芳し（栴檀＝白檀・大成する人は子どものころから人並み外れてすぐれている）

大根を正宗で切るよう（大げさなことの例えだが、大人物にくだらない仕事をさせることの例えに使ったりする）

大きな大根辛くない、山椒は小粒でぴりりと辛い（才能は体の大きさに関係なく、なりは小さくても、才能がすぐれている人がいるということ）

諺・慣用句に使われている植物

橙が赤くなれば、医者の顔が青くなる（橙が赤くなるころ（秋～冬）は気候がよいから病人が少なくなる）

木に竹を接ぐ（辻褄が合わないこと、不自然で調和が取れていないことの例え。また、できない相談の例え）

タケ
タケといえば、モウソウチク・マダケ・ハチクが主な3種。写真はモウソウチク

竹を割ったような（気性が真っ直ぐで、さっぱりしている様）

竹に油（弁舌豊かな人。口が達者である様の例え）

燈心で竹の根を掘るよう（一生懸命にやっても、効果があがらないことの例え）

竹と人の心の直ぐなのは少ない（真っ正直な人は非常に少ない）

蓼食う虫も好き好き（人間の好みは人それぞれ違う。他人の悪趣味を評して使うことが多い）

冬瓜の花の百一つ（冬瓜は無駄花が多く、実が成るのは百に一つ。数ばかり多くて、実が少ないことの例え）

団栗の背比べ（どれも平凡で特にすぐれたものがなく、代わり映えしないことの例え）

一富士二鷹三茄子（特に初夢で見ると縁起のよいものを順に並べたもの）

茄子の花と親の意見は千に一つの無駄がない（なすの花に無駄花がないように親の意見もすべて必ず役に立つということ）

秋茄子は嫁に食わすな（秋茄子はおいしいので、また、体が冷えるので、嫁に食べさせない。前者は姑が嫁をいびる、後者は姑が嫁を大事にするというとらえ方である）

何も茄子の香の物（たいした物はないが、心遣いはある。おどけて使う言葉）

鴨が葱を背負って来る（お誂え向きのこと、好都合であることの例え）

泥中の蓮（悪い境遇の中で育っても、それに染まらないで清らかに保つことの例え）

ハス
葉に水滴を落とすと、水が球状になって、コロコロと転がる

一蓮托生（仏教で死後も浄土で同じ蓮華の上に生まれ合わせること。俗には、複数人で悪事を働いて、一人が逮捕されたときほかの者を道連れにするときに使う）

ひょうたんで鯰を押さえる（とらえどころがないこと。要領を得ないことの例え）

ひょうたんの川流れ（浮き浮きして落ちつかない様、とらえどころのない様、あてもなくぶらぶらしている様の例え）

ひょうたんから駒が出る（思いもよらないことが真実となること）

ひょうたんに釣鐘（つりあわないこと、比べ物にならないことの例え）

ヒョウタン
ヒサゴとかフクベとも呼ばれる。干瓢をつくるユウガオ（ウリ科）の変種とされる

うらなりの瓢箪（つるの先に成って、育ちの悪いひょうたんのことで、顔色が悪く弱々しそうな者）

へちまの皮とも思わず（つまらないものとも思わない、何とも思わないの意）

牡丹に唐獅子（非常に豪華な取り合わせという意）

ボタン
花の豪華さは抜群である

猫にまたたび（大好物が手元にあること。また、相手にそれを与えると効果的なものの例え）

槿花一日の栄え（槿はむくげのこと。栄華のはかないことの例え）

桃栗3年、柿8年（それぞれの植物で実を収穫できるようになるまでにはそのくらいの年月はかかるということ。これに続く言葉は地域によりさまざまである。例として、梅は酸いとて13年）

桃李もの言わざれど下自ずから径をなす（徳のある人は黙っていても、自然にその徳を慕って人が寄ってくる）

柳に風（少しも逆らわずに、適当に相手をあしらったり、また、相手にしないこと）

ヤナギ
ヤナギといえば枝垂れ柳を思い浮かべる人が多いが、ヤナギの仲間は多い

柳の下にいつもどじょうはいない（たまたま上手くいったからといって、同じ方法で再び上手くいくとは限らない）

柳は緑、花は紅（物には天然、自然の理があること。春の景色の美しさを形容するときにも使う）

柳の枝に雪折れなし（柔軟なものは強剛なものよりもよく物事に耐えることの例え）

らっきょう食うて口をぬぐう（悪いことをしておきながら、知らん顔をしていること）

やはり野におけ蓮華草（野にあって美しいものを家の中にもってきて飾っても美しいわけではない。本来あるべきところで見るのが美しいという意）

レンゲソウ
標準和名はゲンゲという

自家受精回避

近交弱勢（多くの動植物では、近親交配が続くと大きさや各種耐性などが劣化し、生活力が低下する。この現象を近交弱勢という）を避けるため、植物の多くは自家受精を回避しようとしている。その仕方として、①同花受粉を回避する、②自家受粉を回避する、③自家受精を回避する、の3つがある。次に、それぞれについて述べる。

同花受粉回避

次の2つの方法で同花受粉を避けている植物はあるが、あくまで同花受粉を避けているだけで、自家受粉の1つである隣花受粉は避けられていない（111頁「受粉」を参照）。

ヘラオオバコ。下から咲き上がる花序で、下のほうの小花は雄性期で葯を伸ばしており、中ほどの小花は雌性期で雌しべを伸ばしている（雌性先熟）

雌雄異熟：1つの花の中の雌しべの熟期と雄しべの熟期を異なるようにして、同花受粉する可能性をできる限り少なくする。

・**雌性先熟**：同じ花の雌しべが雄しべより先に成熟する。

（例）ハス・オオバコ・スズメノヤリなど、風媒花に多い。

・**雄性先熟**：同じ花の雄しべが雌しべより先に成熟する。

（例）キキョウ科など、虫媒花に多い。

雌雄離熟：雌しべの柱頭と雄しべの葯が空間的に離れていて、同花受粉しにくくなっている。しばしば雌雄異熟になっており、雌性期には雄しべが、雄性期には雌しべが定位置から動いて遠ざかり、雄しべの葯と雌しべの柱頭とが常に離れようとする。

（例）クサギ・アキノタムラソウ・ナツノタムラソウ・ヤマツツジ・ヤナギランなど。

ホタルブクロ。この個体の花の開花順は右→左→中の花である。中の蕾では雄しべが雌しべの花柱にある毛に葯をくっつけ、花粉を渡している最中で、左の花は開花したばかりだが、雄しべはしおれ、雌しべの花柱に花粉がついている。虫が花の中に入ってきたときにこの花粉をつける。右の花は開花後3日ほどしたもので、雌しべの柱頭は開き、花粉を受けようとしている。この雌しべの花柱は毛をすべて落とし、花粉はついていない。同花受粉はほぼ避けられている（雄性先熟）

自家受粉回避

異形花柱：花柱が長い花（長花柱花）を咲かせる個体と、花柱が短い花（短花柱花）を咲かせる個体とがある。前者は葯の位置が低く、短花柱花の柱頭の位置にあり、後者の葯は高く、長花柱花の柱頭の位置にある。こうして自家受粉の可能性を低くしている。

・**二花柱花**：花柱の長さが長と短の2通りある。
（例）サクラソウ属（プリムラなどを含む）・レンギョウ属。

・**三花柱花**：花柱の長さが長・中・短の3通りある。
（例）カタバミ属・ミソハギ属。

クサギ。中央上の花では雌しべがのけ反るようにして、中央下の花ではすべての雄しべが雌しべから遠ざかって同花受粉しないようにしている（雌雄離熟）

自家受精回避

自家不和合性：自家受粉してもその花粉が発芽できないか、花粉管が伸長しても卵細胞が精核を受けつけないなどして、自家受精しないようにしている。この性質を自家不和合性という。
（例）ツバキ・リンゴ・サクラ。なお、異形花柱の植物に自家不和合性の植物は多い。

プリムラ。左の花は短花柱花、右の花は長花柱花。短花柱花では花糸は長く、右の長花柱花の柱頭の位置に葯があり、長花柱花では短花柱花の柱頭の位置に葯がある。こうして自家受粉の可能性を低くし、他家受粉しようとしている（二花柱花）

column

ジャングルの中にバレーボール!?

ボルネオのジャングルの中に、まるでバレーボールのボールのようなものがあった。整った球形で、直径は20センチ強もある。じつはこれは、世界最大の花・ラフレシアの蕾である。

ラフレシアは、テトラスティグマというブドウ科の根に全寄生するので、葉はなく、しかも、花が大きいためかナンバンギセルやヤマウツボのようなはっきりとした茎を立てることもないため、ボールが地面にただ置いてあるような体である。

開いた花は写真などで見る機会はあるが、蕾がこんな大きさの、こんな形をしていることはあまり知られていない。もっとも、この植物は蕾の時代が1年近くあり、開花すると1週間もしないうちに枯れてしまうのだから、蕾のほうが見る機会は多いはずなのに、その形があまり紹介されていないだけなのだろう。

ラフレシアの蕾。
開花した花は「寄生植物」（p.64）に
掲載

自然観（しぜんかん）

日本人の自然観

日本人の自然観について、箇条書きで記す。

①日本人は自然との間に極めて密接な一体感を持っている。

西欧の自然感が導入される前、すなわち明治以前は日本人は自然との間に極めて密接な一体感を持っていた。明治以前の日本人にとって自然との交流は日常的なものであり、無意識に交流してきたのである。そして、交流の場は通常、里山であった。そして、かつての日本では日常の生活文化の中で里山が生かされていたのである。

一方、西欧では17世紀に近代科学が起こり、これが自然に対しても影響することになった。科学の力をもってすれば人間は自然を統御し、所有することができるというデカルトの思想のもと森林経営が行われ、森林のもつ機能は有用性・効率性すなわち経済性という観点から判断されるようになり、森林は「物」の地位にまで下がってしまったのである。

明治になってこの西欧風の自然観が日本に導入されると、日本においても自然との一体感は薄れてしまった。そして自然は人間より下位に位置づけられたのである。

②日本人は自然界の四季の移ろいに対して特に繊細な感受性を持っている。

日本人には四季の移ろいに対する繊細な感受性がある。しかしながら、民族によって感受性の質と程度、また関心を寄せる対象に違いがあるものの、自然に対するすぐれた感受性は日本人だけのものではないということを銘記しておく必要がある。

③日本人にとって「自然」は誰かが創造したものではなく、いわば「自（おの）ずからなった」ものである。

西欧のキリスト教的自然観では、自然は神によってつくり出されたもので、したがって自然を研究することは神の作業を解明することであり、その上で人間は神の付託（ふたく）を受けて自然を管理し活用する、としている。一方、西欧人の感覚に対し、日本人の自然観では自然は自ずからなったものと捉えている点が彼我の自然観の大きな違いである。

わが国では日常生活の中に自然が溶け込んでいる

わが国では四季折々に美しい景観を享受できる

わが国では自然はその場に応じて
自ずから形成されると捉えられている

花びらに含まれる色素の調べ方

準備するもの ベンジン・希塩酸・アンモニア水、乳鉢と乳棒、および、試験管

花色を発現する主な色素には、カロテノイド系色素・フラボン類・アントシアニンがある（「花色」（208頁））。花びらに含まれる色素を調べるには次の３つのテストを行う。なお、ナデシコ科以外のナデシコ目に属する多くの植物（オシロイバナ科・サボテン科・スベリヒユ科など）の花色を発現するのにベタレイン系色素が関与しており、これについては次の方法では調べられない。

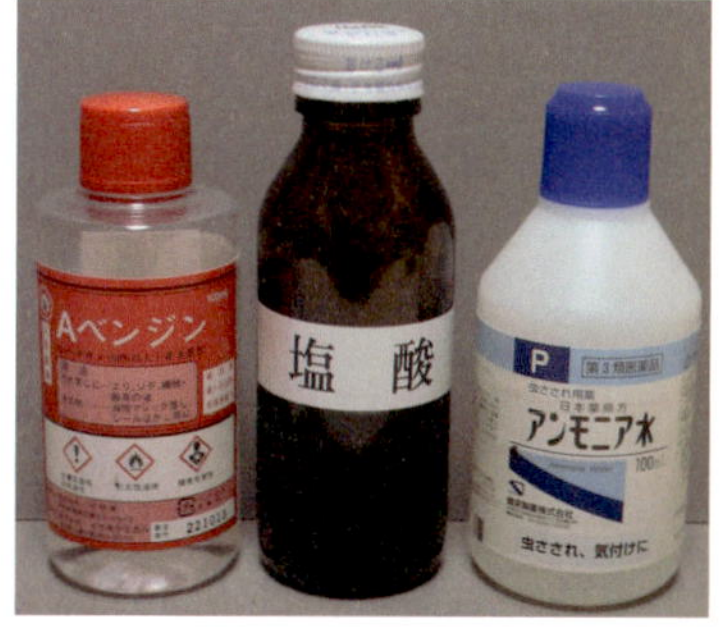

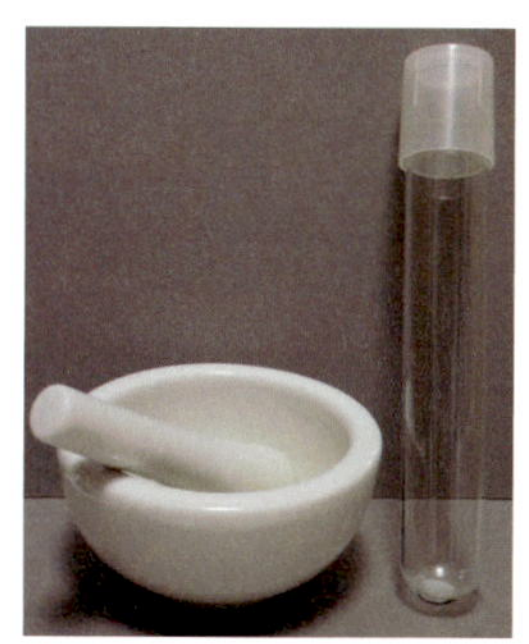

【ベンジンテスト】

花びらを乳鉢内で乳棒ですりつぶし、ベンジンを垂らす。カロテノイドはベンジンに溶けるので、液に色がつけば、カロテノイドで発色していることになる。変化がなければ、カロテノイド系色素は含まれない。

ベンジンテストで、液に色がついた例（花はマリーゴールド）

【アンモニアテスト】

花びら（軽く折っておく）をアンモニア水の瓶の上に置いて、アンモニアガスに当てる。黄色の花びらの場合フラボン類はアンモニアによって濃色になるので、黄色が濃くなればフラボン類で発色しているし、変化がなければフラボン類は含まれない。黄色以外の花色の花びらの場合、アントシアニンはアルカリ性で青くなるので、青くなればアントシアニンで発色しており、緑色になればアントシアニンとフラボン類とで発色しており、青や緑にならなければアントシアニンは含まれない。

アンモニアテストで、花びらが青色に変化した例（花はバラ）

アンモニアテストで、淡黄色の花びらが濃色に変化した例（花はパンジー）

アンモニアテストで、花びらが緑色に変化した例（花はカタクリ）

【希塩酸テスト】

花びらを細かくちぎって、試験管の中に入れ、希塩酸を垂らす。アントシアニンは酸性で赤色になるので、赤色になればアントシアニンで発色しており、変化がなければこれを含まないということである。

塩酸テストで、液が赤色に変化した例（花はバラ）

湿原

日本の自然草原

わが国は降雨が多く、樹林が発達するため、草原はできにくい。したがって、自然草原は寒いところ・風が強いところ・潮風の当たるところ・過湿なところなど、一般の植物にとって生育環境が極めて厳しいところにのみできる。このうちの過湿でかつ貧栄養なところに発達する自然草原が湿原である。

湿原とは

湿原とは前述のとおり過湿でかつ貧栄養な場所にできる自然草原である。過湿を具体的に表せば水位が地表面付近ということであり、また、貧栄養とは土壌中に栄養分が乏しいというだけでなく、栄養分があっても過湿・低温・酸性などで植物に供給されにくくなっている場合も実質的に貧栄養ということである。

湿原のでき方とその後

浅い沼沢地や谷の脇にできる後背湿地などに土壌や泥炭（湿原などにおいて枯死した植物が堆積し、嫌気性の環境の下である程度分解し、炭化した土塊状のもので、ピートともいう）が堆積し、地表面が水位ほどの高さになり、湿原ができる。こうしてできた湿原は、その後、森林化の方向に進むか、安定した湿原の方向に進むことになる。その方向を決めるものは通常、そこに入り込む水の量である。流入水量が多い場合は通常、栄養塩類が供給され、陸地化が進み、森林化の方向に進む。

水位が地表面ほどで、土壌は泥炭で貧栄養である

一方、流入水量が少なく貧栄養である場合は湿原の植生が発達し、冷温帯～亜寒帯ではやがてミズゴケが生える高層湿原に遷移して安定する。冷温帯～亜寒帯では泥炭が水で飽和されていると酸素不足となり、強い酸性を示し、過湿・低温とあいまって有機物の分解が非常に遅くなり、泥炭がさらに形成され蓄積されて、周辺より次第に高くなり、高層湿原となるのである。

湿原の種類

湿原は地形的な観点から低層湿原・中間湿原・高層湿原の3つに分類される。地表面が水位より低ければ低層湿原、高ければ高層湿原、中間的な場合は中間湿原という。なお、狭義の湿原では低層湿原を含めない。

低層湿原は通常、周辺から流入する水が多く、有機物の分解速度は比較的速く、土壌は分解の進んだ有機物と粘土やシルトなどから構成されており、栄養分が十分なため植物もアシ・ガマ・カサスゲなど大型の草本植物が多く生育する。

高層湿原は、水位より盛り上がっていて、流入する水の影響を受けにくく、主に雨水によっ

アシが生える低層湿原

て涵養される湿原である。雨水には栄養塩類はほとんど含まれていないので、貧栄養の状態で生育できるミズゴケ類が生える。ミズゴケ以外には、サワラン・ツルコケモモ・ヒメシャクナゲ・モウセンゴケなど丈の低い植物が生える。

中間湿原は、低層湿原と高層湿原の中間的な湿原である。水位や水質（栄養塩類の量）などは低層湿原と高層湿原との中間で、生える植物の草丈も中間的な種類が多い。ただ、温暖な地方に発達する湿原のうち地形的には低層湿原であっても、湧き水など貧栄養な水に涵養されている場合、植生的には中間湿原の種類が多く、この場合も中間湿原とされる。中間湿原に生える植物として、ヌマガヤを主として、ニッコウキスゲ・ミズギク・一部のリンドウ類（エゾリンドウ・オヤマリンドウなど）などがあり、温暖な地域の中間湿原にはイシモチソウ・ミミカキグサ類などの食虫植物や、サギソウ・シラタマホシクサ・スイランといった植物が生える。

高層湿原

湿地との違い

湿地とは、湿り気が多く、ジメジメしている土地をいい、淡水や海水によって常時ないし定期的に冠水したり、覆われるところである。具体的には、湿原をはじめ、沼・湖・ため池・干潟・マングローブ（253頁）などが湿地である。湿原は湿地の1つの形態である。

暖温帯にできた中間湿原

芝草（しばくさ）

芝草とは

植物の種類としてのシバは、わが国の山野の日当たりのいいところに普通に生えるシバ属に属する多年草で、野芝という名で芝生やゴルフ場のフェアウェイ・運動場などに使われる。シバ属の芝にはほかにコウシュンシバなどもあるが、芝草として使われる種類はシバ属以外にもあり、外来の植物が多い。外国から入ってきた

海辺に生えたシバ

芝地に用いられた芝草

庭園に用いられた芝草

運動場に用いられた芝草

ゴルフ場に用いられた芝草

牧草に用いられた芝草

法面緑化に用いられた芝草

芝草は西洋芝といわれることもあり、現在、芝草の中心となっている。芝草とは庭園・芝地・ゴルフ場・運動場のほか、法面緑化や牧草などに使われるイネ科草本植物の総称である。

芝草の種類

芝草は、植物学上の分類ではそのほぼすべてがイチゴツナギ亜科・オヒゲシバ亜科・キビ亜科のいずれかに属し、概してイチゴツナギ亜科の種類は寒地向き、また、オヒゲシバ亜科とキビ亜科の種類は暖地向きである。

芝草として使われる名称は植物の種名としてつけられた名称と異なるので、下の表でこれを示した。

なお、芝草は用途や目的に応じて、いろいろな造園品種が育成されており、同じ種でも品種により性質が異なる。例えば、トールフェスク（オニウシノケグサ）は土壌もあまり選ばず、耐寒性・耐暑性ともにあり、土壌浸食防止用として広く利用されるが、この一般種は草丈が50～100センチであるのに対し、例えばピュアゴールドという品種は草丈が30～40センチと低く、耐陰性もあり、しかも踏圧に強く生育がゆっくりしているので、管理の手間も少なく、法面緑化や道路の路肩などだけでなく、ゴルフ場や運動場などにも向き、使い勝手がよい。

亜科名	属名	種名（植物としての名）	芝草としての名称
イチゴツナギ亜科	コヌカグサ属	ハイコヌカグサ	クリーピングベントグラス
		イトコヌカグサ	コロニアルベントグラス
		コヌカグサ	レッドトップ
	アワガエリ属	オオアワガエリ	チモシー
	クサヨシ属	クサヨシ	リードカナリーグラス
	カモガヤ属	カモガヤ	オーチャードグラス
	ウシノケグサ属	オニウシノケグサ	トールフェスク
		ヒロハノウシノケグサ	メドーフェスク
		イトウシノケグサ	チューイングフェスク
		ハイウシノケグサ	クリーピングレッドフェスク
		コウライウシノケグサ	ハードフェスク
	ドクムギ属	ネズミムギ	イタリアンライグラス
		ホソムギ	ペレニアルライグラス
	イチゴツナギ属	ナガハグサ	ケンタッキーブルーグラス
		オオスズメノカタビラ	ラフブルーグラス
オヒゲシバ亜科	シバ属	シバ	ノシバ
		コウシュンシバ	コウライシバ
	ギョウギシバ属	ギョウギシバ	バミューダグラス
	クロリス属	アフリカヒゲシバ	ローズグラス
	ヤギュウシバ属	ヤギュウシバ	バッファローグラス
	カゼクサ属	シナダレスズメガヤ	ウィーピングラブグラス
キビ亜科	ムカデシバ属	ムカデシバ	センチピードグラス
	ズズメノヒエ属	アメリカスズメノヒエ	バヒアグラス

『緑化種苗ガイド』（カネコ種苗株式会社）を参考に作成

自発的同花受粉

自発的同花受粉とは

植物は通常、近交弱勢を避けるため他家受粉しようと努めている。ところが、受粉できないときに備えて、種類によっては自分から積極的に同花受粉する。これが自発的同花受粉である。これには次の3つのタイプが知られている。

①自動的同花受粉
②雌雄接近型同花受粉
③閉鎖花

虫を待っているときのツユクサ（雌しべと雄しべを伸ばしている）

自発的同花受粉のタイプ別の例

次に、タイプごとの例を挙げる。

①自動的同花受粉：雌しべ雄しべのどちらか、または両方が動いて同花受粉する。

・雌しべが自分で動いて同花受粉する。
（例）アキノノゲシ・タチアオイ。
・雄しべが動いて同花受粉する。
（例）タチイヌノフグリ・ミドリハコベ。
・雌しべと雄しべがともに動いて同花受粉する。
（例）オシロイバナ・ツユクサ。

②雌雄接近型同花受粉：雌しべ雄しべが非常に接近していて、花粉が出るとすぐに受粉する。
（例）キュウリグサ・メヒシバ・ワスレナグサ。

③閉鎖花：1つの個体に開放花をつける一方、閉鎖花をつけて積極的に同花受粉する。
（例）スミレ属（春に開放花を咲かせ、初夏〜秋に閉鎖花を咲かせる）・センボンヤリ（春に開放花を咲かせ、秋に閉鎖花を咲かせる）・ヤブマメ（夏〜秋に開放花を咲かせる一方、秋に地中に閉鎖花を咲かせる）・そのほかオオミゾソバ・キツリフネ・ツリフネソウ・ヒシモドキ・フタリシズカ・ホトケノザ・ワダソウなどが知られるが、開放花の結実が悪いと閉鎖花をつける種類や、個体が小さいうちは閉鎖花をつける種類など、閉鎖花をつける時期は種類によりいろいろである。

閉鎖花とは：一部の植物では時期や生育状態などにより花冠を開くことなく、蕾の状態のままで花の中で自発的に同花受粉する。このような花を閉鎖花という。これに対し、通常の花を開放

花が閉じる前のツユクサ
（雌しべと雄しべをくるくる巻いて同花受粉する）

花という。閉鎖花では通常、花びらはごく小さく、雌しべの花柱(かちゅう)は短く、雄しべの数は少なく、花粉の量を減らし、また、蜜の分泌を止めるなどして、花のつくりなどに対する投資を減らしている。なお、閉鎖花でできたタネからの個体はクローンと間違われやすいが、クローンとなることは通常ない。

雌雄接近型の花、ワスレナグサ

センボンヤリの閉鎖花（上）と開放花（右）

column

つる植物の巻きひげの謎

つる植物の登はんの仕方の1つに、巻きひげで巻き付いて上るという方法がある。次に述べるようなことをするのは、同じ巻きひげでも茎から直接巻きひげを出す種類だけだ。茎から直接巻きひげを出すのは、ウリ科・ブドウ科・ハカマカズラで、ウリ科で見るのがわかりやすい。

巻きひげは、最初はまっすぐの細い棒状で、この先で何か巻き付くものを探している。巻き付くものを探し当てると、まず巻きひげの先がそのものに絡みつく。次に、棒状の巻きひげをらせん状（スプリング状）に巻く。こうすると、植物全体の安定性が出るし、強風などにも耐えられるようになる。

アマチャヅルの巻きひげ。先はまだ何もとらえていない

ところが、上下が固定されているまっすぐの棒状の巻きひげをらせん状に巻くのには問題がある。巻きひげで1個のらせんをつくるには、巻きひげの本体を1回ねじる必要がある。10個のらせんをつくるとしたら、巻きひげ本体を10回もねじらなければならない。そこで、つる植物が実際に行っているのは左右同じ回数を巻くようにしている。こうすれば、巻きひげ本体をねじる必要はなくなる。そのかわり、巻きひげの中間あたりにUターンするところ（旋反点(せんぱんてん)という）を設けている。どこかに巻き付いた巻きひげを見ると、必ず旋反点があり、ここを境に左に5回巻いていれば、右に5回と同じ回数巻いている。また、旋反点が1か所だけでなく、複数か所あることもあり、その場合も左巻きと右巻きの合計回数は同じとなる。

中程にある旋反点を境に巻く方向が左右反対になっている

生物の分類

生物をグループにまとめることを分類といい、まとめられたグループを分類群という。分類群を体系的に整理したものが分類システム（分類体系とか分類系ともいう）である。そして、分類システムに基づいて分類群を大きさの順に並べたものが分類階級で、生物の分類階級は基本的に大きい順に、界→門→綱→目→科→属→種とされる。

なお、分類システムは生物の系統や進化などに基づいて組み立てられているが、組み立て方などが研究者の考えにより異なる場合もある。

植物界の分類

近年、DNA（180頁）を解析するなどして植物の各分類群は系統的にほぼ区分されたが、まだ不明の部分があるだけでなく、研究者の間でも考えが異なることも多い。**植物界**（124頁）自体、どんな生物を植物界に含めるかはいろいろな考え方や説があり、決まったものではない。

ここでは、その説明を避け、維管束植物（維管束を有する植物）につき、ある分類システムに従ったものを記す。

維管束植物は、まず小葉植物と真葉植物とに分ける。小葉植物とは小葉を持つ植物のことであるが、小葉とは茎の突起に由来した葉で、葉脈が主脈に入るだけで分枝しない原始的な葉である。なお、複葉を構成する1つ1つの小さな葉状のものも小葉というが、ここでいう小葉はこれとはまったく別のものである。ヒカゲノカズラ植物門が小葉を持つ植物で、ヒカゲノカズラ属・イワヒバ属・ミズニラ属などが含まれる。

ヒカゲノカズラ

ヘゴ（シダ植物）

真葉植物とはヒカゲノカズラ植物門以外の維管束植物すべてをいい、葉の由来が小葉と異なり、枝が平面に並んで細かく分かれ、その枝の間を組織が埋める形で葉ができたとされる。シダ植物（ここでいうシダ植物にはヒカゲノカズラ類を含まない）と種子植物がこれに含まれる。

種子植物は裸子植物と被子植物に分けられる。裸子植物はその下の階級で、ソテツ綱・イチョ

ハリモミ（裸子植物）

ヤブデマリ（被子植物）

ウ綱・マツ綱に分けるのである。被子植物については次の項で別途記す。

被子植物の分類

被子植物を少し下位階級まで分類すると次のようになる。

被子植物

・基部被子植物
アムボレラ目・スイレン目・アウストロバイレヤ目

・モクレン類
コショウ目・クスノキ目・モクレン目など

・単子葉類
オモダカ目・ヤマノイモ目・タコノキ目・ユリ目・キジカクシ目・ヤシ目・ツユクサ目・イネ目・ショウガ目など

・真正双子葉類
キンポウゲ目・ツゲ目・ムラサキ目・ユキノシタ目・ビャクダン目・ナデシコ目・ブドウ目・ニシキギ目・カタバミ目・ウリ目・マメ目・ブナ目・バラ目・フウロソウ目・フトモモ目・アブラナ目・アオイ目・ムクロジ目・ミズキ目・ツツジ目・リンドウ目・シソ目・ナス目・モチノキ目・キク目・マツムシソウ目・セリ目など

前述の目はそれぞれさらに科に分けられ、各科は同様属に、各属は基準単位の種に分類される。なお、科と属の間に必要に応じ亜科や連を設け、属と種の間に亜属や節を設ける。

種とは

種は、生物分類の基準単位で、形態の不連続性・交配の可能性・起源の統一性などを考慮してまとめられた個体の集合だが、研究者の間で完全に統一された種の定義は現在ない。

次にアセビとエノコログサを例にしてどのように分類されているかを記す。

アセビ：被子植物（階級なし）真正双子葉類（階級なし）コア真正双子葉類（階級なし）キク類（階級なし）ツツジ目ツツジ科スノキ亜科ネジキ連アセビ属アセビ

エノコログサ：被子植物（階級なし）単子葉類（階級なし）ツユクサ類（階級なし）イネ目イネ科キビ亜科キビ連エノコログサ属エノコログサ

アセビ

エノコログサ

種以下の分類

基準単位の種以下を、次のように分類することがある。

亜種：多くの形態の違いがあり、地理分布圏にも差があるような小群を亜種という。

変種：おおざっぱな言い方をすると、基準となる種と形態面で数か所違いがある場合、これを変種という。

品種：基準となる種と形態面で1か所か2か所違いがある場合、これを品種という。

栽培品種：形態や特性において農園芸上価値があると認めて命名された個体群を栽培品種という。農園芸界では通常ただ単に品種という。

形態
分類
生理
生態
環境
文化

周北極要素の植物

周北極要素の植物とは

第四紀（約260万年前～現在）には氷期が何回もあり、大きいのだけでも古い順にギュンツ（ネブラスカ）・ミンデル（カンザス）・リス（イリノイ）・ウルム（ウィスコンシン）の4回あった。なお、ギュンツ以下はアルプス周辺で認められた氷期の名称で、（　）内の名称は同時期に北米で認められたものである。

北極を中心としてユーラシア大陸から北米大陸の極地およびその周辺に分布する植物は、氷期に中緯度地域まで南下した。間氷期になると、北上して故郷に戻ったが、一部の植物は中緯度地域の山岳の高山帯に上って生き残った。このような植物を周北極要素の植物という。周北極要素を代表する植物のチョウノスケソウ（バラ科の超低木で、学名は*Dryas octopetala*）の学名の属名・ドリアスから周北極要素の植物たちをドリアス植物群ともいう。

わが国の周北極要素の植物

周北極要素の植物は、一般に北極に近い高緯度地域では沿海地など標高の低い場所に、中緯度地域では山岳の高山帯に生える。したがって現在、中緯度地域に見られる高山植物は周北極要素の植物である場合が多い。

中緯度地域に位置するわが国においても、高山帯に生育する植物には周北極要素の植物が多い。例として、イワベンケイ・ウメバチソウ・ガンコウラン・キバナノコマノツメ・クロマメノキ・コケモモ・ゴゼンタチバナ・チョウノスケソウ・ツマトリソウ・ミツガシワ・ミネズオウ・ミヤマキンポウゲ・モウセンゴケ・ヤナギラン・リンネソウ・ワタスゲなどがある。

「高山植物＝周北極要素の植物」とは限らない

高山植物の多くは周北極要素の植物であると前述したが、実際にはそうでない場合も多い。例えば、ウルップソウやキタダケソウは高山植

ウメバチソウ

コケモモ

ゴゼンタチバナ

ツマトリソウ

ミツガシワ

ミヤマキンポウゲ

ヤナギラン

ワタスゲ

物ではあるが、周北極要素の植物ではない。わが国の高山植物は周北極要素以外に、汎世界要素※1・アジア要素※2・太平洋要素※3・低山要素※4・純日本固有要素※5に分けられ、それぞれさらに細分される。また、分け方についてはほかの考えもある。なお、周北極要素の植物は、比率では高山植物全体の4分の1ほどに過ぎないようである。

※1：極地や世界の高山帯に分布する種とその近縁種。
(例) アオスゲ。

※2：アジア大陸に分布を持つ種とその近縁種。
(例) イソツツジ・イブキジャコウソウ・クルマユリ・コマクサ・チングルマ・ミヤマオダマキ。

※3：千島列島・アリューシャン列島・アラスカなど太平洋周辺に分布を持つ種とその近縁種。
(例) アオノツガザクラ・ウルップソウ・エゾツツジ・クロユリ・ハクサンチドリ・マイヅルソウ・ヨツバシオガマ。

※4：日本と日本周辺の低山帯から進出したと考えられる種。
(例) タカネマツムシソウ・タカネトリカブト・チョウカイアザミ・ハクサンシャジン。

※5：日本に起源を持ち、分布している固有種。
(例) オゼソウ・オンタデ・シラネアオイ。

「高山植物=高山に生える植物」とは限らない

周北極要素の植物を含む高山植物は一般的には高山帯に分布するが、通常なら生えることのないような標高の低いところに生えることもある。それは、オオシラビソなどの針葉樹による樹林ができないような過酷な環境である。過酷な環境とは、

①塩基性ないし超塩基性の岩石地
②非常な多雪地帯
③火山荒原
④海岸の風衝地

などが考えられる。

例えば、北海道のアポイ岳(標高811メートル)の超塩基性岩石地には各種の高山植物が生え、そして、鳥海山や朝日山地に高山植物が見られるのもここが非常な多雪地帯だからであり、さらに短い期間とはいえ夏季に雪が溶けて植物が生える場所があって、雨量も十分にあるためである。また、③・④の例として浅間山の火山荒原では、標高が1300メートルほどのところに高山植物が生え、知床岬では海岸線付近に生える。

クロユリ（太平洋要素）

ミヤマオダマキ（アジア要素）

クルマユリ（アジア要素）

コマクサ（アジア要素）

オンタデ（純日本固有種）

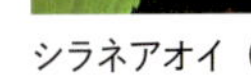
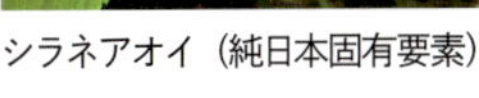
シラネアオイ（純日本固有要素）

チョウカイアザミ（低山要素）

ヨツバシオガマ（太平洋要素）

形態
分類
生理
生態
環境
文化

出現年代と繁栄時期

植物群の出現年代と繁栄時期

左の表は、主な植物群の出現年代と繁栄した時期を示したものである。

億年前	代	紀				
5.0	古生代	カンブリア紀				
4.4	古生代	オルドビス紀	海中で藻類繁栄 植物の陸上進出			
4.1	古生代	シルル紀		シダ植物 出現		
3.6	古生代	デボン紀		木生シダ 出現		
3.0	古生代	石炭紀		木生シダ 繁栄	裸子植物 出現	
2.5	古生代	ペルム紀		木生シダ かなり衰退	↓	
2.0	中生代	三畳紀		↓	裸子植物 繁栄	
1.4	中生代	ジュラ紀		↓	↓	
0.65	中生代	白亜紀		↓	裸子植物 大きく衰退	被子植物 出現
0.026	新生代	第三紀		↓	↓	被子植物 繁栄
現代	新生代	第四紀		↓	↓	

植物群の出現とほかの生物とのかかわり

次に、各時期に出現した植物群と、ほかの生物とのおおざっぱなかかわりについて記す。

原始地球～植物上陸

46億年前に地球が誕生して以降、酸素ガスのない無生物状態が続くが、38億年前に海中で生物が誕生し（地球外からやってきたという説もある）、27億年前に原核生物の藍藻が出現した。藍藻は酸素を発生する**光合成**（81頁）を行うので、酸素ガスが海中や大気中に放出されるようになった。やがて真核生物が出現し、さらに藍藻が真核生物の細胞の中に取り込まれる形で**共生**（70頁）しはじめ、7億年前に緑藻が出現した。

酸素ガスが放出されると、そのごく一部がオゾンとなり、地球の上にオゾン層が形成されはじめた。オゾン層ができたことにより太陽からの紫外線の陸上への到達量が少なくなった。生命生存の妨げとなる紫外線の量が少なくなることにより、緑藻類の一部が4億数千万年前（オルドビス紀）に陸上に進出したのである。

植物上陸～木生シダ全盛期

緑藻による陸上への進出後、長い年月をかけてコケ植物やシダ植物が出現した。この時代の動物は落ち葉や胞子を食べるダニなどの虫であったが、デボン紀末にこれらの虫を食べに魚類が上陸した。これが両生類である。

デボン紀後期に大型の木生シダが現れ、森林が形成されるようになった。アルカエオプテリスはこの時期の森林を形成した代表的な木生シダである。石炭紀には蘆木・鱗木・封印木といった高さ20～30メートルの木生シダが繁栄した。現在、産出される良質の石炭の多くは、これらの木生シダが炭化したものである。

アルカエオプテリス（化石）
撮影協力：国立科学博物館

デボン紀から石炭紀にかけて光合成を行う生物がいろいろ出現し、酸素を排出する一方、有機物を分解する菌類が現れておらず（有機物を分解する菌類はペルム紀に出現する）、有機物分解の際に必要とされる酸素が消費されずに大気中に酸素がたまり、石炭紀には大気中の酸素濃度は35％（現在は21％）になった。植物遺体が分解されることなく、堆積物中に埋没し、長い年月をかけて圧力と熱によって炭化作用が進み、石炭ができたのである。

木生シダ全盛期～裸子植物全盛期

石炭紀に木生シダが全盛を極めるなか、乾燥に強く、**休眠**機能（68頁）を持つタネをつくる裸子植物が出現した。ペルム紀に寒冷化や乾燥化が進み、木生シダは衰退し、替わって三畳紀になると乾燥により強く、繁殖がより確実な裸子植物が繁栄するようになった。

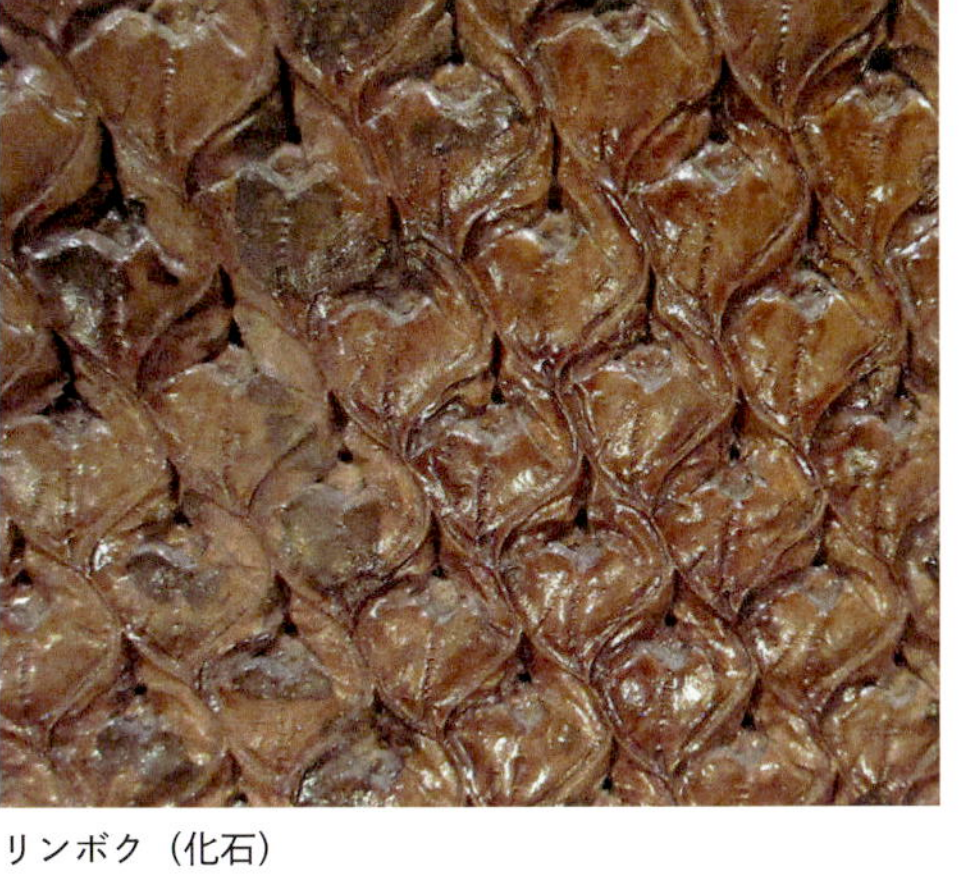

リンボク（化石）
撮影協力：国立科学博物館

石炭紀後期に両生類から爬虫類と単弓類（やがて哺乳類へと進化）がほぼ同時に出現した。当時の爬虫類は植物を食べていたが、枝ごと呑み込み、一緒に石も呑み、胃の中で石で消化していた。三畳紀には恐竜が出現するが、当時の恐竜は1メートルにも満たない小さなもので、植物の葉を食べ、爬虫類と同じように石を呑み込み、消化していた。

ヒカゲヘゴ

裸子植物全盛期～生物大量絶滅の時代

ジュラ紀にはイチョウ類・ソテツ類・針葉樹などの裸子植物が全盛を極め、森林を形成した。そのころ、初めは小さかった恐竜は高い木の上にある葉を求めて、一部がどんどん大きくなり、首が長く（長さの割に太さがない）、そのため頭の小さい（すなわち歯の発達が悪く、消化には石を必要とする）超大型恐竜の時代となった。

裸子植物が全盛期であった白亜紀前期に、花びらを持った花を咲かせる被子植物が誕生した。被子植物は繁殖器官である胚珠を子房で覆って守るだけでなく、繁殖に欠かせない花粉媒介やタネ散布の相手として動物を**共生**（70頁）という形で利用した。これまで動物に食べられるだけであった植物が共生という形で初めて動物を利用するようになったのである。やがて、繁殖効率の悪い裸子植物は被子植物に追いやられるように白亜紀中期以降、徐々に衰退していった。裸子植物が被子植物に追いやられると、草食恐

イチョウ属の1種（化石）
撮影協力：国立科学博物館

竜は超大型ではない、丈の低い植物を食べる、現在見られるサイのような恐竜に変わっていった。被子植物は白亜紀中ごろから急速に多様化したが、被子植物が植生の中心となるのは新生代に入ってからである。

6550万年前、小惑星が地球に衝突し、粉塵が地球全体を覆い、日光はほとんど届かず、暗く、気温は低くなり、多くの植物が生育できなくなり、それを食べていた動物、特に巨体の恐竜は絶滅した。

トリケラトプス
撮影協力：国立科学博物館

生物大量絶滅の時代〜現代

小惑星が衝突し、多くの生物は絶滅したが、一部の生物は生き残り、以降の長い期間にそれらの一部は衰退し、また、一部が時代により繁栄して、現在地球上に存在する植物と動物へとつながってきた。

植物では第三紀以降、繁殖効率のいい被子植物が全盛を極め、現在に至っている。そして、これに伴い一部の動物も共進化（2つ以上の種が、生存や繁栄などの面で影響を及ぼし合いながら、それぞれ互いに進化する現象を共進化という）し、受粉を行う多様な虫が現れ、また、**タネ散布**（158頁）を担う果実を食べる哺乳類や鳥類もいろいろ現れたのである。

スイレン

タイサンボク

column

ササの葉裏の艶

ササ類の葉裏を見ると、葉を縦に分けるように艶がある部分がある。横向きの枝は葉が2列に並んでいるが、なぜかその葉先側に必ず艶があるのである。写真はアズマネザサの枝を裏から見たものだが、左右の葉のすべて上側に艶があり、また、このササの場合、艶の幅は葉の幅の約半分（正しくは1脈分艶は少ない）である。種類によって艶の幅は葉幅のほぼ何分の1と決まっているようで、見分けに役立つこともある。自分なりに2分の1はアズマネザサとメダケ、3分の1はヤダケ、4分の1はチシマザサなどリストをつくっておくと、見分けの際に便利だ。なお、葉裏に毛が密生する種類では艶がわかりにくい。

アズマネザサの枝。葉裏の艶は枝に対し左右の葉とも上側半分に艶がある。艶の幅は葉幅の約半分である

受粉

受粉とは

受粉とは、被子植物においては雌しべの柱頭に花粉がつくことであり、裸子植物では胚珠の珠孔に花粉がつくことである。なお、花粉媒介者（花粉を運ぶ者）の側からみた場合、受粉のことを送粉とか授粉という。

受粉の種類

受粉は、通常「どの花の花粉が柱頭につくか」と、「誰が花粉を柱頭に運ぶか」という切り口で分類される。次に、それぞれの切り口ごとの種類を記す。

どの花の花粉が柱頭につくかによる分類

同花受粉：柱頭に同じ花の花粉がつくこと。
隣花受粉：柱頭に同じ個体の別の花の花粉がつくこと。なお、別の個体の花でも、挿し木や接ぎ木などにより増やした個体（クローン個体）の花の花粉がつくことは実質的には隣花受粉である。
自家受粉：同花受粉と隣花受粉を合わせて自家受粉という。
他家受粉：柱頭に別の個体の花の花粉がつくこと。
異花受粉：隣花受粉と他家受粉を合わせて異花受粉という。

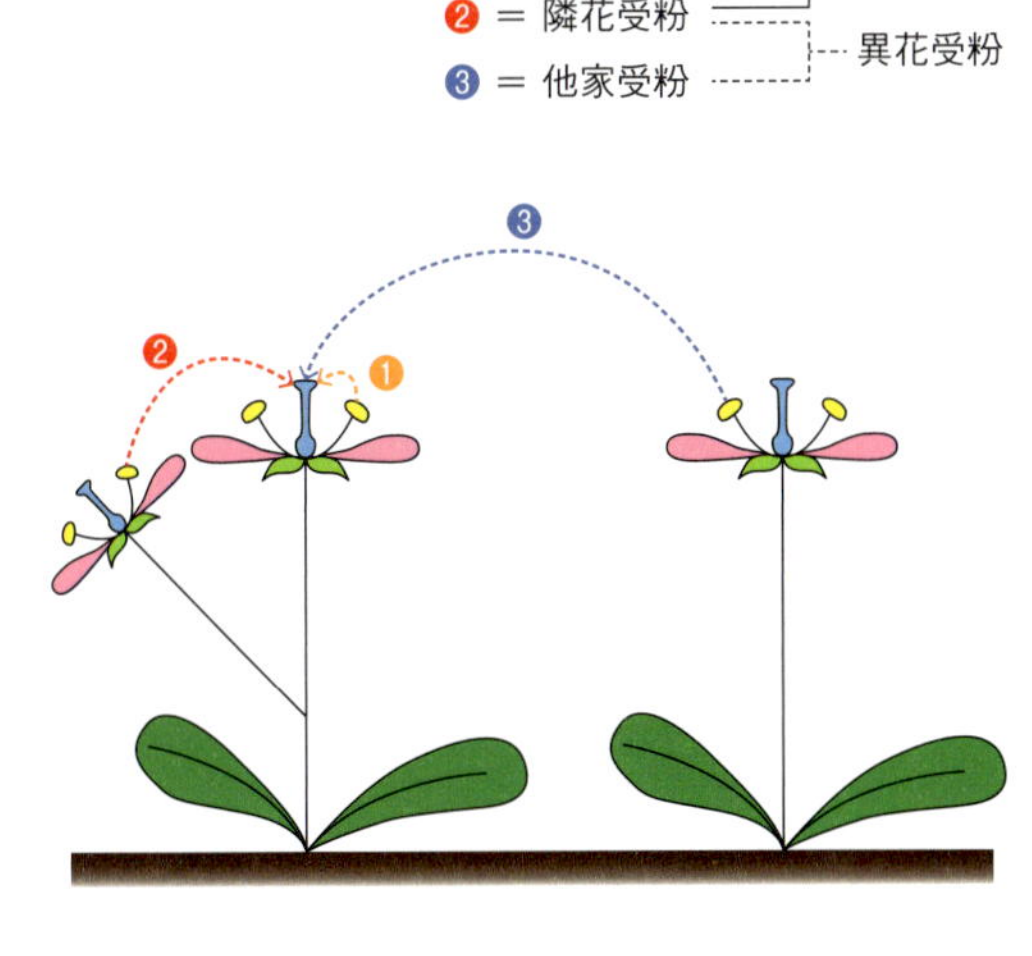

誰が花粉を柱頭に運ぶかによる分類

風媒：風が花粉を運ぶ場合。通常これにより受粉する花を風媒花という。
動物媒：動物が花粉を柱頭に運ぶ場合。これにかかわる動物として虫・鳥・哺乳類などがある。虫により花粉が柱頭に運ばれる場合は虫媒といい、これにより受粉する花を虫媒花という。鳥が運ぶ場合は鳥媒といい、これにより受粉する花を鳥媒花という。また、花粉を運ぶ哺乳類としてコウモリやオポッサムなどがいる。
水媒：水が花粉を柱頭に運ぶ場合。
自媒：植物の種類によっては自発的に花粉を自分の雌しべにつける。この受粉の仕方に対する適切な植物学用語がない（自発的同花受粉という用語がないわけではない）ようなので、ここでは自媒という用語を用いることにする。自媒により受粉する花を同様ここでは自媒花ということにする。

受粉は、前述のように分類できるが、水媒による植物は水中の植物であるため観察がしにくく、コウモリやオポッサムなど哺乳動物に受粉してもらう植物はほとんど日本には自生せず、また、鳥媒花は熱帯には多いが、温帯域では非常に少なく、わが国に自生する主な植物としてはツバキくらいである。したがって、この分類の仕方による受粉の種類は、一般的には風媒・虫媒・自媒の3つ、花でいうと風媒花・虫媒花・自媒花の3つに分類されることが多い。

風媒・虫媒・自媒の組み合わせによる受粉

主に風媒により受粉する花でも、虫媒や自媒を行うものがあり、また、主に虫媒により受粉する花でも風媒や自媒を行うものもある。この組み合わせは風媒・虫媒・自媒といった単独のものも含めると次の7通りが考えられる。

クマバチによる送粉
クマンバチ（スズメバチの俗称）と違っておとなしい。花にとってはありがたい送粉者である

①風媒：イチョウ・ソテツ・針葉樹などの裸子植物、被子植物ではイネ科・カヤツリグサ科・カバノキ科などの大多数とヨモギ・ブタクサなど。主に風媒により受粉する植物の中には虫媒や自媒をも行うものもあり、それらは④・⑤・⑦に入れてある。

②虫媒：花びらをつけた花の多くの受粉は虫媒によるが、なかには虫媒だけでなく風媒や自媒を行うものもあり、それらは④・⑥・⑦に入れてある。

③自媒：自媒だけに受粉を頼っている植物はないと思われる。例えば、ヒシモドキは通常、閉鎖花をつくって、もっぱら自媒により受粉しタネを実らせるが、ときに開放花を咲かせ、虫媒も行う。

④風媒＋虫媒：風媒を主に行い、虫媒も行う植物として、オオバコ・シロザなどがある。

ヒシモドキの開放花
通常は、閉鎖花を咲かせて増えるが、ときに開放花を咲かせて他家受粉も行う

⑤風媒＋自媒：通常、風媒と自媒の両方を行う植物には次のようなものがある。アシボソ・イヌムギ・イネ・エノコログサ・メヒシバ。

⑥虫媒＋自媒：通常は虫媒と自媒の両方を行う植物には次のようなものがある。アキノノゲシ・オオミゾソバ・オシロイバナ・キュウリグサ・スミレ属・センボンヤリ・タチアオイ・ツユクサ・ツリフネソウ・ナズナ・ヒシモドキ・フタリシズカ・ホトケノザ・ミドリハコベ・ヤブマメ・ワスレナグサ・ワダソウ。

⑦風媒＋虫媒＋自媒：風媒・虫媒・自媒の3つを行う植物には、ミズバショウ・アブラスキなどがある。

自媒するツユクサ
花を終える際、雌しべと雄しべをクルッと巻いて自媒（同花受粉）する

子葉

子葉とは

種子植物の種子の中には胚（個体発生の初期の生物体をいう）があり、胚は基本的には幼根・上胚軸（胚の茎に当たる、子葉より上の部分を指す。上端には茎頂分裂組織がある）・胚軸（幼植物では子葉節より下にある茎状の器官で、上胚軸と幼根を結ぶ部分）・子葉からなる。すなわち、子葉は種子植物において種子の中にある胚の一部位で、発芽して基本的に最初に展開する葉である。

ブナの実生
大きな子葉を2枚展開し、本葉も現れている

発芽後、子葉が地上にある場合を地上性子葉といい、地中にある場合を地下性子葉という。なお、種子が発芽し、子葉または第1葉をつけた状態の幼植物を実生という。

種子は発芽して、自分で**光合成**（81頁）できるようになるまでの間の栄養分を通常、胚乳に蓄えている。胚乳のある種子を有胚乳種子といい、ないものを無胚乳種子という。無胚乳種子では、通常は子葉に栄養分を蓄える。

種子植物は裸子植物と被子植物に分けられ、被子植物は単子葉植物と双子葉植物（ここでいう双子葉植物は従来使われてきた双子葉植物のことで、最近の分類による真正双子葉植物などと分けない、単子葉植物以外の被子植物のことである。子葉の形態の面などを述べる際なら、旧来の双子葉植物という分類でほぼ問題はない）に分けることができる。次に、裸子植物・単子葉植物・双子葉植物の3つに分け、それぞれの子葉について記す。

裸子植物の子葉

裸子植物は、大きくソテツ綱・イチョウ綱・マツ綱に分けられ、子葉の形態は異なる。ソテツ綱・イチョウ綱ともに、子葉は2個で、地下性。子葉は種皮内にとどまり、吸収器官として働く。マツ綱では子葉は多くが線形で、地上性。種類により子葉の数は異なり、2〜8個が胚軸の頂部に輪生する。

単子葉植物の子葉

単子葉植物は名前のとおり子葉は1個であるが、子葉がはっきりせず、わかりにくい場合が多い。地上性子葉では通常、緑色部分で光合成をする一方、子葉の先端をしばらくの間、種皮の中にとどめ、胚乳から栄養分を吸収する。なお、単子葉植物の子葉は次の3つのタイプに分けられる。

ネギ型：子葉はマツの葉のような線形で、緑色をし、その先端に種皮をつけた状態で、胚乳の中の栄養分を吸収し終えた後、種皮を落とす。

（例）アマナ属（チューリップ属）・カタクリ属・クロユリ属・ツルボ属・ネギ属・ユリ属など。

カンゾウ型：子葉の先端は種子内の栄養分を吸収するため種子内に残り、ほかの部分は鞘となって幼芽を包んで保護する。

（例）アヤメ属・オモト属・ギボウシ属・ツユクサ属・ヤブラン属など。

イネ科型：イネ科植物の子葉についてはどの部

分が子葉であるか、まだ定説はない。種子の中にある円盤状の部分で種子内の栄養分を吸収しており、その部分から子葉鞘（地上に出ている鞘状となった部分）までを子葉とするのが一般的のようである。

トウモロコシの実生。幼芽を包む鞘は子葉の一部

オオボウシバナの実生。幼芽を包む半透明の鞘が子葉。子葉の先は種子の中にある

ネギの実生。松葉のような緑〜白の部分が子葉。まだ、葉先に種皮が残っている

双子葉植物の子葉

双子葉植物は、名前のとおり子葉は基本的に2個で、一般に双葉といわれる葉が双子葉植物の子葉である。ただ、コマクサ・セツブンソウ・ニリンソウ・ヒシ・ミミカキグサ・ムシトリスミレ・ヤブレガサ・ヤマエンゴサクなどでは子葉が1個である。

子葉が地上性の種と地下性の種があり、子葉が地上性の種では子葉は葉緑素を有して、**光合成**（81頁）を行い、貯蔵物質とともに幼植物に栄養を送る。いずれ子葉は落下する。ケヤキ・マンサク・モクレン・ヤマグワなど木本に多い。草本では、カンアオイ・クサネム・クズ・スズメウリなどが地上性である。地上性子葉の草本植物の中には胚軸がほとんど伸びず、子葉が地表面に接してある種もあり、カタバミ属・シロツメクサ属・スミレ属・ヘビイチゴ属などに見られる。

地下性子葉では、通常、地中にあって展開することなく、子葉は貯蔵養分を幼植物に供給する。無胚乳種子の一部の種に見られる。なお、子葉の位置（地上性か地下性か）は属レベルの形質としてはほぼ一定している。

カナムグラの実生。左右に伸びた1対の葉が子葉。すでに本葉1対が出ている

セツブンソウの実生。子葉は1個

ヒシの実生。子葉はまだタネの中に先を入れて、貯蔵物質を吸収している

照葉樹林

照葉樹とは、照葉樹林とは

常緑広葉樹のうち、クチクラ層の発達がよく、葉に強い光沢がある樹種を照葉樹という。日本に自生する常緑広葉樹は大半が照葉樹である。照葉樹が優占し、下層にも照葉の低木や常緑草本が生える樹林を照葉樹林という。

ボルネオの標高1,400メートルの山地の照葉樹林

照葉樹林は気温較差が少なくて湿潤な南～東アジアに発達しており、ブナ科・クスノキ科の高木が優占し、そのほかにツバキ科・モチノキ科・サクラソウ科のヤブコウジ属・ハイノキ科・アカネ科が主要な構成種となっている。林床にはオシダ・ベニシダといったシダ類が生える。

照葉樹林の分布

照葉樹林は、気温較差が少なくて湿潤な熱帯山岳地帯（インドネシア・マレーシアなどの標高1000～2000メートルの山岳地帯）を故郷とし、北進するにつれ、徐々に標高の低いところに見られる。そして、中国南部・台湾・朝鮮半島南部さらに、日本の南半分、すなわち、南は沖縄県から北は東北地方の沿岸部まで分布する。したがって、わが国の照葉樹林は世界の分布の北限にあたる。

日本の照葉樹林の現状

照葉樹林は、かつて日本の暖温帯地域のほぼすべてを覆い、わが国の文化を育んできた自然といっても過言ではないが、居住地や農耕地・雑木林などをつくり出すために破壊され、スギやヒノキなどの植林が追い討ちをかけるようにして、日本の照葉樹林の大半は破壊されてしまったり、人の手が大きく加わったりしている。現在、自然林としての照葉樹林は社寺林として残っているか、開発が難しい急傾斜地などにわずかに残っているにすぎず、少なくなった照葉樹林の保護が強く望まれる。

日本の照葉樹林の構成種

日本の照葉樹林を構成する主な植物が属する科について次に記す。

ブナ科：スダジイ・ウラジロガシ・アカガシなど多くの種が優占種となっており、わが国の照葉樹林を代表する科である。スダジイは安定した照葉樹林に生え、シイ属の北限の種である。

クスノキ科：タブノキ・シロダモなどが優占種となったり、主要構成種となっている。なお、シロダモは照葉樹の中ではパイオニア的（ほかの種に先駆けて入り込むこと）に生える。

ツバキ科・サカキ科：ヤブツバキ・ヒサカキ・モッコクなどが主要な構成種となっている。ヤブツバキは安定した照葉樹林に多く、ヒサカキは照葉樹の中ではパイオニア的に生える。

形態 分類 生理 生態 環境 文化

日本の照葉樹林の分類

日本の照葉樹林（生態学上ヤブツバキクラスという）は、前述のとおり沖縄県〜東北地方の沿岸部に分布するが、沖縄県〜種子島の亜熱帯地域に見られる照葉樹林と九州以北の暖温帯地域に見られる照葉樹林の2つに大きく分けられる。前者はスダジイ―リュウキュウアオキオーダーといい、照葉樹以外に木生シダやヤシの仲間が生え、クワズイモなど丈の高い草本が生育する樹林である。後者はスダジイ―ヤブコウジオーダーといい、アラカシ・アオキ・ヤブコウジ・テイカカズラ・キヅタ・ベニシダなどで特徴づけられるシイ・カシ林で、これはさらに低地に広がるシイ林と、内陸部の丘陵や山地に広がるカシ林に分けられる。シイ林はシイが優占し、タブノキなどが混じって生え、九州や四国の温暖な地域では山地のほうにまで広がっている。カシ林はウラジロガシ・アカガシ・ツクバネガシ・シラカシなどのカシ類が優占する照葉樹林である。

まとめると、

屋久島の亜熱帯性シイ林

亜熱帯性のシイ林（スダジイ―リュウキュウアオキオーダー）

・屋久島、種子島〜琉球列島。

・オーダー標徴種（ある特定の群落において適合度の高い植物をその群落の標徴種という）として、リュウキュウアオキ・シシアクチ・オオシイバモチ。

暖温帯性のシイ・カシ林（スダジイ―ヤブコウジオーダー）

・本州東北地方南部〜九州。

・オーダー標徴種として、アラカシ・アオキ・ヤブコウジ・テイカカズラ・ベニシダ。

a.シイ林（スダジイ群団）

・群団標徴種として、スダジイ・モチノキ・マンリョウ。

b.カシ林（ウラジロガシ―サカキ群団）

・群団標徴種として、ウラジロガシ・アカガシ・ミヤマシキミ。

なお、暖温帯域の潮風が強く当たる沿岸地域では、潮風に対する抵抗性のあるタブノキが優占するタブノキ林が発達する。また、潮風がまともに当たる崖地などでは海岸性の低木林が形成される。

次にこれらの樹林について個々に詳しく記す。

シイ林の構成樹種

構成する樹木の主なものはすべて常緑で、**着生植物**とつる植物が多いのが特徴であり、**腐生植物**（236頁）や**寄生植物**（64頁）がしばしば出現する。低山地や丘陵地にでき、北限は太平洋側で福島県南部、日本海側で新潟県佐渡である。水平分布の北限は最寒月の平均気温が2℃で、垂直的にもこれに相当し、四国・九州では標高約600メートルの山地にまである。

海辺近くでは、しばしばタブノキが混生し、内陸ではカシが混じる。シイ林は土壌が乾燥するところ、日当たりのいいところにできる。

樹林は次のような構成となることが多い。

高木層：シイ・タブノキ。

亜高木層：モチノキ・ヤブツバキ・ヤブニッケイ。

低木層：ヒサカキ・ネズミモチ・アオキ・マンリョウ。
草本層：ヤブコウジ・シュンラン・ベニシダ。
なお、着生植物のセッコク・フウラン・マメヅタ・マメヅタランなど、つる植物のキヅタ・サカキカズラ・サネカズラ・テイカカズラなど、腐生植物のギンリョウソウ・ムヨウランなど、寄生植物のヤッコソウなどが、しばしば生える。

シイ林（那智大社の社寺林として保護され残ったもの）

カシ林の構成樹種

垂直的にはカシ林が照葉樹林の上限で、モミやツガなどの針葉樹が入ることが特徴で、カエデなどの落葉樹が入ることも多い。主として、内陸の山地の湿潤な環境のところにできる。
高木層：ウラジロガシ・アカガシ・ツクバネガシ・モミ・ツガ・カエデ。
亜高木層～低木層：ヒサカキ・ヒイラギ・ユズリハ・シキミ・ミヤマシキミ・アセビ・イヌガヤ、ササ類を伴うこともある。
草本層：ヤブコウジ・ナガバジャノヒゲ・キッコウハグマ・ベニシダ。

カシ林（高尾山）。標高的にこれより上は落葉樹林になる

タブノキ林の構成樹種

沿岸地域など潮風が強く当たるところではシイやカシなどは生育できず、潮風に対する抵抗性のある樹種のみが生え、タブノキ林となる。タブノキ林は潮風の影響を強く受ける海岸沿いか、川沿いではかなり内陸まで入り、山麓の土壌が深く適当な湿り気をもった沖積地にできる。このほか、照葉樹林の北限の植生として東北地方北部の沿岸地域まで見られる。また、シイ林への遷移途中段階でタブノキ林が形成されることもある。

南のほうではホルトノキが混生し、また、降雨の少ない瀬戸内地方にはタブノキは生えず、カゴノキの二次林となることも多い。

タブノキ林（猿島）。潮風が強く当たるところはタブノキ林になる

カゴノキ林（瀬戸内）。降雨が少ない瀬戸内にはカゴノキの二次林がしばしばできる

海岸性低木林

海岸の潮風をまともに受ける崖地などには、土地的極相として海岸性の低木林が形成される。構成樹種は、ウバメガシ・シャリンバイ・トベラ・ハマヒサカキ・マサキなどである。

column

遷移・極相・一次遷移・二次遷移・一次林・二次林

ある場所の植物群落が、時の経過とともに移り変わっていく現象を遷移という。群落は遷移して最終的に安定した状態に行き着く。この状態を極相という。

溶岩流が冷えて固まった場所とか、海底火山の噴火後にできた新島といったような、タネや胞子などを含む植物が一切ない状態から始まる遷移を一次遷移といい、これによりできる樹林を一次林という。また、山火事とか伐採とか、何らかの理由で既存の植生が破壊された後、遷移してできる樹林を二次林といい、この遷移を二次遷移という。

column

ドクダミの花びら4枚の大きさが異なるわけ

ドクダミは、葉や茎に傷がつくと嫌な匂いがするからか、あまり好かれないようだ。白い花びら（ここでは一般用語の花びらを使うが、植物学的には花序の1番下につく、4つの小花の苞葉である。これを総苞とすることもあるようだが、そうではないと思われる）4枚が十字に並び、花は意外と清楚で美しい。この4枚の花びらには大・中・小と大きさに違いがある。その理由は次のようである。

花序全体がまだ蕾の際には、4枚の花びらが花序全体を包んで保護している。その包む順序が、まず小さな花びら2枚が左右からこれを包み、次に中くらいの花びら2枚が左右からこれを包み、最後に大きな花びらがこれら全体を包む。包む順が遅いほど大きくなる、というわけである。また、このため、大きな花びらの反対側に小さい花びらがあり、中くらいの2枚は大きな花びらの左右にあるのだ。

蕾のとき4枚の花びらが花序を包み、保護している

1枚の大きな花びらが展開する

左右にある2枚の中くらいの花びらが展開。まだ小さい花びらは花序に沿っている

全部の花びらが展開し、ドクダミの花全体が現れる

植生帯（しょくせいたい）

相観による日本の植物群落区分と植生帯との関係

わが国は、相観（植物群落の最上層によって形成される景観または様相を相観という）により群落を大きく区分すると、低小草原・常緑針葉樹林・落葉広葉樹林・常緑広葉樹林の４つに分けられるが、これらのそれぞれと水平植生帯・垂直植生帯・優占種（ある群落においてそれが占める空間が最も大きい個体群の植物を優占種という）による植生帯との関係を示すと下表のようになる。

植物の生育は温度や降水量に大きく影響され、それらは緯度や海からの距離に沿って並行的に増減するので、植生も帯状に配列する。この帯を植生帯という。

相観による群落区分と植生帯との関係

相観による群落区分	水平植生帯	垂直植生帯	優占種による植生帯	組成による植物群落分類体系
低小草原	寒帯	高山帯	ヒゲハリスゲ帯	ヒゲハリスゲ—カラフトイワスゲクラス
				クロマメノキ—ミネズオウクラス
常緑針葉樹林	亜寒帯	亜高山帯	ハイマツ帯※	トウヒ—コケモモクラス ハイマツ—コケモモオーダー
			オオシラビソ帯	トウヒ—コケモモクラス トウヒ—シラビソオーダー
落葉広葉樹林（夏緑樹林）	冷温帯	山地帯（低山帯）	ブナ帯	ブナクラス ミズナラ—コナラオーダー
				ブナクラス ブナ—ササオーダー
常緑広葉樹林（照葉樹林）	暖温帯	低地帯（丘陵帯）	シイ帯	ヤブツバキクラス スダジイ—ヤブコウジオーダー
	亜熱帯			ヤブツバキクラス スダジイリュウキュウアオキオーダー

『日本の植生図鑑①森林』（保育社）を参考に作成　※ハイマツ帯は日本では高山帯に含めることが多い。

低小草原

常緑針葉樹林（ハイマツ林）

常緑針葉樹林（アカエゾマツ林）

落葉広葉樹林（ブナ林）

落葉広葉樹林（ミズナラ林）

常緑広葉樹林（カシ林）

常緑広葉樹林（シイ林）

食草・食樹

食草とは、食樹とは

植物質を食物とする動物を植食動物といい、その動物が食物としている植物を食草という。それが樹木の場合、食樹ということもある。

チョウの幼虫の食草・食樹

チョウやガの幼虫の場合、餌として食べる植物は比較的限定されていることが多く、食草・食樹という言葉はチョウやガの幼虫で使われることが多い。

以下に、よく見られるチョウや美しいチョウの幼虫の食草・食樹を挙げる。

チョウの種類	幼虫の食草・食樹
アゲハチョウ	ミカン科（ミカン・サンショウ・ミヤマシキミなど）
キアゲハ	セリ科（アシタバ・ニンジンなど）
クロアゲハ	ミカン科（ミカン・サンショウ・ミヤマシキミなど）
モンキアゲハ	ミカン科（ミカン・カラタチ・サンショウなど）
カラスアゲハ	ミカン科（コクサギ・カラスザンショウ・ミカンなど）
アオスジアゲハ	クスノキ科（クスノキ・ヤブニッケイ・タブノキなど）
ジャコウアゲハ	ウマノスズクサ
ウスバシロチョウ	ムラサキケマン・エンゴサク類（ヤマエンゴサクなど）
オオムラサキ	エノキ
コムラサキ	ヤナギ科（シダレヤナギなど）
ギフチョウ	カンアオイ類
ゴマダラチョウ	エノキ
ヒオドシチョウ	エノキ・ヤナギ類
アサギマダラ	キジョラン
スミナガシ	アワブキ科（アワブキ・ヤマビワなど）
ルリタテハ	シオデ属（サルトリイバラ・シオデなど）
クジャクチョウ	カラハナソウ・ホップ・ハルニレ
モンシロチョウ	アブラナ科（日当たりのいいところのアブラナ科の野菜）
スジグロシロチョウ	アブラナ科（直射が当たらない場所のアブラナ科の野草）
ツマキチョウ	アブラナ科（ハタザオ属・タネツケバナなど）
キチョウ	マメ科（ネムノキ・ハギ類など木本のマメ科が主体）
モンキチョウ	マメ科（クローバなど草本のマメ科が主体）
テングチョウ	エノキ
ヤマトシジミ	カタバミ科（カタバミ・イモカタバミなど）
ウラギンシジミ	クズの花

ウマノスズクサ

ヤマエンゴサク

カンアオイ

サルトリイバラ

クズ

美しいチョウ・身近なチョウ

アゲハチョウ
キアゲハなどと区別するとき、ナミアゲハということがある

キアゲハ
垂直分布は広く、低地から亜高山帯まで生息する

クロアゲハ
後翅に赤橙色の紋があるが、全体黒いので、見分けやすい

モンキアゲハ
後翅の紋が特徴的。あまり止まることなく、飛びまわる

カラスアゲハ
翅の裏は黒いが、表は輝く色で、非常に美しい

アオスジアゲハ
黒色に空色の筋が入る美しいチョウ。俊敏に飛びまわる

ジャコウアゲハ
薄めの黒色で、翅の幅はほかのアゲハに比べ細め。雄は独特の匂いを出す

オオムラサキ
日本の国蝶。北海道〜九州に広く分布するが、生息環境が限られる

コムラサキ
主に樹液や果実の汁を吸い、花にはあまり止まらない。軽快に飛びまわる

ギフチョウ
本州の管理の良い雑木林などに生息するチョウで、春に発生する

ルリタテハ
幼虫はサルトリイバラなどの葉裏に住み、葉に丸く穴をあけながら食う

クジャクチョウ
すべての翅にクジャクの飾り羽のような目玉模様がある

キチョウ
翅は黄色で、外縁が黒い。成虫で越冬する

モンキチョウ
黄色いチョウで、紋があるので、この名が。日本全土に広く分布

テングチョウ
頭の先が天狗の鼻を思わせるので、この名がついた

ウラギンシジミ
翅の裏は銀白色である。常緑樹の葉にまぎれて、成虫で越冬

食虫植物

食虫植物とは

窒素分などが不足する貧栄養な場所に生育するために、虫を捕らえて消化吸収し、栄養分を補っている植物を食虫植物という。

捕虫の方法

食虫植物が虫を捕らえる方法には次の3つの様式がある。

鳥もち式：腺毛から粘液を出し、虫を粘着させて捕らえる。これには、捕虫したら腺毛と葉身が虫を取り囲むように動くもの（例：モウセンゴケ・イシモチソウ）と、ただべたつくだけで腺毛や葉身が動かないもの（例：ムシトリスミレ・コウシンソウ）とがある。

落とし穴式：葉が筒状や壷状をしていて、虫を蜜や匂いなどで誘い、筒や壷の中に虫を滑り落とさせて捕らえる。

（例）ウツボカズラ・サラセニア・ダーリントニア。

わな式：センサーに虫が触れると、わなが作動して虫を捕らえる。

（例）ハエトリソウ・ムジナモ・タヌキモ・ミミカキグサ。

ウツボカズラ

サラセニア

捕虫方法の具体例

次に、モウセンゴケ・ハエトリソウ・タヌキモの虫の捕らえ方を記す。植物がいかにうまくできているかについて垣間見ることができる。

ハエトリソウ（ハエジゴク）：ハエトリソウの葉は2つに折りたたむことができ、その両方の内面に3本ずつ短い針のような感覚毛がある。6本の感覚毛のどれでもよいが、2回細い棒などで触れると、2回目に瞬時に葉をたたみ、虫を捕らえる。はじめは少しゆるめに閉じ、虫の体が全部中に入り込むのを待ってから完全に閉じる。虫は葉に閉じ込められて、消化液で消化・吸収される。

ハエトリソウ
葉の内側の6本の感覚毛をどれでも計2回触れると、葉を瞬時に閉じる。1回だけでは閉じない

モウセンゴケ：モウセンゴケは腺毛から粘液を出して、虫を粘着させて捕らえるが、不思議なことに腺毛は栄養分になるものとならないものとを見分けることができる。毛髪や肉片を腺毛の上に置くと腺毛や葉は動きだすが、石などではほとんど動かず、粘液も追加で出すことはない。また、水やアルコールなどの液体に対しては腺毛や葉は動かないが、同じ液体でも牛乳など栄養分が含まれるものでは腺毛と葉は動くのである。

上の写真は、左の葉に牛乳を、右の葉に水を垂らしたもの。牛乳を垂らしたほうは腺毛が動き始めている。下の写真は半日後のもので、牛乳を垂らしたほうは虫のときと同じように腺毛と葉で牛乳を取り囲んでいる。水を垂らしたほうはすでに水が乾いてしまっている（実験に用いたのはアフリカナガバノモウセンゴケ）

タヌキモ：タヌキモは水中で生活する食虫植物で、卵形の袋状になっている捕虫部に内側にのみ開く扉がついていて、その入り口にある感覚毛にミジンコなどのプランクトンが触れると、扉が開き、水とともに内部に吸い込まれる。その後、水だけ排出され、プランクトンは消化・吸収される。

タヌキモ
顕微鏡でないとわからないが、プランクトンが感覚毛に触れると、水とともにプランクトンを瞬時に吸い込む

日本に自生（じせい）する食虫植物

わが国にはモウセンゴケ科・タヌキモ科の2科の食虫植物が自生する。次に科別・属別にわが国に自生する食虫植物の種類の名を挙げる。

【モウセンゴケ科】

ムジナモ属：ムジナモ

モウセンゴケ属：モウセンゴケ・コモウセンゴケ・ナガバノモウセンゴケ・サジバモウセンゴケ・イシモチソウ・ナガバノイシモチソウ

【タヌキモ科】

ムシトリスミレ属：ムシトリスミレ・コウシンソウ

タヌキモ属：タヌキモ・イトタヌキモ・ヒメタヌキモ・ヤチコタヌキモ・コタヌキモ・ノタヌキモ・フサタヌキモ・イヌタヌキモ・ミミカキグサ・ムラサキミミカキグサ・シロバナミミカキグサ・ヒメミミカキグサ・ホザキノミミカキグサ

ムシトリスミレ
花弁は5枚あり、下の花弁には距もあり、何となくスミレの花に似る

ムジナモ

イシモチソウ

植物・植物界

植物とは、植物界とは

一般的に、①葉緑素を持ち光合成（81頁）を行い、②根を張って、動かない生物を植物という。ただし、全寄生植物および腐生植物（236頁）は葉緑素を持たず、光合成を行わないが、二次的に葉緑素を喪失したものであり、植物である。これが一般用語としての植物であり、したがって、コケ類・シダ類・種子植物は誰もが認める植物である。

しかし、学術的に植物とは何か定義することは難しく、いろいろな考えや説がある。次にこれについて少し記す。なお、分類群としての名称を植物界という。

コケ植物

シダ植物

column

吉野葛と掛川の葛布を訪ねる

葛粉について知りたくて、吉野に行った。吉野でもつくっている店が軒を並べていた。葛粉の生産はやはり大宇陀が歴史が古い。400年の歴史を持つ、森野旧薬園で見学させてもらった。ここは四半世紀以上続く旧薬園としての顔もあり、薬用植物も見ることができる。

葛粉の製造は、クズの根を掘り出し、それを叩いて繊維を壊したものを大量の水にとかし、デンプンを沈殿させる。下層のゴミや上層の不要物を除いてデンプン部分だけを集める。これをくり返せば純度の高い葛粉となる。大ざっぱにはこれが製造工程である。クズの根は今では奈良県ではあまり取れなくなり、九州から仕入れることも多いようだ。奈良からの帰りに京都に寄って、葛粉を使った和菓子を買った。

吉野葛の売店

クズの根

形態
分類
生理
生態
環境
文化

生物5界説

以前生物は、植物界と動物界の2つの界に分けられていたが、1866年にエルンスト・ヘッケルにより単細胞生物を分離させる3界説が、その後、菌類を菌界として独立させる4界説が提唱された。1969年にロバート・ホイッタカーにより提唱された5界説が、以降しばらくの間取り入れられることが多かった。5界説では、生物を原核生物界（モネラ界）・原生生物界・菌界・植物界・動物界の5つの界に分類している。

アーケプラスチダ

しかし、DNA解析などによって分子遺伝学的な情報が得られようになり、より系統的に生物区分されるようになった。特にこれまで藻類という言葉で一緒くたにしてきた生物の中の、褐藻類（コンブ・ヒジキ・ホンダワラ・モズク・ワカメなど）および珪藻類は、緑藻類などと系統が異なることがわかり、現在これらの藻類は植物界に入れられていない。

種子植物（カキラン）

もともとシアノバクテリアを真核生物が細胞内に**共生**（70頁）させたものが葉緑体で、これから緑藻類が生まれ、緑藻が地上に上がって、コケ植物・シダ植物・種子植物といった陸上の植物が生まれた。すなわち、これらの植物は祖先が共通の単系統群（1つの共通祖先とその子孫すべてを合わせて単系統群という）であるようだ。

1981年、キャバリエ・スミスは8界説の中で、緑色植物（緑藻植物・接合藻・車軸藻・陸上植物）・紅色植物（一般に紅藻といわれ、アサクサノリ・オゴノリ・テングサ・フノリなどが含まれる）・灰色植物の3つを、1つの生物を共通の祖先とする単系統であるとしてこれらを植物界とした。2005年にシナ・M・アドルらにより、キャバリエ・スミスのいう植物界をアーケプラスチダと名づけ、最近では植物界に当たる分類群をこの名で呼ぶことも多い。

デンプンを沈殿させる大きな水槽

葛粉

葛菓子

葛布は掛川が有名だ。河原に生えるクズのつるを採取し、茹でて、土に埋めて腐らせると繊維は容易に取れる。縦糸に絹や人絹を使い、横糸に葛糸を使って織る。江戸時代は武士の裃や馬乗袴などに使われ、参勤交代の際のみやげ品として売られ、掛川は栄えたようだ。明治維新で大打撃を受けるが、明治の終わりごろから昭和の初めでは壁紙などに使われ、アメリカに輸出し、活況を呈するも、戦後、韓国産の安価なものが出まわり、一気に衰退したという。

葛の繊維

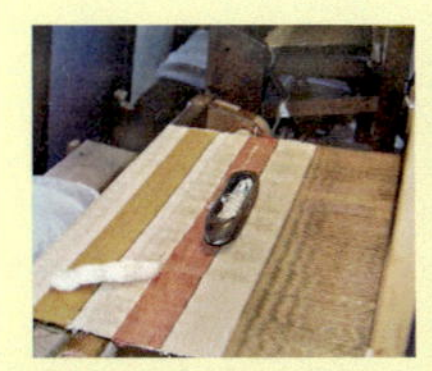
葛布を織っている

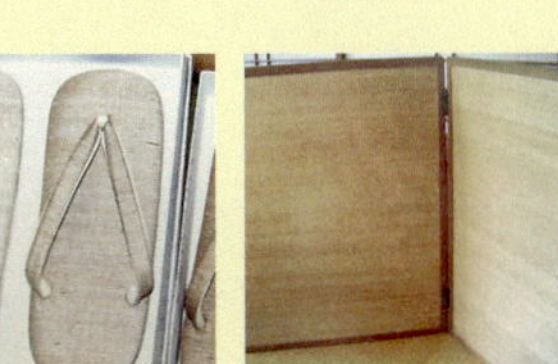
葛布が貼られた屏風

葛布の草履

植物区系（しょくぶつくけい）

植物区系とは

植物地理学では、共通の種や属の植物が多い地域をまとめて植物区系という。植物区系は気候条件もさることながら、その地域の地史に影響されるところが大きい。

日本の植物区系

亜熱帯域（琉球列島および小笠原）を除く日本の植物区系は、北海道地区・日本海地区・関東陸奥地区・フォッサマグナ地区・襲速紀地区に分けられる。ただし、これは大きく区分されたもので、細かくは東海丘陵地区（美濃三河地区）や阿哲地区などが襲速紀地区に入り込んだ状態で存在する。次に、それぞれの地区のおおまかな範囲と地区を代表する植物を示す。

北海道地区
阿哲地区
日本海地区
関東陸奥地区
フォッサマグナ地区
東海丘陵地区
襲速紀地区

日本の植物区系
『フォッサマグナ要素の植物』（神奈川県立生命の星・地球博物館）と『日本の植物区系』（玉川大学出版部）を参考に作成

北海道地区：黒松内低地線（黒松内と長万部を結ぶ線）以東の北海道の地域で、代表する植物としてエゾノコウボウムギ・エゾマツ・コハマギク・ヒダカソウ・ミヤマハンモドキ・レブンソウなどがある。

コハマギク

レブンソウ

日本海地区：黒松内低地線以西の北海道と本州の日本海側の地域で、多雪と水の豊かさ（特に冬）により生まれた種類が多い。代表する植物としてアスナロ・オオバクロモジ・キヌガサソウ・キャラボク・サンカヨウ・シラネアオイ・スミレサイシン・タニウツギ・チシマザサ・チャボガヤ・トガクシショウマ・トキワイカリソウ・ハイイヌガヤ・ハイイヌツゲ・ヒメアオキ・ヒメモチ・ユキツバキなどがある。

関東陸奥地区：岩手県以南関東平野までの太平洋側の地域で、主な中心地は秩父山地と筑波久慈山地。代表する植物としてアブラツツジ・カントウカンアオイ・コウシンソウ・シバヤナギ・ヒイラギソウ・ヒトツバテンナンショウ・ミミガタテンナンショウなどがある。なお、本拠地がこの地区で、ほかの地区に広がっていった植物にカラマツ・タイアザミがある。

シバヤナギ

ヒイラギソウ

チシマザサ

シラネアオイ

ヒメアオキ

キヌガサソウ

カントウカンアオイ

ミミガタテンナンショウ

カラマツ。この地区を本拠地としてほかの地区にまで広がった

フォッサマグナ地区：フォッサマグナ（大地溝帯）の八ヶ岳以南の南半分を中心とした地域で、南は伊豆諸島の青ヶ島を含む地域。火山噴出物による種の変成や隔離による分化、また、海洋性気候への適応の結果、生まれた種類が多い。代表する植物としてイソギク・ハコネウツギ・ガクアジサイ・オオバヤシャブシ・オオシマザクラ・サクユリ・サンショウバラ・フジアザミ・マメザクラなどがある。**フォッサマグナ要素の植物**（229頁）を参照。

オオシマザクラ

ハコネウツギ

イソギク

サンショウバラ

ガクアジサイ

襲速紀地区：九州・四国・フォッサマグナ以西の本州の太平洋側の地域で、降水量が多く、これが古い遺存種の温存や新しい種の分化に大きな役割を担った。なお、熊襲（ここでは九州を意味する）の「襲」、速吸の瀬戸（四国）の「速」、紀州の「紀」の3つの文字を並べて襲速紀となった。代表する植物としてキレンゲショウマ・ギンバイソウ・コウヤマキ属・シロモジ・トガサワラ・ヒメシャラ・マルバノキなどがある。

ヒメシャラ

ギンバイソウ

キレンゲショウマ

トガサワラ

コウヤマキ

東海丘陵地区（美濃三河地区）：岐阜県・愛知県・長野県の一部の地域で、代表する植物としてシデコブシ・シラタマホシクサ・ジングウツツジ・ハナノキ・ヒトツバタゴ・ホソバシャクナゲなどがある。**東海丘陵要素の植物**（182頁）を参照。

ヒトツバタゴ

ハナノキ

シラタマホシクサ

シデコブシ

阿哲地区：岡山県西部～広島県東部の一部の地域で、代表する植物としてアテツマンサク・シロヤマブキ・チョウジガマズミ・ヤマトレンギョウなどが自生する。**阿哲要素の植物**（10頁）を参照。

チョウジガマズミ。
ガマズミの仲間にしては花が密につき、花序は半球形、オオデマリといった感じも

シロヤマブキ。
葉が対生につき、花弁・萼片も4枚で、ほかのバラ科植物とはかなり感じが違う

アテツマンサク。
萼片もマンサクなどと違い、花弁と同色の黄色で、花の香りがよいのも特徴である

植物群落（しょくぶつぐんらく）

植物群落とは

植物群落（単に群落ともいう）とは、ある地域に一緒に生育している、1まとまりの植物群のことで、植生（ある地域に生育している植物の集団を漠然と指す語）という語と同じような意味であるが、通常は生態学的基準によって類型化された植生のことをいう。

群落の名称には優占種（ある群落において個体数が多く、それが占有している空間がもっとも大きい個体群の植物をその群落の優占種という）や、標徴種の名前が冠せられることが多いが、そこにはその名称の植物だけが生えているわけではなく、いろいろな植物が生育している。群落がどういう種類の植物によって構成されているかを種組成という。

アカマツ林（アカマツだけでなく、ヤマツツジ・コナラ・リョウブなどいろいろな植物が生える）

植物群落の構造

植物群落では、そこに生育する植物が空間を上下方向に層をなして分布していることが多い。これを層状構造とか階層構造という。

植物群落のなかでも森林がもっとも層状構造がはっきりしているので、これで例を示すと、層状構造がよく発達した森林では1番高いところを占める高木層、次いでその下層に亜高木層、さらにその下に低木層、そして、草本層があり、地表を地表層が覆う。森林によってはこれらのいくつかが見られないこともある。なお、高木層は高さにして8メートル以上、亜高木層は2～8メートル、低木層は50センチ～2メートル、草本層は50センチ以下の層をいう。

植物により必要な明るさに違いがあるので、層状構造という形で生活する空間を住み分け、互いに光の取り合いするのを避けているのだ。

針広混交林（高木層・亜高木属・低木層・草本層が発達した樹林）

植物群落の分類

植物群落にはいろいろな種類があるが、これを分類する際は普通いくつかの個体群が集まった群集を単位として使う。群集の上の単位は群団で、最上の単位を群系という。

群系単位により群落を分類すると、水中の植物群落を除くと、相観（相観は群落を形や構造などを主体に外から見たときの外観上の特徴のこと。単なる景観とは異なる）によって大きく樹林・草原・荒原の3つに分けることができる。次にそれぞれについて簡単に説明する。

樹林：樹林のうち高木が主体のものを森林という。森林はもっともよく発達した陸上の生態系で、生産量が多く、多種多様な動物を養っている。樹林は地球の陸地の約4割を占める。相観で樹林は次のように分類される。

熱帯多雨林（熱帯の多雨地帯に発達する森林で、つる植物や着生植物が非常に多く、通常はヤシの仲間が生える）・**照葉樹林**（115頁）・硬葉樹林（地中海沿岸地方など夏期の降雨が極端に少ないところに発達する常緑樹で、乾燥に耐えるように葉が小さく、厚く、硬い。オリーブ・コルクガシ・ユーカリなどが例として挙げられる。主に硬葉樹で形成される樹林が硬葉樹林である）・**夏緑樹林**（56頁）・雨緑樹林（熱帯・亜熱帯においてはっきりした乾期がある地域に発達する落葉樹で、乾期に落葉する。チーク・フタバガキの仲間の一部などが雨緑樹である。主に雨緑樹で形成される樹林が雨緑樹林である）・針葉樹林（主に針葉樹で構成される樹林で、亜寒帯および、冷温帯〜熱帯域では亜高山帯に発達する。乾燥地にできることもある）。

熱帯多雨林

照葉樹林

夏緑樹林

雨緑樹林

常緑針葉樹林

草原：草原は、降水量が少ない乾燥した土地や寒冷な土地など、樹林ができるには気象条件などが十分でない厳しい環境の場所にできる。主に草本植物により地表面の半分以上が覆われる場合にいう。また、低木が少数生えることも多い。わが国は雨が多く、自然草原は非常に少ないが、世界的にはサバンナやステップといった草原が広い面積で存在し、全陸地の約4分の1が草原である。詳しくは**草原**（148頁）を参照。

なお、サバンナは熱帯～亜熱帯の年間雨量が400～1200ミリ、長い乾季があるところに発達する丈の高いイネ科の草が主に生える草原であり、ステップ（広義の）は温帯に発達する乾燥草原で、北アメリカにあるプレーリーや南アメリカにあるパンパスも広義のステップである。

荒原：降水量が極端に少ないか、気温が極度に低い地域や表土の移動が激しい土地など、環境要因のうちのいずれか1つ以上が非常に悪いため特殊な植物がまばらに生えるだけで、植物群落がほとんどない場所を荒原という。わが国にも砂丘や塩分の多い磯などに見られる海浜荒原や、火山の溶岩上や万年雪が見られるような岩礫地といった高山荒原があるが、世界的には砂漠（乾荒原）や寒地荒原（ツンドラ＝非常に寒冷なところに発達し、地下に永久凍土が広がる地域のことで、夏には表面付近の凍土が融け、そこにコケ類・地衣類・草本植物・灌木などが生育する）などが広い面積で存在し、全陸地のほぼ3分の1が荒原である。

自然草原（湿原）

自然草原（お花畑）

サバンナ

海浜荒原
潮風が強く当たり、ときに潮が押し寄せるところでは植物は生えにくい

高山荒原
森林限界を過ぎると、まばらに草が生える高山荒原となる

形態
分類
生理
生態
環境
文化

植物の性

植物の性

性とは、同種の生物における雌と雄の区別をいう。植物（種子植物、以下同じ）においては、雌は大形で、細胞質を有し、運動性がなく、移動できない配偶子（卵細胞）を形成し、雄は小形で、細胞質が喪失し、自分では移動できないが、花粉管によって運ばれる配偶子（精細胞）を形成する（ただし、ソテツやイチョウは精子をつくり、移動が可能）。なお、卵細胞は雌しべの胚珠内で、また、精細胞は雄しべの花粉内でつくられる。植物の性は複雑なので、花のレベル、個体のレベル、種のレベルの3つのレベルで考えるとわかりやすい。

花レベルの性

花レベルの性は1つの花の中の雌しべと雄しべの有無によって決まる。これは次のように分けられる。

両性花：雌しべ雄しべの両方がある花。
（例）ヤマザクラ・ササユリ。

単性花（a.雌花／b.雄花）：雌しべ雄しべのどちらか片方だけがある花で、雌しべだけがある花を雌花、雄しべだけがある花を雄花という。ただし、生殖機能を失った雌しべ・雄しべがあってもそれを雌しべ・雄しべとは捉えない。
（例）アオキ。

無性花（中性花）：雌しべ雄しべの両方ともない花、あるいは、雌しべ雄しべがあっても退化してその機能を失った花。
（例）イワガラミ・タマアジサイの装飾花（萼や花冠がほかの花と比べて大きく目立つ無性花のこと）。

両性花（ササユリ）

無性花（アジサイ）
無性花で虫に花序の存在を訴えている

単性花の雄花（アオキ）
雌木と雄木があり、雌木には雌花のみを、雄木には雄花のみをつける

個体レベルの性

1つの個体の性は、普通その個体がつける花の性によって決まる。個体レベルの性は次のように分けられる。なお、個体レベルおよび種レベルの性においては無性花の有無は考慮しない。

両全性個体（ヒルザキツキミソウ）
単性花を一切つけず、両性花のみをつける

両性個体（クリ）

両全性個体：両性花だけをつける個体。

(例) ヤマザクラ・ヤマユリなどではすべての個体。

両性個体：1つの個体に雌花と雄花をつける個体。

(例) アカマツ・クリ・ブナなどではすべての個体。

雌性個体（アオキ）

雄性個体（カツラ）

雌性個体：雌花だけをつける個体。

(例) アオキ・イチョウなどの雌株やヤマコウバシ。

雄性個体：雄花だけをつける個体。

(例) アオキ・イチョウの雄株やキンモクセイ。

雑性個体（ノコンギク）
筒状花は両性花だが、舌状花は雌花である

性転換する個体（ウラシマソウ）

雑性個体：両性花のほかに雌花または雄花をつける個体。両性花＋雌花では、ノコンギク（舌状花は雌花で、筒状花は両性花）など。両性花＋雄花では、トチノキ（花序の大半は雄花だが、両性花が花序の下のほうで咲く）。両性花＋雌花＋雄花では、アフリカキンセンカ（頭花の舌状花は雌花で、筒状花の花序の中心に近い部分以外では両性花を、中心に近い部分では雄花を咲かせる）。

性転換する個体：同じ個体でも成熟度や年により性を転換させる個体。

（例）テンナンショウ属（球茎が小さいと雄、大きければ雌。したがって、初めて開花した個体は雄、球茎が大きくなると雌、開花結実すると球茎が小さくなり、通常翌年は雄に戻る）・キクバオウレン（成熟するにつれて雄→両性→雌）・クロユリ（成熟するにつれて雄→両性）・一部のカエデ類（同じ個体でも年により異なる性型を示す）。

両全性雌雄同株（カタクリ）

種レベルの性

種レベルの性とは、個体レベルの性を集合したものである。これは次のように分けられる。

1. 雌雄混性の種

1つの個体に必ず雌雄の両性を有する種。

a. 完全同株（両性）の種

すべての個体が両性花をつけるか、単性花だけの場合は雌花と雄花の両方をつける種。

a1 両全性雌雄同株（両性花株）の種

両性花だけをつける。

（例）ヤマザクラ・ヤマユリ。

雌雄異花同株（ヒメガマ）

a2 雌雄異花同株（雌雄同株）の種

1つの株に雌花と雄花をつける。

（例）クリ・ヒメガマ・ブナ。

b. 不完全同株（雑性）の種

1つの株に両性花以外に雌花ないし雄花をつける種。

b1 雌性両全性同株（雌性同株）の種

1つの株に両性花と雌花をつける。

（例）ノコンギク。

b2 雄性両全性同株（雄性同株）の種

1つの株に両性花と雄花をつける。

（例）トチノキ。

b3 雌性雄性両全性同株（三性同株）の種

1つの株に両性花・雌花・雄花の3種類の花をつける。

（例）アフリカキンセンカ。

雌性両全性同株（キオン）

2. 雌雄離性の種

個体の一部が雌性個体ないし雄性個体である種。

a. 完全異株（単性）の種

a1 雌雄完全異株（単性雌雄異株）の種

雌花をつける株と雄花をつける株がある。

（例）アオキ。

b. 不完全異株（多性）の種

b1 雌性両全性異株（雌性異株）の種

両性花をつける株と雌花をつける株がある。

（例）オケラ。

b2 雄性両全性異株（雄性異株）の種

両性花をつける株と雄花をつける株がある。

（例）ハマハコベ・ミヤマニガウリ。

b3 雌性雄性両全性異株（三性異株）の種

両性花・雌花・雄花を別の株につける。

（例）アケループラタノイデス。

雌性両全性異株（オケラ）
両性花をつける株と雌花をつける株がある

雄性両全性同株（トチノキ）

雌性雄性両全性同株（アフリカキンセンカ）
舌状花は雌花、中心に近い部分の筒状花は雄花で、
それ以外の筒状花は両性花となる

3. そのほかの種

3a 単性だけの種

雌性個体・雄性個体のいずれかしか存在しない種。

（例）ヤマコウバシ（雌性個体のみ）。

3b 性転換する種

成熟度などや年により性転換する種。

（例）テンナンショウ属（性型：雄花・雌花）・クロユリ（性型：雄花のみ・雄花＋両性花・両性花のみ）・ヒメニラ（性型：雄花のみ・雄花＋両性花・両性花のみ・雌花のみ）。

性転換する種（クロユリ）

植物ホルモン

ホルモンとは、フェロモンとは、アレロケミカルとは

生物がつくる情報を伝達する化学物質をセミオケミカルズといい、これにはホルモンやフェロモンなどがある。ホルモンはわかりやすくいえば体の特定の部位で生産され、同じ個体の別の部位に情報を伝達する物質であり、フェロモンは体外に分泌され、同じ種類の別の個体に情報を伝達する物質である。ホルモンの例としてヒトのインシュリンがあるが、これはすい臓のランゲルハンス島から分泌され、体全体において物質代謝の調整に重要な役割を果たす。また、フェロモンの例としてはアリが出す道しるべフェロモンがあり、同種の別の個体に対し餌のありかなどを知らせる役をしている。

なお、異種の生物の間で情報を伝達する物質をアレロケミカルという。

腋芽が伸び出した枝

枝先でつくられるオーキシンにより
成長が抑えられていた腋芽が、枝が切られて、
枝先からオーキシンが届かなくなり、
根から送られてくるサイトカイニンの働きにより
腋芽が伸び出し、枝になっている
（植物はウツギ）

植物ホルモンの種類と働き

植物が分泌するホルモン（植物ホルモンという）として知られているものに、アブシシン酸・エチレン・オーキシン・サイトカイニン・ジベレリンなどがある。次に、これらのホルモンについてそれぞれの働きを簡単に記す。

アブシシン酸：植物体内のどこでも合成され、概して生長を抑制したり、老化を促したりするホルモンで、芽やタネの**休眠**（68頁）にも関与する。タネの発芽を抑制することによって親個体の上でタネが発芽しないようにしている（反対に、発芽を促進する働きをするホルモンはジベレリンである）。また、乾燥や低温などのストレスに対応して合成され、気孔を閉鎖し、蒸散を抑え、乾燥から守っている。

エチレン：一般的には生長を阻害し、老化を促す気体のホルモンで、葉・花・果実の離脱促進に関与する。花芽形成に対しては通常、抑制的に働くが、パイナップルなどアナナスの仲間では花芽形成を促進する働きがある。また、側根の発根を促進したり、休眠打破に関与する働きも行う。なお、気体であるため、ホルモンとしてだけでなく、フェロモンとして働いたり、アレロケミカルとなったりもする。**エチレンと植物**（22頁）を参照。

オーキシン：主に成長を促すホルモンで、天然にはインドール-3-酢酸（IAA）やインドール-3-酪酸（IBA）などとして存在する。頂芽の形成や発根を促進し、腋芽の形成や伸長を抑制する。離層の形成を阻害し、落葉や落果を防ぎ、また、子房の成長・成熟を促進するので、人為的に**単為結果**（162頁）させる際に利用されることもある。オーキシンは幼い葉を含む茎頂部で生産され、根の方向に移動する。このホルモンの特徴は光を避けるように移動する性質があることで、このため茎は正の屈光性を示す。ナフタレン酢酸（NAA）など合成オーキシンも多く、農園芸分野で発根剤・着果促進剤などとして利用されている。また、サイトカイニンとともに植物を組織培養する際に使用される植物ホルモンである。

サイトカイニン：老化を抑制するホルモンで、細胞分裂を促進し、若さを保つ役割をする。根で生産され、道管を通って株の上のほうに移動する。オーキシンと拮抗的に働くことが多く、腋芽の成長を促進する。オーキシンとともに植物の組織培養の際に使われる。

ジベレリン：老化を抑制するホルモンで、タネや芽の休眠打破に関与したり、花芽形成を促進したりする。休眠打破や発芽促進などの面ではアブシシン酸と拮抗的な働きをする。また、単為結果を促進するので、タネなしブドウ栽培に利用されている。ほかに、花芽形成や開花促進剤としてシクラメンやイチゴなど、農園芸分野でしばしば利用されている。

トマトトーン
販売：住友化学園芸㈱、製造：日産化学工業㈱、商標登録：石原産業㈱。オーキシンの作用を利用した薬剤で、トマト・ナスでは着果・果実の肥大・熟期を促進し、メロン・ズッキーニでは着果を促進する。低温・日照不足などの条件下でも着実に着果させる効果がある

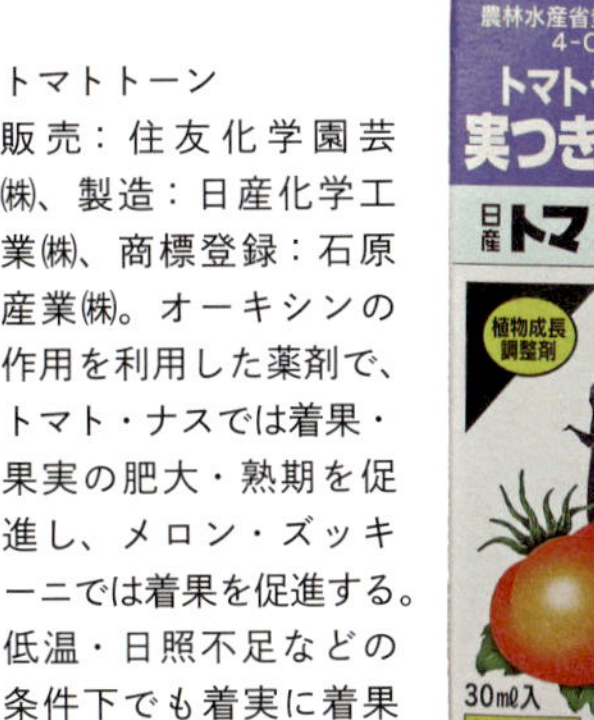

ジベラ
販売：住友化学園芸㈱、製造：住友化学㈱。ジベレリンを主成分とする成長調整剤で、ブドウのタネなし化と果粒の肥大化を促進する。草花の生育・開花を促進したり、野菜の生育を促進する働きもある

column
ツユクサが咲き終えるときの不思議

ツユクサは早朝に花を開き、午後には花を閉じる。閉じ始めた花をルーペで見ると、花びらから青い液がにじみ出ている。ティッシュペーパーなどで軽く触れると、その液がティッシュペーパーにつくほどである。なぜツユクサはこんなことをするのであろうか。ほかの花でもこのようなことは起きているのだろうか。

赤いチューリップから赤い液が出てくるのを見たことはないし、聞いたこともない。理由はまったくわからないが、ツユクサは花を閉じ始めると花びらから青い液がにじみ出てくることは事実である。

小さくて見にくいが、青い液がにじみ出ている

食用部位

果物・果菜・ナッツの食用部位

主な果物・果菜・ナッツについて、われわれが食用としている部位は植物学上何に当たるのかについて、次に記す。なお、果実の種類については「**果実の分類**」(38頁)を参照。

【食用部位が植物学上の果実を主体とする実(ここでいう実は一般用語としての実で、植物学上の果実とは異なる)】

カキ：漿果で、種子のまわりのぬるぬるが内果皮、果肉が中果皮で、外果皮をむいて、または皮ごと食用とする。

カキ

ブドウ：カキと同じく漿果で、通常は外果皮をむいて、品種によっては外果皮ごと、中の果肉(中果皮・内果皮)を食用とする。種子は通常、食べない。なお、タネなしブドウは人為的に**単為結果**(162頁)させたものである。

ブドウ

ブルーベリー：漿果で、外果皮も食用とする。種子は小さいので、一緒に食べることになる。

キウイフルーツ・バナナ：漿果で、外果皮をむいて、果肉を食用とする。なお、バナナは単為結果する品種が栽培されているので、種子はできない。

ピーマン・パプリカ・シシトウ・トマト・ナス：カキとほぼ同じ。種子を除いて調理するものもある。

カボチャ・ズッキーニ・キュウリ・ニガウリ・メロン：うり状果で、外果皮は果托と癒合して硬化し、メロンのように通常、食用としないものもあるが、果菜類の多くは外果皮ごと調理し、果実全体を食用とする。種子は一緒に食べるものと、発達した**胎座**(152頁)ごと取り除くものがある。

ニガウリ

ミカン・グレープフルーツ・キンカン・レモン：みかん状果で、外果皮は油胞細胞を含み、中果皮は海綿状となっていて、キンカンなどを除き通常、食用としない。膜質の内果皮(食用としないことがある)および内果皮に生じた果汁に富んだ**毛**(75頁)を食用とする。種子は食用としない。

レモン

ウメ・モモ・プルーン・アンズ・サクランボ：

核果で、果肉部分は中果皮である。外果皮はむいて食べたり、一緒に食べたりする。内果皮は核となっていて硬く、中にある種子ともども食用にはしない。

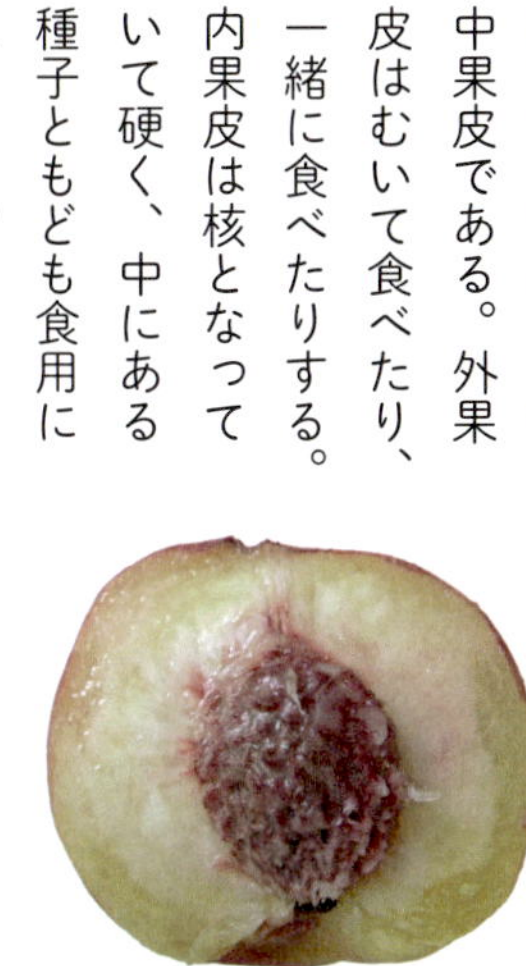
モモ

オクラ：蒴果で、未熟のものを種子ともども果実全体を食用とする。

アケビ：白くて甘い部分は胎座が発達した**仮種皮**（12頁）で、これを食用とする。果皮は調理して食べることもできる。

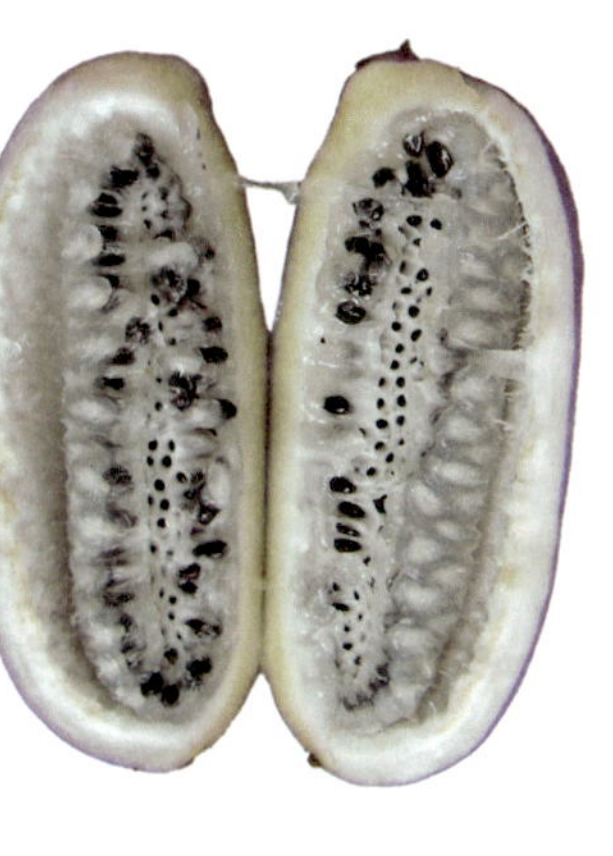
アケビ

インゲンマメ・サヤエンドウ・スナップエンドウ：豆果で、果実に当たる莢と中の種子（豆）を食用とする。

【食用部位が主に植物学上の種子である実】

ソラマメ・アズキ・エダマメ（ダイズ）・エンドウマメ・ラッカセイ：豆果で、果実にあたる莢は除き、中の種子のみを食用とする。ラッカセイは通常、紫茶色の種皮をむいて食べる（種皮ごと食べることもできる）。

エダマメ（ダイズ）

クリ：堅果で、堅い殻（果実）を割り、種皮に当たる渋皮をむいて子葉（＋胚）を食用とする。なお、いがは花枝および総苞が変化したものである。

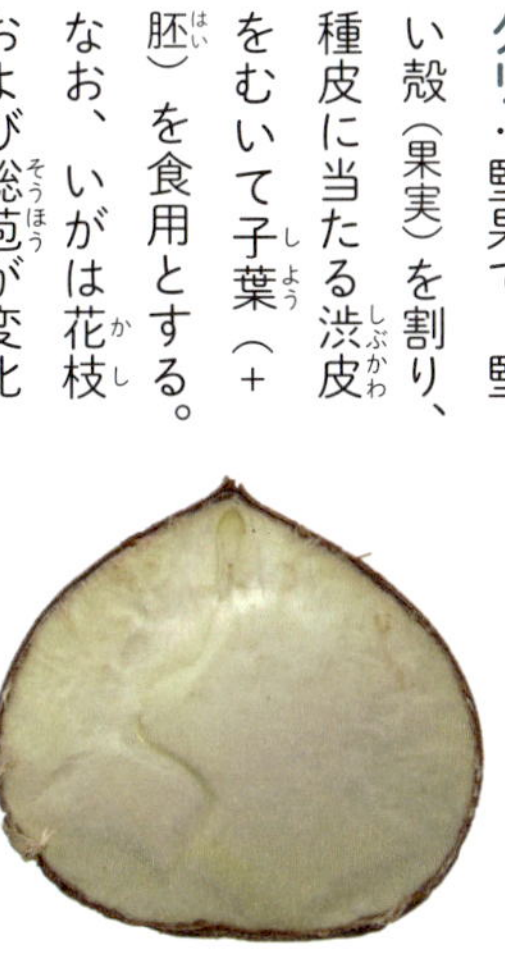
クリ

クルミ：堅果で、硬い果皮を割って、中の種子を食用とする。なお、果皮の外側の部分は肉質化した果托である。

ザクロ：外側の赤くて厚い外皮は果托で、種子のまわりの赤い液質のものは仮種皮で、これを食用とする。

ザクロ

アーモンド：アーモンド（扁桃とか巴旦杏ともいう）という植物の核果の仁すなわち種子をアーモンドというナッツ名で食用としている。

【食用部位が植物学上は単果だが偽果である実】

リンゴ・ナシ・ビワ：なし状果で、花托が肥大してできた偽果が漿果状となったもの。これを食用とし、中にある芯が植物学上の果実で、これは食用としない。

ナシ

【食用部位が植物学上、集合果とされる実】

イチゴ：いちご状果で、花托が肥大してできた偽果が漿果状となったもの。これを食用とし、偽果の上にある種子状の果実（痩果）は小さいので一緒に食べることになる。

イチゴ

キイチゴ：集合核果（きいちご状果）で、若干肥大した果托の上に多数の小さな核果が集合したもの。食用部位は集合核果全体である。

ブラックベリー

【食用部位が植物学上、複合果とされる実】

イチジク：いちじく状果で、果序軸が肥厚したもの。中の粒々がイチジクの果実で痩果である。ただし、イチジクは**単為結果**（162頁）する品種が栽培されているので、痩果はしいなである。

イチジク

パイナップル：くわ状果という複合果で、たくさんの花の子房・萼・花托・苞葉・花序軸などが肥厚してできたものである。これの表面を切り捨てて食用とする。1つ1つの果実は萼などが肥厚して痩果を包んだ形となっていて、当然偽果である。なお、パイナップルは通常、単為結果する品種が栽培されているので、種子はない。

パイナップル

【裸子植物の実】

ギンナン：臭う部分を含めて1つの種子で、種子が核果状となっている（種子果という）。内種皮に当たる殻を割って、胚乳を主体とする種子の一部を取り出して、食用とする。

マツの実：チョウセンゴヨウの種子を松の実といい、食用とする。なお、松ぼっくりは球果というが、植物学上の果実ではない。

イチョウ（ギンナン）

垂直分布

垂直分布とは

山では高度が増すにつれて気温が下がる※ので、同じ地域でも標高に伴って生息生育する生物は異なる。このように高度に伴って変化する生物の分布を垂直分布という。そして、麓から山頂へ上がるにつれて温度が下がることが分布の限定要素となるような生物の分布境界線が現れる。特に、植物など移動できない生物や移動力の弱い生物においてはっきりと現れる。例えば、わが国では森林は標高が高くなるにつれて常緑広葉樹林（照葉樹林）→落葉広葉樹林（夏緑樹林）→常緑針葉樹林へと変わる。

日本の森林の垂直分布

日本は南北に長い国で、同じ標高でも緯度などにより森林の形態は変わる※。言い換えると、山ごとに常緑広葉樹林（照葉樹林）→落葉広葉樹林（夏緑樹林）→常緑針葉樹林へと変わる分布境界線の標高が異なるのである。

わが国においてよく知られる山を独立峰とした形で標高に応じた森林のおおまかな垂直分布を図示すると下図のようになる。

※標高が上がるにつれて、気温は約0・6度下がる。
また、緯度が1度北上すると約1度下がるといわれる。

標高に伴って植生が変わる

森林の垂直分布

『森林インストラクター入門』（全国林業改良普及協会）を参考に作成

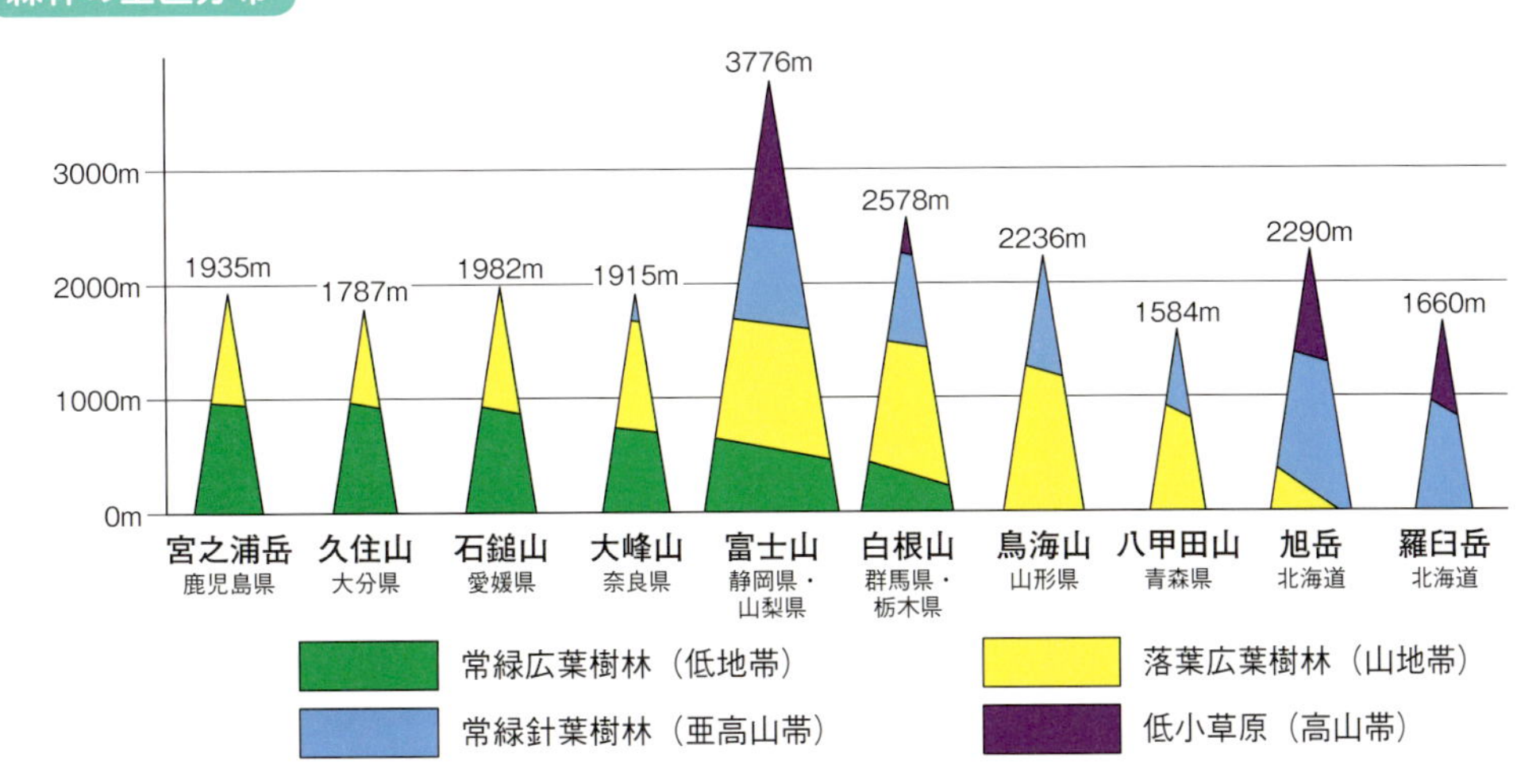

形態
分類
生理
生態
環境
文化

生理的落果(せいりてきらっか)

落果とは

落果とは果実が植物体から離脱することで、通常は完全に熟す前に落ちる場合に落果という。落果は、離脱原因により、

①台風などによる機械的落果
②病気や害虫などによる病虫害落果
③植物自身の生理的な要因による生理的落果

に大別できる。

クヌギの虫害による落果（虫はハイイロチョッキリ）

生理的落果とは

生理的落果とは、生理的な要因で果柄(かへい)の一定の位置に離層(りそう)ができて、果実が離脱することで、時期的には、①受粉(じゅふん)直後、②受粉1～2か月後、③成熟間近に非常に多い。次にそれぞれにつき少し詳しく記す。

受粉直後の生理的落果：受粉できなかった場合や、受粉できても受精(じゅせい)できなかった場合に起こる落果で、飛来昆虫が少なく受粉してもらえなかったり、遺伝的要因や栄養不足などで受精できなかった場合に起こる。この落果は目立たないが、量的にはかなり多い。

サクラの受粉直後の生理的落果

受粉1～2か月後の生理的落果：受精して胚(はい)が発育を始めても、果実が成りすぎて果実間の競合が起こったり、枝の成長との競合が起こったりした場合、また、果実発育期に日照不足になったり、生育不良の枝に成っている場合などでは、栄養分や水分の供給を十分に受けられず、胚の発育が停止し、落果が起こる。この落果が起こるのは受粉1～2か月後のことが多い。多くの樹木が4～5月に花を咲かせるので、その1～2か月後というと6月ごろとなる。すなわち、多くの植物で6月ごろにこの生理的落果が起きる。このため、この時期の生理的落果をジューンドロップ（June drop）という。

カエデのジューンドロップ

成熟間近の生理的落果：実が成熟する少し前に、気温など気象条件や栄養条件によって落果することがあり、種類や品種によっては起こりやすい。例えば、リンゴの一部の品種では収穫1か月前ごろから落果が起こる。特に、収穫前に気温が高い場合や、窒素含量の高い木に著しい。この落果は数量としてはそれほど多いわけではないが、果物生産者にすると大きなダメージとなる。

カキの成熟間近の生理的落果

腺

腺とは

分泌物（蜜・粘液・樹脂・揮発性油など）を一時的に貯留する腔所（腺腔という）を囲んだ分泌性上皮細胞（腺細胞という）の集団（腺体という）を腺といい、通常は排出管を伴う。

腺に関連する植物学用語

次に腺に関連する植物学用語を説明し、その例を示す。

腺体：前述のとおり、腺腔を囲んだ分泌性上皮細胞の集団を腺体という。

花外蜜腺の蜜を飲むアリ
カラスノエンドウの托葉にある
蜜を飲んでいる

蜜腺：虫や鳥に受粉の報酬として与える蜜を出す腺を蜜腺といい、通常は花の内部にある。

花外蜜腺：葉縁・葉柄・托葉など花以外の場所から蜜を出すとき、その蜜腺を花外蜜腺という。働きはよくわかっていない面もあるが、アリに蜜を与えるかわりに、その植物に対し害を及ぼす虫をアリに追い払ってもらっているといわれる。

葉縁に花外蜜腺がある植物：アカメガシワ・イヌザクラ・ウワミズザクラ・エドヒガン※・ソメイヨシノ※・ニワウルシ・マメザクラ（※の植物では、葉柄に花外蜜腺があることもある）。

葉柄に花外蜜腺がある植物：イイギリ・オオシマザクラ・シラキ・ナンキンハゼ・バクチノキ・ヤマザクラ。

托葉に花外蜜腺がある植物：カラスノエンドウ・ソラマメ。

アカメガシワ
葉縁に花外蜜腺がある。
似ている葉を持つイイギリは
葉柄に2対あるので、
見分けるときにも使える

ニワウルシ
小葉の最下部に小さな鋸歯が
1～2対あり、鋸歯の先に
蜜腺がある

オオシマザクラ
サクラの仲間は、葉柄にある
のもあれば、葉縁にあるのもあり、
その両方のどちらかにある
のもある

カラスノエンドウ
托葉に花外蜜腺があり、
春に大きなアリが蜜を
飲みによく来る

腺

さ

腺点（せんてん）：植物体の表面にあるか、くぼんで半分埋まった状態、または、完全に埋まった状態で、分泌物を分泌したり、溜（た）めたりする組織を腺点という。

腺点がある植物：シソ科の多く・タニソバ・トキリマメ・ノアズキ・ヒヨドリバナ・ヤナギタデ。

トキリマメ
葉の裏に黄色い小さな球状のものが腺点で、光をうまく当てるとよく見える

油点（ゆてん）（油嚢（ゆのう））：腺点のうち、植物体内に完全に埋まった状態で溜めている組織をほかの腺点と区別して油点という。

油点がある植物：オトギリソウ科・カタバミ属・トベラ属・ミカン科の多く（サンショウ・ミヤマシキミ・マツカゼソウなど）。

オトギリソウ
オトギリソウの場合は、黒い油点があり、葉裏を透かして見るとよく見える

腺毛（せんもう）：植物体の表面に生える毛の先が丸く膨らんで分泌物を分泌したり、溜めている場合、この毛を腺毛という。

腺毛がある植物：ウシハコベ・エビガライチゴ・オオバライチゴ・オオヤマハコベ・オランダミミナグサ・コジキイチゴ・ツメクサ・ハキダメギク・マツバニンジン・ミミナグサ・メナモミ・モウセンゴケ。

メナモミ

アフリカナガバノモウセンゴケ

花盤（かばん）：花托（かたく）の一部が肥大して、雌（め）しべや雄（お）しべの下部を包み込むようになり、その部分が蜜を出す場合、それを花盤という。

花盤がある植物：アブラナ科の多く・ツリガネニンジン・マルバウツギ・ヤブガラシ。

マルバウツギ
雄しべの基部にある黄橙色の部分が花盤である

ヤブガラシ
橙桃色の部分が花盤で、蜜が光って見える

潜在自然植生(せんざいしぜんしょくせい)

潜在自然植生とは

ある土地の代償植生を持続させている人為的干渉がまったく停止されたとき、今その立場が支えることのできると推定される自然植生を潜在自然植生という。わかりやすくいえば、ある場所において今後、人が自然に対し一切干渉しないものとして、現在の気候の下、時だけが流れ、数十年~数百年後にその場所につくられる自然植生のことであり、これはわれわれ人間が自然を破壊する前の原植生(げんしょくせい)とほぼ同じものと考えられる。ただし、人が極端に改変した場所においては、時間が経過しても元の植生に戻るものではない。

日本の潜在自然植生

わが国のおおまかな潜在自然植生は下図のとおりである。

日本の潜在自然植生

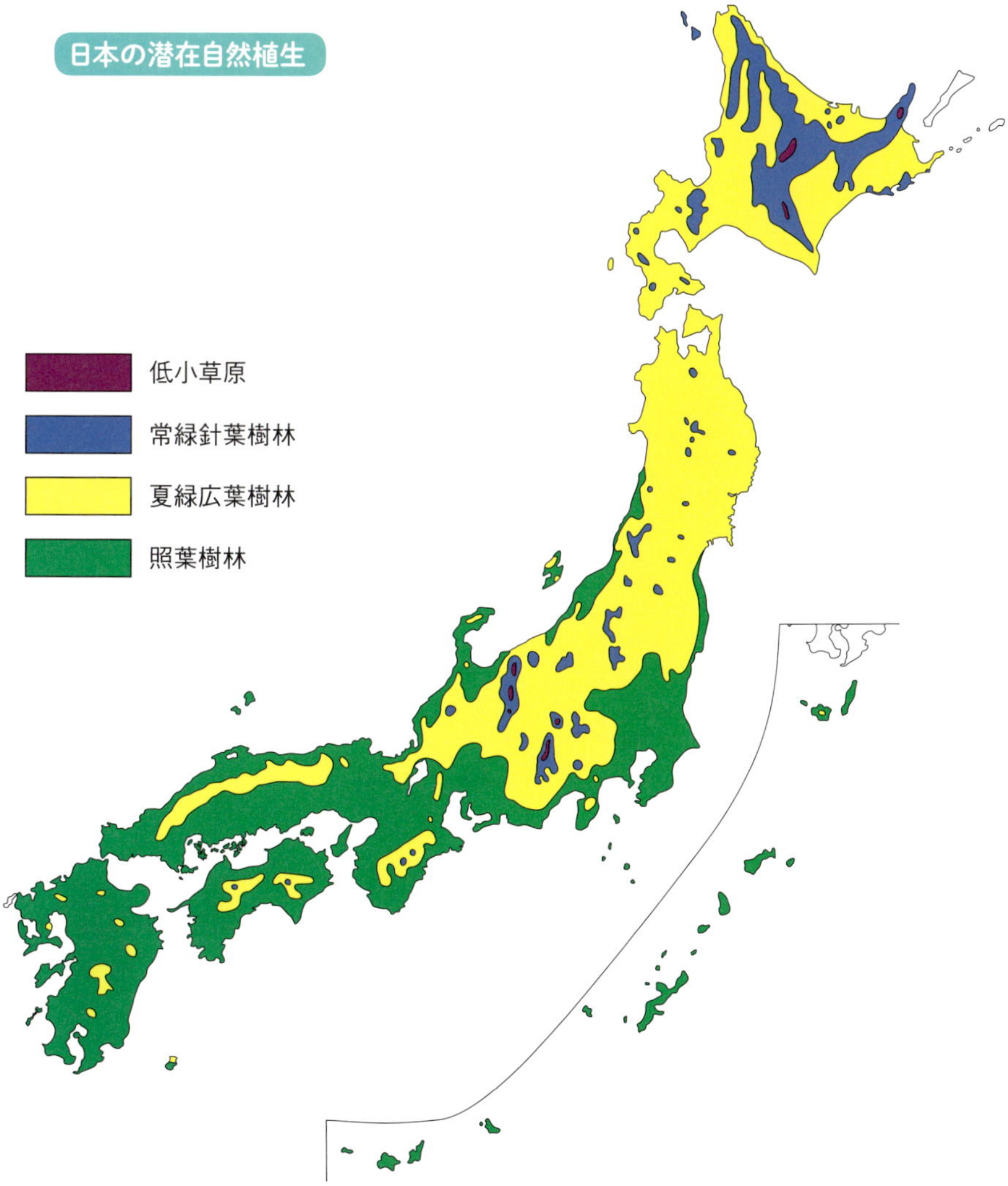

低小草原
常緑針葉樹林
夏緑広葉樹林
照葉樹林

『日本の植生図鑑①森林』(保育社)を参考に作成

雑木林（ぞうきばやし）

雑木林とは

都市ガス・灯油・プロパンガスなどを利用するようになる前は、われわれは熱エネルギー源として主に薪や炭を利用してきたが、その薪炭を採る目的で人が管理してきた林が雑木林である。関東地方において薪や炭の材料として適する樹種はコナラ・クヌギなどで、これらの樹種は伐採しても萌芽しやすく、10～20年ごとに伐採し、薪炭を生産してきた。これらの木々を育てるために、もやわけ・つる切り・下刈りなどの管理がなされ、不要となった下枝や幼樹および丈の高い草やササなどはたきぎなどに利用し、その灰は田畑の肥料にされ、落ち葉は腐葉などにして肥料や土壌改良材として利用してきたのである。このように雑木林はかつては人の生活に欠かせない場所であったが、人によって管理がなされてはじめて維持される場所でもある。

雑木林の生態的特徴

関東地方における雑木林の主な構成樹種であるコナラやクヌギなどはいずれも落葉樹で、晩秋から早春までは落葉しているので明るく、カタクリのような春植物が生育する。また、春から秋の間は木々の葉が茂り、林床は暗いとはいえ、ササなどは管理で刈り取られ、フタリシズカのような半陰生の草花が生えるには十分な明るさがあり、雑木林の林床は植物の面では非常に多様性に富んだ場所といえる。

雑木林の林床の植物

雑木林の林床に生える植物は大半が多年草で、光および温度との関係で大きく3つのタイプに分けられる。

「カタクリ」タイプ：明るくて寒さもおさまった早春のごく短い時期だけ地上に顔を出し、開花・結実し、さらに次のシーズンに備えて栄養分を蓄え、木々が葉を展開して林床が暗くなる前に地上部を枯らす植物（春植物という）。

（例）アズマイチゲ・アマナ・イチリンソウ・カタクリ・キクザキイチゲ・ニリンソウ。

「フタリシズカ」タイプ：林床が暗い時期にも生活し、少しくらい暗くてもよいからじっくり**光合成**（81頁）を行う植物だが、それは春から秋にかけてのみで、冬は地上部を枯らす植物（落葉性多年草という）。

（例）アキノタムラソウ・キンラン・ギンラン・シュロソウ・ヒトリシズカ・フタリシズカ・ヤブレガサ・リンドウ。

「ジャノヒゲ」タイプ：一年中地上部を枯らすことなく、ある程度の寒さも暗さも我慢して、じっくり光合成を行う植物（常緑性多年草という）。

（例）エビネ・ジャノヒゲ・シュンラン・ヤブラン。

雑木林が抱えている課題

薪炭が使用されなくなるなど、雑木林の生産面での価値がほとんどなくなった現在、管理がなされず、放置されている雑木林が多くなっている。このままの状態が続くと、関東地方以南ではカシやシイなどが主体の常緑広葉樹林へと遷移していく。今後とも雑木林の機能を維持するためには相応の管理が必要であり、それにかかる手間と費用が大きいことが、雑木林が抱えている1番の課題といえる。

雑木林は管理されなくなると、暖温帯域では耐陰性のある常緑樹が生えてきて、やがて常緑広葉樹林へと遷移していく

春、雑木林の林床には光が差し込み明るく、春植物が生育する。雑木林は多様性豊かな林である

4月上旬はまだ木々が葉を展開していないので光が十分差し込むが（右）、5月上旬になると葉が展開し、林床は暗くなる（左）

column

クサギは光を求めて、こんなことをする！

クサギは、光が当たる場所ができるといち早く入り込んで生えるパイオニア植物の1つだ。せっかく光が当たるところに生えたのだから、効率よく光を浴びるようにする必要がある。

クサギの葉序は十字対生で、上向きの枝は葉が枝につく角度を節ごと90度変えて、上から見ると文字どおり十字に対生する。横向きの枝を見ると、どうなっているか。横向きの枝では、枝に対し左右に出る2枚の葉はほぼ同形・同大だ。この2枚の葉への日の当たり具合はほぼ同じだからである。ところが、次の節に出る葉、実質的には枝の先側に出る葉と幹側に出る葉では大きさが極端に異なる。先側に出る葉は葉柄を長く伸ばし、葉身を大きくして、光を十分に浴びようとしている。一方、幹側に出る葉は早いうちに日当たりが悪くなりやすいし、下にある葉の日陰になるので、極端に小さくしている。クサギはこうして効率よく光を受けるようにしているのである。

クサギの横向きの枝。枝に対し左右（写真では上下）に出ている2枚の葉はほぼ同形同大だが、次の節から出ている2枚の葉（写真では、枝の先側に伸びだしている右の葉と幹側に出ている左の葉）は大きさが極端に異なっているのがわかる

草原

草原とは

高木や中木が生育しないかごく少なく、草本植物やササ類が優占する群落を草原という。

日本の草原

日本は雨が多く、通常は森林ができるため、わが国では草原は自然にはあまり発達せず、大規模な草原は人為的につくられたものが多い。草原を管理の面から分類すると、自然草原と人為草原に分けることができる。次に、この2つの特徴を記す。

自然草原：自然草原とは、まったくないしほとんど人の手が入らない草原のことで、日本の自然草原の場合、樹木が生育できないような何らかの特殊条件のところに成立する。特殊条件としては、湿地・石灰岩地・強風・潮風・寒冷・多雪などがある。

人為草原：人為草原は、かつて森林であったところに人によってつくり出された草原のことである。例えば、採草などのために森林を伐採してつくられた草原があるが、草原の状態を保つには管理が必要である。管理されずに放置されると、やがて森林へと移行していく。わが国の人為草原には火入れや放牧などが行われて維持されている草原（半自然草原という）と、播種や施肥など、徹底した管理を行うことにより人が育てている草原（人工草原という）とがある。前者の例として、かつて萱場として利用されたススキ草原があり、後者の例としてゴルフ場の**芝草**（100頁）の草原や、栄養価の高い牧草を栽培して多くの牛馬を放牧する耕作牧野などがある。

ススキ草原

日本の草原でもっとも広い面積を占めるのはススキ草原で、ススキ草原は強い風が当たるような場所に自然草原として存在するが、多くは森林の伐採などのあとにつくられた人為草原である。

ススキは牛馬の飼料に適しており、また、畜舎の敷きわらとして使用され、さらに、それが堆肥として利用されてきた。そのほか、萱葺き屋根や炭俵の材料にもなり、かつての農耕生活になくてはならないもので、そのため萱場として維持されてきたのである。

こうしたススキ草原は管理せずに放置しておくと、早いうちに森林へと移行する。これを防ぐために通常、4～5月に火入れをしたり、刈り取りを行っている。ススキ草原の刈り取りが多くなるとススキの再生力が落ち、さらに強度の刈り取り・密度の高い放牧・強度の踏みつけが行われるとやがてシバ草原へと移行していく。

ススキ草原。キキョウ・ユウスゲ・オオバギボウシをはじめ、オミナエシ・ハナイカリ・マツムシソウ・ムラサキ・ヤマラッキョウなど、草原を飾るいろいろな花が見られる

自然草原の例

常に強風が吹くためにできた自然草原（静岡県）

常時湿り気があるためにできた自然草原（湿原）（群馬県）

常に潮風が吹くためにできた自然草原（北海道）

寒さなどによりできた自然草原（長野県）

人為草原の例

火入れにより保たれている人為草原（山梨県）

放牧により保たれている人為草原（北海道）

草本植物の分類

野生草本植物の分類

日本に自生する草本植物は、しばしばその植物の生活型で、一年草・二年草・多年草に分類される。一年草は発芽から開花・結実して枯死するまでが1年以内の草本植物で、二年草はそれが通常1年以上2年以内のものを、多年草は開花・結実するまでの期間に関係なく複数年生存する草をいう。多年草のなかには発芽後1年以内に開花する種類もあるし、発芽後開花までに何年もかかる種類もあり、発芽してから開花までの期間は多年草であることの条件とはならない。なお、一度開花すれば多くの多年草では通常、毎年開花するが、栄養状態などにより開花しないものもある。また、種類によっては発芽後、相当年数かけて開花し、開花した年に必ず植物体全体が枯死するものもある。これを一稔草とか一稔多年草という。シラネセンキュウなどセリ科の植物に多い。

一年草は春ごろに発芽して夏〜秋に開花・結実し、冬になると枯れてしまう夏型一年草（かつてはこれを一年草といった）と、秋ごろに発芽して春に開花・結実し、夏になると枯れてしまう冬型一年草（かつてはこれを二年草といった）とに分けることができる。後者をしばしば越年草というが、この場合、前者の夏型一年草はかつての名残でただ単に一年草という。なお、ハコベやナズナなどのように発芽時期により夏型一年草となったり、冬型一年草となったりする植物もある（かつてはこれを一二年草といったようである）。

二年草は定義の上では発芽から開花・結実して枯死するまでが1年以上2年以内の草本植物であるが、環境条件や生育状態などにより開花・結実が2年目以後になる場合もある。そのような二年草は本来の二年草（真正二年草という）に対して可変性二年草という。なお、前述のとおりかつては冬型一年草（越年草）を二年草といっていたので、訂正されずに未だにそのまま使われていることも多く、二年草はしばしば混乱して使われているということを知っておく必要がある。

多年草は一年中緑を保っている常緑性多年草と、その植物にとって生活しにくい時期は地上部を枯らして地下部だけで生活する落葉性多年草とに分けられる。なお、落葉性多年草における生活しにくい要素として次のようなことが考えられる。

①冬の寒さ（冬期地上部が枯死する多年草の場合）
②夏の日照不足（冬緑性の多年草の場合）
③冬の寒さと夏の日照不足（春植物の場合）
④夏の乾燥（スイセンなど地中海性気候の地域を原産地とする秋植え球根植物の場合）

園芸草花の分類

園芸草花の分類は前述の分類とは異なり、これに栽培体系や販売形態などが加味されて分類されている。これを簡単に示すと、春播き一年草・秋播き一年草・春植え球根植物・秋植え球根植物・宿根草（落葉性多年草）・常緑性多年草に分ける。二年草はもともと種類が少ないうえ、タネで販売せず、ポット苗か花つきの鉢物で流通しており、園芸では通常二年草という分類群は使わない。ただ、施設内や室内で適切に管理すれば多年草といえる植物でも、露地に出せば枯死してしまうようなものもあり、これらは多肉植物とか洋ラン類といった具合に別に扱うことが多いが、これらも一応は多年草とされる。

夏型一年草（イヌタデ）

冬型一年草（コケリンドウ）

二年草（マツムシソウ）

常緑性多年草（ヤブラン）

一稔多年草（シラネセンキュウ）

落葉性多年草（ススキ）

胎座

胎座とは

被子植物の子房内で胚珠が子房壁につく部分を胎座という。胎座はごく一部の例外を除き心皮の縁にできる。子房は心皮1枚ないし複数枚で形成されており、通常心皮の縁どうしが互いに内側に折り込まれて癒合し、胎座部分は肥厚する。なお、癒合部分がつくる線を縫合線という。また、胎座の心皮へのつき方を胎座型というが、単に胎座ともいう。

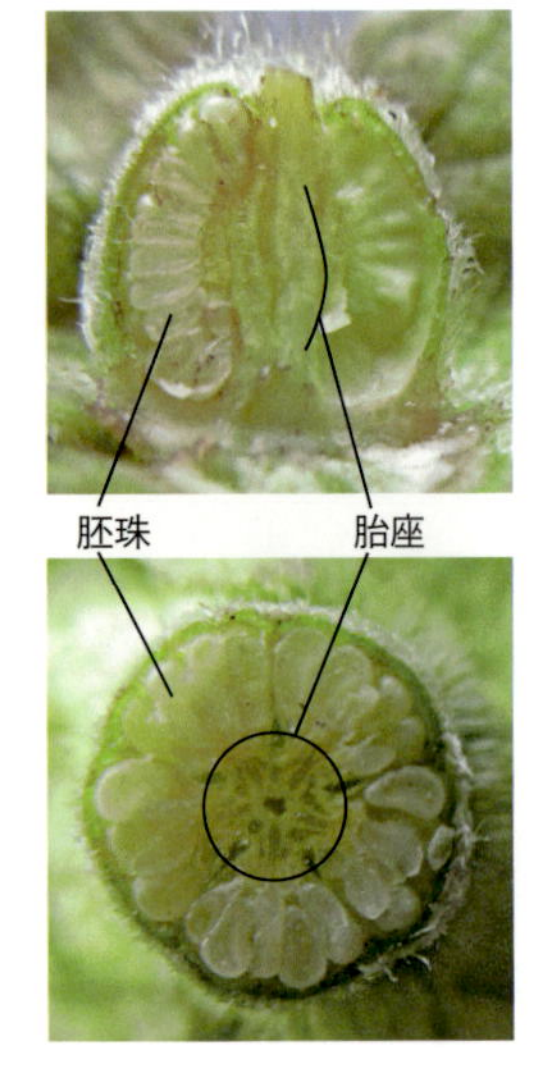

胎座（胎座型）の種類

胎座の種類として次のようなものが知られる。

なお、説明文中の単一子房とは1心皮からなる子房で、複合子房とは複数の心皮が複合してできている子房をいう。

縁辺胎座：胚珠が単一子房の心皮の縁に2列に並ぶ胎座。子房室は1室。例：オダマキ属・サラシナショウマ属・トリカブト属・マメ科・メギ属・レンゲショウマ属。

側膜胎座：胚珠が複合子房の心皮の縁につく胎座。子房室は原則として分かれておらず、1室である（アブラナ科は隔壁により2室となっている）。

(例) アブラナ科・イグサ科・スミレ科・チャルメルソウ属・ネコノメソウ属・ミツガシワ属・モウセンゴケ属・ヤナギ科・ラン科・リンドウ科。

中軸胎座：胚珠が複合子房の心皮の縁が内側に巻き込んでつくる中軸につく胎座。子房室は放射状にいくつかに分かれる。

(例) アカバナ科・アヤメ科・ウマノスズクサ科・オトギリソウ科・カタバミ科・キキョウ科・キジカクシ科・ゴマノハグサ科・シオデ科・シュロソウ科・タヌキモ科・チダケサシ属・ツツジ科・ツリフネソウ科・ヒガンバナ科・フウロソウ科・ヤグルマソウ属・ユキノシタ属・ユリ科。

特立中央胎座（独立中央胎座）：胚珠は中軸につくが、子房室を隔てる心皮の隔壁部分がなくなり、中軸が中央に立ち上がっている胎座。

(例) サクラソウ科・ナデシコ科。

基底胎座：1～少数個の胚珠が子房の基底部につく胎座。

(単一子房の例) オランダイチゴ属・キイチゴ属・キジムシロ属・キンポウゲ属・サクラ属・チョウノスケソウ属・チングルマ属・バラ属。

(複合子房の例) イラクサ科・カヤツリグサ科・キク科・コショウ科・タデ科・ホシクサ科・ミクリ科。

頂生胎座（懸垂胎座）：1～少数個の胚珠が子房室の頂上部に懸垂した形でつく胎座。

(単一子房の例) イチリンソウ属・カラマツソウ属・センニンソウ属。

(複合子房の例) アオキ科・ウコギ科・サトイモ科・スイカズラ科・セリ科・ハナイカダ科・ミズキ科。

面生胎座：胚珠が心皮の縁にできず、心皮内面全体に散在する、例外的な胎座。原始的で、単一子房に限られる。

(例) アケビ科・スイレン科・トチカガミ科・マツモ科。

側膜胎座

パンジー。横断面で見ると、3枚の心皮が癒合していることがよくわかる

縁辺胎座

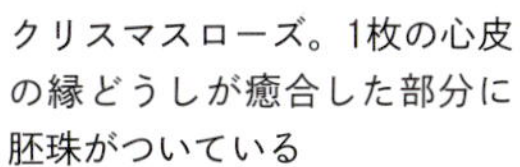

クリスマスローズ。1枚の心皮の縁どうしが癒合した部分に胚珠がついている

特立中央胎座

カワラナデシコ。中軸胎座同様中軸に胚珠がつくが、隔壁がない

中軸胎座

フヨウ。中心に中軸があり、それに胚珠がつく。横断面で5室あることがわかる

頂生胎座

ヤツデ。縦断面で見ると、胚珠が子房の頂上部から懸垂しているのがわかる

基底胎座

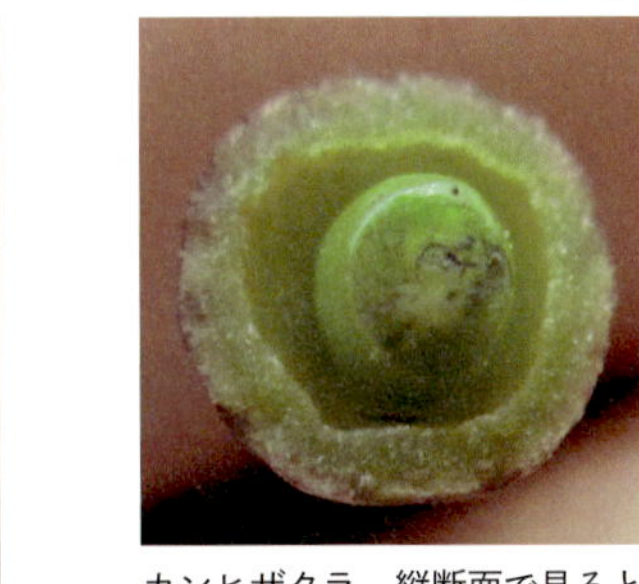

カンヒザクラ。縦断面で見ると、胚珠が子房の基底部についているのがわかる

特殊な胎座

ザクロ。下側は円錐状に中軸胎座で、その上側は側膜胎座。雌しべの子房は小さく、わかりにくいので、実を使って調査した

面生胎座

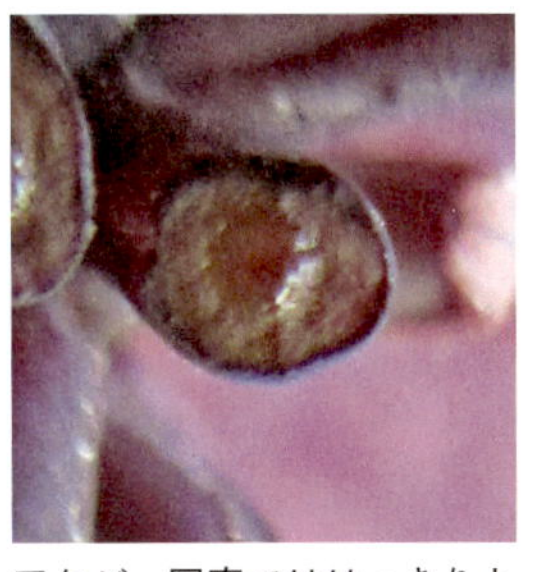

アケビ。写真でははっきりとしないが、胚珠が心皮内面全体に散在する

第三紀要素の植物

第三紀要素の植物とは

白亜紀末に小惑星が地球に衝突し、その粉塵が地球の上空を覆い、太陽の光が届きにくくなり、多くの植物たちは光合成ができなくなった。そして、寒冷化と相まって多くの生物が絶滅した。

第三紀※（6550万年前〜260万年前）になると、地球は温暖になり、多くの生物が生活するようになるが、植物では特に周北極地域に広く分布していた。この頃はまだユーラシア大陸と北米大陸は陸続きであった。

第三紀中新世（2400万年前ころに始まる）に地球は寒冷化・乾燥化し、そのためこれまで周北極地域に生活していた植物たちは南下した。この際、乾燥の激しいアジア大陸中央部や北米大陸中央部には入り込めず、東アジア・ヨーロッパ（特にカフカス地方）・北米東部と西部に生活の場を移した。また、この時期に生まれ、これらの地域で生活圏を広げた植物も多くあった。

第四紀（260万年前ころに始まる）になって、氷河や乾燥のため多くが滅んでいくなか、一部が生き残った。東アジアは氷河の影響は少ないうえ、降水も十分にあり、多くの植物が生き残るが、ヨーロッパと北米東部では氷河の影響を、北米西部では地域によって乾燥の影響を強く受けた。それでも一部が生き残り、そのため、現在東アジア・ヨーロッパ・北米（東部と西部）の2〜3つの地域に同属の植物が遺存的に隔離分布しているのである。これらの植物を第三紀要素の植物という。東アジア1か所に残ったものが固有種とか準固有種として日本に分布する種もある。

なお、第三紀要素の植物の中で、中新世に生まれ生活圏を広げた植物ではなく、中新世以前に周北極地域に分布していた種類が中新世になって南下した植物たちを、第三紀周北極要素の植物というが、ここでは一緒にして第三紀要素の植物とした。

※第三紀は、最近では古第三紀と新第三紀（中新世以降）とに分けるが、第三紀要素の説明なので、あえて分けずに第三紀を使用した。

第三紀要素の例

次に第三紀要素の例を隔離分布地域ごとに分けて示す。

東アジア・ヨーロッパ・北米の3地域に分布する第三紀要素の植物：カエデ属・クリ属・クルミ属・コナラ亜属・ブナ属。

ナラガシワ
日本（本州・四国・九州）以外に、中国・台湾・東南アジアに自生する

レッドオーク
北アメリカに自生し、材に赤みがあるのでこの名前がある

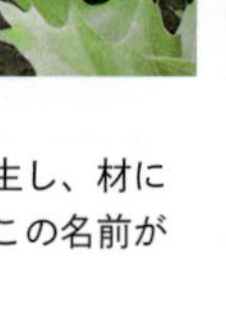

イギリスナラ
ヨーロッパ〜小アジア〜北アフリカに自生する

東アジアとヨーロッパに分布する第三紀要素の植物：イカリソウ属・サワグルミ属・セツブンソウ属・ツリガネニンジン属・ハシドイ属・フクジュソウ属・レンギョウ属。

ムラサキハシドイ
ヨーロッパ南部原産。ライラック・リラとも呼ばれる

ハシドイ
九州以北の日本と朝鮮半島・中国東部・南千島に分布する

コーカサスサワグルミ
イラン北部〜ウクライナに自生する

サワグルミ
北海道・本州・四国・九州のほか、中国山東省にも分布する

東アジアと北米に分布する第三紀要素の植物：イワナンテン属・カヤ属・ツガ属・ツクバネ属・ナツツバキ属・ハエドクソウ属・ハギ属・フジ属・フッキソウ属・ホドイモ属・マコモ属・マンサク属・ミツバ属・モクレン属・ヤブニンジン属・ヨウラクツツジ属・リョウブ属・ルイヨウボタン属。

アメリカホドイモ
球根はアピオスという名前で野菜として売られている

ホドイモ
マメ科なのに蝶形花らしくない花形が特徴

タイサンボク
北アメリカ南東部のミシシッピ州に多い。常緑

コブシ
日本以外に韓国の済州島にも分布する

東アジアのみに分布する第三紀要素の植物：カツラ属・フサザクラ属・ケヤキ属・メタセコイア。

メタセコイア
化石で知られていたが、1945年に中国で現存が確認された

ケヤキ
本州・四国・九州に自生するが、東アジアの一部にも分布する

フサザクラ
日本固有種。本州〜九州に自生する

カツラ
日本固有種。白亜紀の化石が発見されている

竹垣（たけがき）

垣とは、竹垣とは

垣とは「限り」が語源といわれ、庭を限定するための囲いである。材料として使われるものに竹・板・植物などがあり、竹を使ったものが竹垣である。竹垣は垣の中ではもっとも一般的であり、日本庭園の大切な要素の一つである。竹垣には背後の景を見せる透かし垣と目隠しとしての遮蔽垣（しゃへいがき）とがある。

竹垣の種類

現在でも昔ながらの形で受け継がれており、一部を写真で示す。

ななこ垣

四つ目垣

矢来垣

龍安寺垣

光悦寺垣

二尊院垣

金閣寺垣

建仁寺垣

銀閣寺垣

南禅寺垣

大津垣

鉄砲垣

沼津垣

御簾垣

黒穂垣

木賊垣

竹穂垣

タネ・種子

種子とは

種子とは植物学上雌しべの中の胚珠が受精後（単為生殖の場合、胚珠は受精することなく発達する）発達したものである。

タネ（種）とは

「タネを播く」というときなどで使われる一般用語としての「種（タネ）」は前述の「種子」とは異なる。「種」という漢字は植物関係の文章ではいろいろに用いられ、まぎらわしいので、ここではすべて「タネ」と片仮名で表記する。

例えば、サクラの場合、タネは硬い殻の部分である。この殻を割ると中に種子が入っている。サクラのタネを播く場合、この殻ごと播く。この殻は植物学上は内果皮で、果実の一部である。

サクラ

殻を割って、種子を取り出して播くと種子は腐ってしまって発芽しない。我々は種子という単位で播くことはしない。

また、イチゴの場合、実の上についている粒々は植物学上の果実（痩果）で、タネを播く場合、この粒々（果実）をそのまま播く。薄い果実と密着して種子があるのだが、タネを播く折、中にある種子を取り出して播くことはない。

なお、食用にする赤い部分は果托（花托が発達したもの）である。

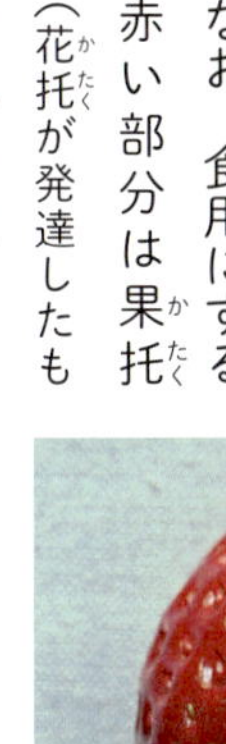

イチゴ

もう1つ例を示すと、イチョウの場合、裸子植物であるので、子房がないため植物学上の**果実**（36頁）はできない。外側の匂いのする肉質の部分（外種皮）を含めて種子である。イチョウのタネを播く場合、この部分を除いて播く。すなわち、タネを播く場合、種子の一部を播いていることになる。

タネをわかりやすく定義することは難しいが、タネとは次のようなものである。タネは種子植物における一生で1番初めのステージで、通常、胚（幼植物）と当分の間の栄養分と保護器官がセット（タネに散布器官がセットされることも多い）になったものである。そして、タネは植物の一生のうち唯一移動できる時期である。そのため、タネには通常移動するための仕組みがある。

タネは移動（散布）後、いずれ地面に着く必要がある。重要なことは、この際、植物の側に立ってみると、通常、種子という単位（姿）ではなく、タネという単位（姿）で地面に到達することが必要なのである。

タネの散布を学ぶ際は、一般用語としての「タネ」と植物学用語の「種子」とは同じではないということ、および、植物は「種子」という単位（姿）ではなく、「タネ」という単位（姿）で散布しているということを銘記する必要がある。

イチョウ

タネ散布

タネ散布とは

植物（本文中の植物はすべて種子植物）は動物と異なりふだん動けないが、一生に一度、**タネ**（157頁）のときだけ動くことができる。タネが動いて、生活圏を広げることをタネ散布という。

タネ散布法の分類

タネを散布する方法を分類すると、自然界にある動くものを利用している場合と、そうでない場合がある。自然界で動くものとは、①空気の動きである風や気流、②水の動きである水流や降水、それに、③動物である。一方、自然界の動くものを頼らない場合には、④自分の機能で動く場合と、⑤ただ重力に従ってタネを落としているだけの場合、および、⑥地下にタネを実らせ、一切動こうとしていない場合がある。

前述の①で散布することを一般に風散布といい、以下、②を水散布、③を動物散布、④を自発散布、⑤を重力散布、⑥を非散布という。

次にこれら6つの散布法それぞれを細分して、その例を挙げる。

風や気流を利用して散布する「風散布」

風や気流は地球上のどこにでもあるので、多くの植物が風や気流を利用している。これを利用する場合、タネに綿毛や翼をつけるか、タネを微細にしている場合が多いが、そのほか変わった方法で散布する種類もある。

a. 綿毛のある植物

種皮の一部または**胎座**（152頁）が変化して、綿毛（種髪という）となっている植物（種髪を持つ植物のタネはすべて莢の中に入っている）。

(例) テイカカズラ・ガガイモ・ヤマナラシ。

残存した花柱に綿毛が生えている植物。

(例) センニンソウ・オキナグサ。

萼が綿毛に変化（冠毛という）している植物。

(例) タンポポ・アザミ・ブタナ・カノコソウ。

そのほか（ガマでは花柄基部にある毛、ススキでは小穂基部にある毛、スズカケノキでは痩果基部の毛、ケムリノキでは花後、花柄が伸び出しそれに生える短毛、ワタスゲでは糸状の花被片が花後、伸びたものである）。

センボンヤリ

テイカカズラ

ワタスゲ

オキナグサ

b. 翼のある植物

種子の一部を翼（種翼という）にしている植物（種翼を持つ植物のタネはすべて莢の中に入っている）。

(例) ヤマノイモ・キリ。

果実を翼（果翼という）にしている植物。

(例) アオダモ・アオギリ・カエデ。

萼を翼にしている植物。

(例) イタドリ・ツクバネウツギ。

苞や総苞を翼にしている植物。

(例) ツクバネ・イヌシデ・ボダイジュ。

オニドコロ

イタドリ

イロハモミジ

ボダイジュ

c. 微細なタネの植物

（例）シラン・エビネ・タコノアシ・ナンバンギセル。

d. 葉を翼代わりにして、小枝ごと回転しながら飛ぶ植物

（例）ケヤキ。

e. 風で転がりながら散布する植物

（例）フウセンカズラ・モクゲンジ。

f. 裂開しない豆果で風を受け散布する植物

（例）ネムノキ・ハギ・ハリエンジュ・フジキ。

ケヤキ

フウセンカズラ

水流や降水を利用する「水散布」

水流を利用する場合、海流・河川流・雨水流の3つに分けるとわかりやすい。雨水流を利用する場合は降雨を待って、その水で莢から出、さらに雨水流で移動するものがある一方、比較的小さなタネなどは二次的にではあるが雨水流でよく移動する。水流とは別に、雨の降る勢いを利用する植物もある。

a. 海流を利用する植物。

（例）ココヤシ・アダン・ハマオモト。

b. 河川流を利用する植物。

（例）オニグルミ。

c. 雨水流を利用する植物。

（例）ネコノメソウ・ユウゲショウ。

d. 雨の降る勢いを利用する植物。

（例）タツナミソウ（萼の皿状の付属物に雨が当たると、タネが飛び出す仕掛けになっている）。

オカタツナミソウ

動物を利用する「動物散布」

動物を利用する場合、散布法には動物の食料として食べてもらうことにより運んでもらうタイプ（被食散布という）と、動物にくっついて運んでもらうタイプ（付着散布という）がある。

動物の食料として食べてもらうことにより運んでもらう被食散布

a. 鳥に食べてもらって散布する植物（タネは消化されずに、糞やペリットとして排出され、その間、鳥が移動した分、タネも移動）。

（例）サクラ・ゴンズイ・ミズキ。

サクラ

ヨウシュヤマゴボウ

ゴンズイ

クサギ

b. **獣に食べてもらって散布する植物。**

（例）カキ。

c. **一部の獣や鳥※1が食料を貯蔵する習性を利用して散布する（貯食散布※2）植物。**

（例）コナラ・クヌギ。

※1：貯食する動物として、リス・ネズミ、鳥ではカケス・ホシガラス・ヤマガラなどが知られる。

※2：貯食散布は本来被食散布ではないが、ここでは広義に捉えて被食散布の中に入れてある。

イイギリの実を食べるヒヨドリ（三藤浩：撮影）

ハゼノキの実を食べるアオゲラ（三藤浩：撮影）

ネズミモチの実を食べるウソ（三藤浩：撮影）

どんぐりを貯蔵するカケス（三藤浩：撮影）

d. **アリの餌（エライオソームという）をつけて、アリに運んでもらう（アリ散布）植物。**（例）タケニグサ・カタクリ・スミレ。

アリがカタクリのタネを運んでいる

タケニグサ

e. **ゴキブリに果実を食べさせ、タネを運んでもらう植物。**

（例）ギンリョウソウ（ゴキブリの種類はモリチャバネゴキブリ）。

動物に付着して運んでもらう付着散布

a. **鉤状のもので動物に付着する植物**

雌しべの一部が鉤状となっている植物。（例）ミズヒキ・ダイコンソウ。

果実に鉤状のものがある植物。

（例）ヌスビトハギ・オニルリソウ・ヤブジラミ。

ミズヒキ

ヌスビトハギ

萼や副萼に鉤状のものがある植物。

（例）ハエドクソウ・キンミズヒキ・センタングサ。

苞や総苞に鉤状のものがある植物。

（例）イノコズチ・オナモミ。

ヒナタイノコズチ

アメリカセンダングサ

オオオナモミ

b. **粘着物質で動物に付着する植物。**

（例）メナモミ・ノブキ・ヤブタバコ・チヂミザサ・オオバコ。

ノブキ

オオバコ（左：乾燥しているタネ、右：濡れてゼリー状物質を出したタネ）

自分の機能で散布する「自発散布」

自然界にある動くものを利用するのではなく、自ら積極的にタネを動かそうと、その機能を備えた植物がある。これには2つのタイプがある。1つは、マメ科植物の多くやツリフネソウなどのようにタネを弾き飛ばす器官を備えている植物。それと、わが国には自生しないが、風がほとんどない熱帯雨林などの中でタネが自分で移動しようと、大きくて非常に軽い翼をつけて、滑空できるようになっている植物である。

a. **タネを弾き飛ばす機能を備えている植物。**
(例) フジ・ゲンノショウコ・スミレ・ツリフネソウ・テッポウウリ・コクサギ。

ゲンノショウコ

スミレ

キツリフネ

b. **滑空する翼を備えている植物。**
(例) アルソミトラ・ソリザヤノキ。

アルソミトラ

ソリザヤノキ。2種ともオブラートのような非常に薄い翼をつけて滑空する

重力に従ってタネを落とすだけ「重力散布」

これまでの植物はそれぞれに散布するための器官を持ち、何らかの形で移動しようとしている。しかし、一部の植物は散布するための器官を持ち合わせていない。タネが熟しても、重力に従ってただ落ちるだけである。もしかしたらこの植物にとってはただ落ちるだけのほうがよいのかも知れない。ただし、次のような方法で散布されることもある。

①小さく軽いタネが動物に偶然に付着して移動。
②草食獣に食べられて、普通なら消化されてしまうのに、一部のタネが消化されず糞などとともに排出されて散布。
③雨水流により二次的に散布。

a. **散布するための器官を持ち合わせていない植物。**
(例) エノコログサ・タデ・ヨメナ。

エノコログサ

ケイトウ

まったく散布しようとしない「非散布」

地下にタネを実らせ、タネは一切動こうとしない。動物に食われにくく、次の世代が定着するのに有利なのであろう。

a. **地下にタネをつくり、まったく移動しないタネを実らせる植物。**
(例) ヤブマメの閉鎖果。

ヤブマメの閉鎖果
開放花がつくるタネ(豆)よりはるかに大きい豆をつくり、より確実に発芽発根できるようにしている

単為結果

結果とは

結果とは被子植物が果実を形成することで、結実ともいう。通常は、受精して種子が形成されるとともに果実も形成されるもので、種子が形成されないと正常な果実は形成されない。なお、種類によっては子房以外の部分が肥大して果実状となることもある。これを偽果というが、偽果が形成されても結果という。

単為結果とは

被子植物において、受粉などの刺激により子房だけが発達して、果実を形成したが、正常に受精できず種子が形成されないなど、無種子の果実（偽果を含む）を生じる現象を単為結果、または単為結実という。

単為結果の例

単為結果は多くの植物で見られる。カキのように個体が老齢になると、また、ナシやリンゴのように開花期の低温により単為結果しやすくなる植物もある。

果樹栽培においては単為結果性の強い系統を選抜するなどして、それを栽培することがある。次にその例を挙げる。

パイナップル（花粉は正常だが、自家不和合性が強く受精できないが、単為結果する系統）

ミカン（花粉の発達が悪いため受粉しても受精できず、単為結果する系統）

イチジク（受粉しなくても、単為結果する系統）

バナナ（3倍体で、単為結果する系統）

パイナップル
花粉は正常なので、他家受粉すると、タネができることもある

バナナ
普通、栽培されているバナナにタネができることはない

人為的に単為結果させる方法

実験室レベルでは、一部の植物で人為的に単為結果させることができる。以下、その方法と例を挙げる。このうちタネなしブドウのように実用化されているものもある。

受精不可能な類縁種の花粉を授粉する。（例）トマトにナスの花粉をつける。

柱頭に機械的刺激を与える。（例）ラン科植物の柱頭に細かい砂をなすりつける。

柱頭に化学物質をつける。（例）タバコ・キュウリ・ヘチマ・ブドウの柱頭に、クエン酸・酢酸・硝酸ナトリウムをつける。

柱頭にオーキシンをつける（トマトなど一部果菜類でこれが応用されている）。（例）ナシ・リンゴ・スイカ・ナス・トマト。

ジベレリンを花に散布する（現在流通しているタネなしブドウはこれを応用したものである）。（例）ブドウ・ナシ・モモ。

3倍体の花の雌しべに2倍体の花粉をつける。（例）スイカ。

ブドウ

単為生殖（たんいせいしょく）

単為生殖とは

卵細胞が受精することなく胚を形成し、新個体を生ずる生殖を単為生殖という。植物の場合、無融合種子形成ともいう。受精することなく発生するため無性生殖の1つであるが、球根やむかごなどによる無性生殖（栄養体生殖）とは異なり、新個体の出発点は生殖細胞としての卵細胞であるので、有性生殖に属するという考え方もある。

単為生殖の分類

単為生殖は、①半数の染色体をもつ卵が行う（半数性単為生殖という）か、倍数性の卵が行う（倍数性単為生殖）かによって分けたり、②その生物にとって正常な現象として見られるもの（必須的単為生殖）か、偶発的に起こったもの（偶発的単為生殖）かなどに分類される。

単為生殖する植物

通常、単為生殖により増える植物としては次のような種類がある。なお、これらの植物の場合、すべて倍数性単為生殖であり、必須的単為生殖である。

（例）セイヨウタンポポ・アカミタンポポ・シロバナタンポポ・ドクダミ・ヒメジョオン・ニガナ・ツチトリモチ。

植物の単為生殖の実験

次にセイヨウタンポポを使った単為生殖の実験の仕方と、その結果を記す。

写真1と写真2のように、セイヨウタンポポの蕾とカントウタンポポの蕾の上半分をカッターなどで切り落とす。正確を期すには蕾に袋を掛けて、虫などが授粉しないようにする必要があるが、そこまでする必要はない。10日ほどすると、セイヨウタンポポのほうは写真3のように穂が立ち上がってくる。写真3の右の穂はこのようにしてできた穂である。なお、左の穂は何もしないでできた穂で、右の穂が左の穂より小さいのはカッターで切り落としたときに冠毛が短く切られたことによるものである。これに対し、カントウタンポポでは決して穂が上がってこない。

写真1（セイヨウタンポポ）
セイヨウタンポポの蕾をカッターで半分切り落とす

写真2（カントウタンポポ）
カントウタンポポの蕾をカッターで半分切り落とす

写真3（セイヨウタンポポ）
左の穂は自然にできたもの。右の穂は半分切り落とした蕾からのもの

短日植物・長日植物

短日植物・長日植物・中日植物とは

種子植物の多くは、日長・温度・乾燥などを感じとって、その植物に応じた時期に花を咲かせる。なかでも日（昼）の長さを感じて花を咲かせる種類が多くある。昼の長さがある一定の時間より短くなると花を咲かせる植物を短日植物といい、一定の時間より長くなると花を咲かせる植物を長日植物という。前者の例として、アサガオ・キク・コスモス・ダイズ・ポインセチアなどが、後者の例として、オオムギ・キンギョソウ・コムギ・ストック・ダイコン・ナデシコ・ホウレンソウ・ムクゲ・ムシトリナデシコなどが知られる。

アサガオ（短日植物）

なお、日長に関係なく、一定の大きさになると開花する植物を中日植物といい、シクラメン・セントポーリア・ヒマワリなどがある。

また、一般的には、短日植物は中緯度地域に、長日植物は高緯度地域に生育する植物に多く、1年の日の長さがあまり変わらない赤道付近の低緯度地域では中日植物が発達する。

シクラメン（中日植物）

ムシトリナデシコ（長日植物）

短日植物、コスモスを例に

日（昼）の長さは、1番短い冬至の日で東京前後の緯度にある地域だと9時間40分ほど、以降日は長くなり、春分の日で12時間、そしてさらに長くなり、昼が1番長い夏至の日で約14時間20分、以降今度は短くなり、秋分の日で12時間、さらに短くなり、冬至になる。これが1年の昼の長さのおおよその移り変わりである。

短日植物である本来のコスモスは、昼の長さが約13時間より短くなると、花を咲かせる準備に入る。春に芽を出した株は春から夏にかけて栄養成長をして、丈を伸ばし、昼の時間が13時間になった8月下旬に花芽をつくり始める。そして、約1か月半かけて10月上中

コスモス

旬に開花することとなる。これがコスモスの開花生理で、したがってコスモスは通常なら10～11月に開花するので、かつてはコスモスのことを「秋桜」といったのである。だから、4月にタネを播けば、花芽のでき始める8月下旬まで丈を伸ばし、2メートル以上の高さで花を咲かせる。以降遅く播けば遅く播くほど丈が低い状態で開花する。8月中旬に播こうものなら50センチに満たない高さで貧弱に咲くといった具合である。

ところが、もう数十年前のことになるが、日の長さにあまり関係なく開花する、センセーションという品種が育成された。この品種は播いた時期にあまり関係なく、生育に適する温度さえあれば、タネを播いて2か月～2か月半で花が咲くのである。そして、それ以降育成されたコスモスの品種の多くには交配によってこのセンセーションの性質が取り入れられ、日の長さとあまり関係なく咲くので、夏の初めからコスモスの花が見られるのである。

電照栽培・遮光栽培

本来のコスモスを8月中旬から毎日、夕方電灯で照らして、昼の長さを約13時間にならないようにし、例えば9月中旬にこれを止めると、10月下旬から咲く。また、8月下旬になる前から毎日夕方に黒色の布やビニルシートで覆って、日の長さを13時間以下にすれば、覆いを始めた日に応じて花が早く咲くのである。

これを応用して栽培されているのがキクで、キクの場合は系統や品種が多く一概には言えないが、昼が12・5～14時間より短くなると開花の準備を始める。キクの切り花は冠婚葬祭いずれにも用いられ、一年中需要があるので、温室やハウス内を電灯照明して開花を遅らせたり（電照栽培という）、温室やハウスを遮光して開花を早めたり（遮光栽培とかシェード栽培という）して、周年切り花が生産されているのである。キクは品種改良が進んでいて、日の長さに対する反応もいろいろな品種があり、これをうまく利用して地域地域で適した栽培法・適した品種が選ばれ、周年切り花が供給可能となっているのである。

キク

長日植物の場合

長日植物は、前述のとおり昼の長さがある一定の時間より長くなると花を咲かせる植物のことだが、必ずしもそれだけでは咲かない種類も多い。長日に反応する前の冬の間に一定の期間冬の寒さに当てて、花芽形成の準備をさせて（これをバーナリゼーション（200頁）とか春化という）おかないと花が咲かないか咲きにくくなるのである。

短日とは、夜が一定の時間より長いこと

コスモスの場合、1日の日の長さが13時間以下で開花の準備を始めるが、1日24時間のうち昼の時間が13時間なら夜は11時間で、11時間より夜が長くなると開花の準備をするともいえる。昼の長さと夜の長さのどちらが開花に影響するかを調べると、夜の時間が重要であることがわかっている。ということは、短日植物とは夜の時間がある一定の時間より長くなると開花する植物といったほうが本当はよいのかもしれない。

単子葉植物（たんしようしょくぶつ）・双子葉植物（そうしようしょくぶつ）

単子葉植物とは、双子葉植物とは

かつては、被子（ひし）植物は胚（はい）における子葉の数が1つか2つかで、大きく2つに分類されており、子葉が1つあるものを単子葉植物といい、2つのものを双子葉植物といっていた。

カタクリ（単子葉植物）

近年、DNAを使った解析で、単子葉植物というグループは単一の祖先に由来する1つのまとまりであるが、従来の双子葉植物というグループは1つのまとまりではないことがわかった。そして、次のように考えられている。

原始的な被子植物（基部被子植物。スイレン目・マツブサなどを含むアウストロバイレヤ目など）から分かれた植物が、次にモクレン類（ドクダミ科・ウマノスズクサ科・モクレン科・ロウバイ科・クスノキ科など）と単子葉植物との共通の祖先と、真正双子葉植物というグループとの祖先とに分かれたのである。おおざっぱだがわかりやすく言えば、従来の双子葉植物には基部被子植物とモクレン類と真正双子葉植物が含まれるのである。

ゴキヅル（双子葉植物）

単子葉植物と従来の双子葉植物との形質上での違い

前述の通り従来の双子葉植物はただ単に形質上の違いが似ているだけで、1つにまとめるには問題がある。しかし、形質の面だけで考える場合、少なからず一緒にして考えることができる部分がある。そこで、ここでは単子葉植物と従来の双子葉植物との各種部位の形質上での一般的な違いという形で表にして次に示す。

カキの種子

	単子葉植物	従来の双子葉植物
子葉の数	1つ※1	2つ※2
葉	平行脈※3	網状脈※4
茎	不斉中心柱で、通常形成層を欠く	真正中心柱
花	三数性	四数性ないし五数性
根	発芽後まもなく幼根を喪失して、不定根と交代するため、根はすべてひげ根となる	主根と側根で形成される

※1：カタクリ・ネギ・ユリなどでは子葉はマツの葉状で頂部に種皮をつけているのでわかりやすいが、多くの単子葉植物の子葉は発芽しても地下にあったり、地上に出ても鞘状になっていて、どれが子葉かわかりにくい。また、ラン科植物では種子（胚）の中に子葉は存在しない。

※2：アズキ・ソラマメ・フジなど、地下性子葉の種類は発芽しても地上に双葉を出さない。また、双子葉植物であるが、子葉が1つの種類もある。例として、コマクサ・セツブンソウ・ニリンソウ・ヒシ・ミミカキグサ・ムシトリスミレ・ヤブレガサ・ヤマエンゴサクなどがある。

※3：ウバユリ・エンレイソウ属・サトイモ科・シオデ属・マイヅルソウ属・ヤマノイモ科などでは平行脈とはならない。

※4：オオバコ属は網状脈とはならない。

『植物形態学入門』（共立出版）を参考に作成

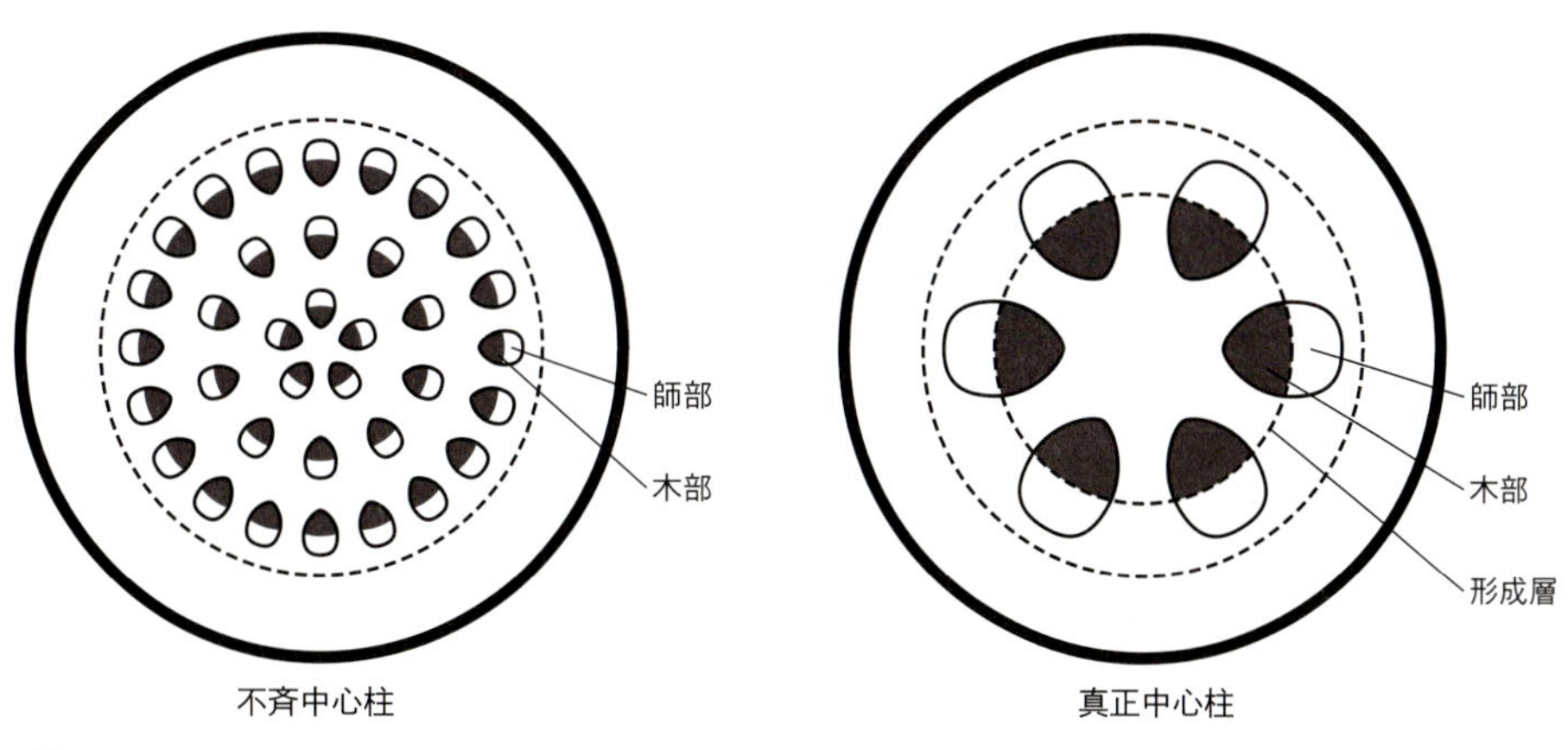

『「根」物語』（研成社）を参考に作成

column

あまり風がないときでもポプラだけは葉が揺れる

造園樹木として植栽（しょくさい）されているポプラは、主にイタリアポプラとカロリナポプラである。イタリアポプラは枝が真上に伸び、樹姿でわかりやすいが、カロリナポプラのほうはわかりにくい。ただ、ポプラの仲間は風があまりない、ほかの木々の葉が揺れないようなときでも葉が揺れる。しかも、左右に揺れるので、遠目でもポプラだとなんとなく見当がつく。樹姿がイタリアポプラでなければ、カロリナポプラかなと見当をつけることができる。

ポプラの仲間の葉の柄は、葉面に対し直角方向に扁平で、風が少しでもあれば左右に揺れる。こうしてポプラは風に対し無駄に抵抗しないようにしている。わが国に自生するポプラの仲間のヤマナラシも同様で、しかも、葉が左右に揺れる際に葉と葉が触れ、さやさやと音がする。これがこの植物の名前の由来だ。

ポプラの葉柄は扁平である（左は横から、右はほぼ真上から見た葉柄）

窒素固定菌

窒素固定菌とは

植物が体をつくり、生命活動を続けるのに窒素元素は不可欠であるが、大気中に80％近く存在する窒素ガスを植物は直接利用できない。これを植物が利用可能な形の窒素化合物に変える微生物を窒素固定菌という。窒素固定菌には植物と**共生**（70頁）せずに生活する（単生という）種類と、植物と共生して生活する種類がある。

単生の窒素固定菌

単生の窒素固定菌には、**光合成**（81頁）などを行い、有機養分を必要としない（独立栄養という）種類と、有機養分を土中から吸収して生活する（従属栄養という）種類がある。前者の例として光合成細菌・シアノバクテリア・メタン菌・硫酸還元菌などがあり、後者の例としては好気性のアゾトバクターや嫌気性のクロストリジウムがある。

共生する窒素固定菌

窒素固定菌が植物と共生する部位は種類により根・葉・茎のいずれかに決まっていて、共生する部位は通常粒状となる。そして、根に形成されたものを根粒、葉・茎に形成されたものをそれぞれ葉粒・茎粒という。以下、根粒・葉粒・茎粒に分けて、それを形成する植物およびそれと共生する窒素固定菌の種類を挙げる。

シロツメクサの根粒
根のところどころにある小さな球形のものが根粒で、ここに根粒菌がすみ、窒素を固定している

根粒を形成する植物および共生する窒素固定菌

マメ科植物と共生：根粒菌

ハンノキ属（ヤシャブシ・ハンノキなど）・グミ属・ヤマモモ・ドクウツギ・モクマオウと共生：フランキア（放線菌の1種）

ソテツと共生：アナベナ・ノストク（ともに1種の藍藻）（注）ソテツの場合、根粒ではなく、サンゴ状の根となる。

マンリョウの葉粒
葉縁にある粒粒が葉粒で、ここに葉粒菌がすみ、窒素を固定している

葉粒を形成する植物および共生する窒素固定菌

マンリョウなど一部のヤブコウジ属植物と共生：葉粒菌（葉縁に葉粒を形成）

アカネ科植物の一部の種と共生：ミコバクテリウムやクレブシエラ（葉全面に葉粒を形成）

・グンネラと共生：ノストク（葉の基部に葉粒を形成）

茎粒を形成する植物および共生する窒素固定菌

セスバニアと共生：リゾビウム

窒素固定菌との共生の応用

化成肥料がなかったころは、ゲンゲ（レンゲソウ）を秋に播き、春にゲンゲを全草田畑にすき込み、その後、作物を栽培するということを行ってきた。根粒菌が固定してくれた窒素の量がゲンゲを栽培することによって田畑を肥やしたことになるのである。これを**緑肥**（277頁）という。

また、山を削って、道路をつくった際にできた切土法面では、例えば関東地方なら赤土の層が現れる。赤土は窒素分をほとんど含まないので、法面保護のためそこにイネ科の芝草を播いても、やがて枯れてしまうことが多い。そこで、窒素固定菌と共生するマメ科のクローバ類やイタチハギ・エニシダなど、および、ヤシャブシ類などがこういう場面でよく使われるようになったのである。

なお、植物と共生して窒素固定する根粒菌やフランキアを利用するのではなく、前述の単生して窒素固定するアゾトバクターやクロストリジウムを田畑に施せば肥料になるという考えもあるが、今のところこれはうまくいっていないようである。

マメ科植物と根粒菌の共生の実験

前述のとおりマメ科植物は窒素分の少ないところでも根粒菌と共生して生育できるが、逆に、窒素分が十分にあるところでもマメ科植物は根粒菌と共生するのであろうか、という疑問を抱いて行ったのが次の実験である。

堆肥と赤玉土主体で、窒素分のそれほど多くない培養土を容れた鉢を2つ用意した。そして、1つの鉢には肥料を一切施さず（①区）、もう1つにはリン酸・カリなどを含まず、窒素分のみを含む肥料を十分に施して（②区）、この2つの鉢に9月9日ゲンゲ（レンゲソウ）のタネを播き、実験終了の翌年4月18日まで普通に管理した。ただ②区の鉢にはときどき窒素分のみを含む肥料を施した。こうして栽培した結果を写真で示した。結果として言えることは、①区の株の根には相当量の根粒ができていたが、②区の株の根にはまったく根粒ができていなかった。なお、生育の面では②区の株のほうが①区の株よりはるかに良く、開花も少し早かった（写真の②の個体は根が少ないが、実際は写真を撮るために根を洗った折に根が相当量切れてしまったもので、それぞれの株の茎の太さで生育の違いがわかる）。

これによりわかったことは、マメ科植物は窒素分が十分なところではわざわざ根粒菌に栄養分などを与えてまで共生する必要がないということ、そして、共生というのは一方の都合で一方的に破棄できる契約といえるということである。

レンゲと根粒菌との共生の実験結果
左の株は肥料を施さなかったもの（①区）で、根粒ができている。右の株は窒素肥料を施したもの（②区）で、根粒がまったくできていない。

着花習性と剪定との関係

花木の着花習性および剪定の時期と位置

どの枝のどの部位に翌年花が咲くかを、ここでは着花習性という。着花習性には主に4つのタイプがあり、花木などではそれに応じて剪定を行う必要がある。

次に、着花習性の4つのタイプとそれぞれの例を示し、各タイプの花木を剪定する場合の着花習性に応じた剪定のおおまかな時期と位置などを記す。

Ⅰ　前年枝に葉芽しかつけないタイプ

その年のうちに翌年の花芽をつくることなく、翌年、春以降に伸びた充実した新しい枝の先端（およびその近く）に蕾ができ、花を咲かせる。

ムクゲ（星敬：撮影）

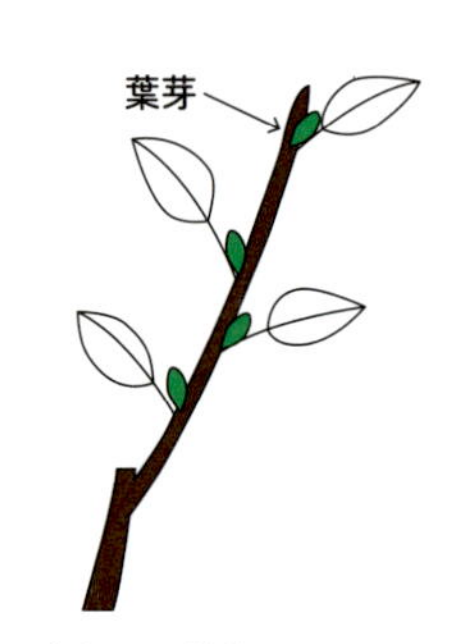

本年夏の状態
（花芽はない）

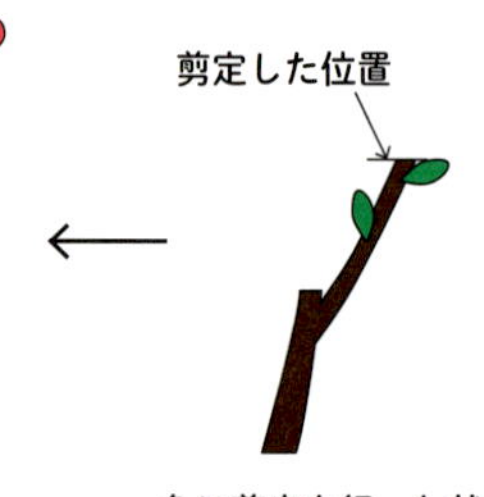

冬に剪定を行った状態

剪定後すぐの春～夏に
伸びた枝で開花中の状態

（例）キョウチクトウ・サルスベリ・ノウゼンカズラ・ハギ・バラ・ムクゲ。

〔剪定の時期と位置など〕

・冬の間にどう切りつめても翌年の春開花する。特に、バラやサルスベリでは、強めに切りつめた方がかえって翌年元気な枝が伸び出す。

・四季咲き性のバラなどでは、花後～8月までに剪定すると新たに伸びた枝に蕾ができ、秋にも開花する。

Ⅱ　前年枝に混芽をつけるタイプ

充実した新枝の頂部（およびその下1～2芽）に混芽ができ、翌年春ここから伸びた枝の先端①ないし葉腋②で開花する。

（例）①アジサイ・ケムリノキ・ザクロ・フジ・ボタン・マロニエ。②カキノキ・ガマズミ・クリ・ナツツバキ・ナナカマド。

〔剪定の時期と位置など〕

・このタイプと上のⅠのタイプとは、ともに新

カキノキ

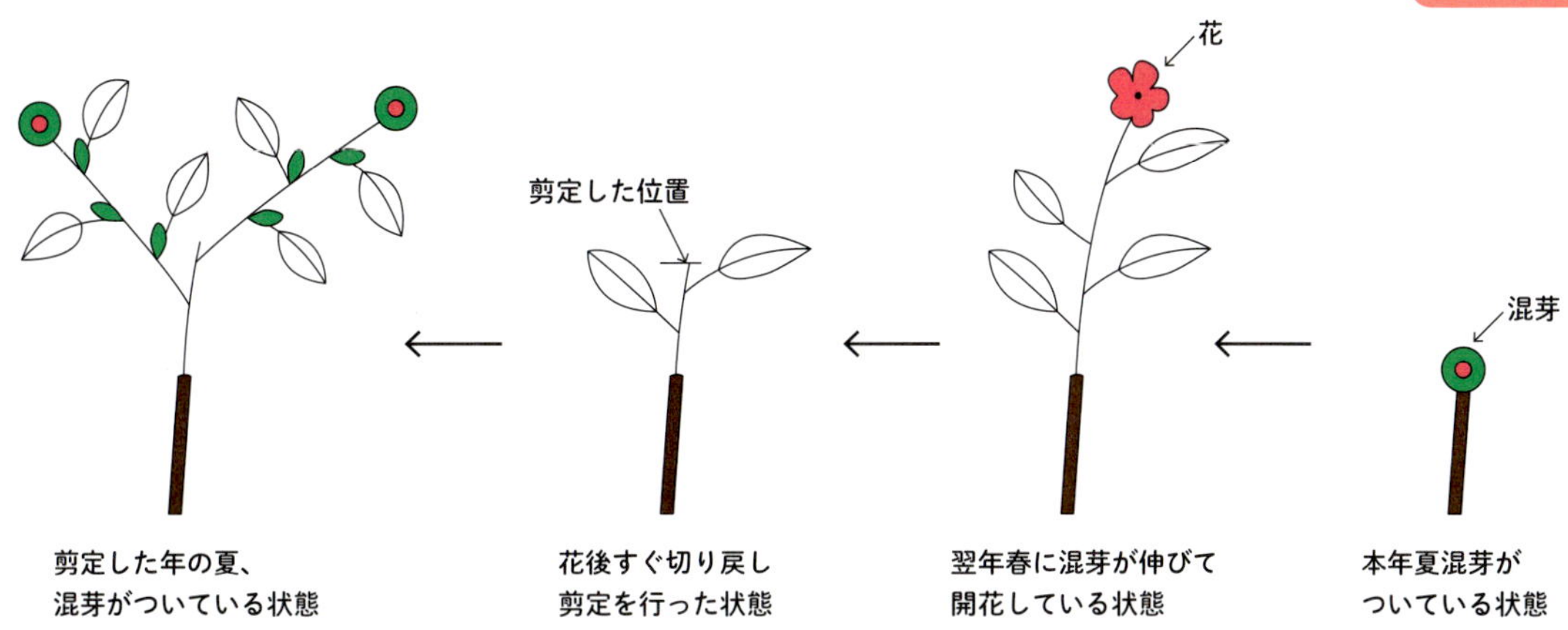

しい枝が伸びてからその先に花をつける点で外見上よく似ている。しかし、このタイプでは前年のうちに花芽はできており、剪定の時期や位置を間違えると花が咲かないことになる。そのため、剪定は花後すぐに行う。

・夏以降に枝を切りつめると花が咲かなくなるので避ける。

Ⅲ 前年枝に花芽をつけるタイプ

充実した新枝の頂部（およびその下1～2芽）に花芽ができ、翌年春に枝が伸びだすことなく、その位置で開花するタイプ。

（例）クチナシ・コブシ・サザンカ・シャクナゲ・ツツジ・ツバキ・モクレン・ライラック。

〔剪定の時期と位置など〕

・切り戻しは花後すぐに行う。

・夏以降に枝先を切りつめると花が咲かなくなるので避ける。

コブシ

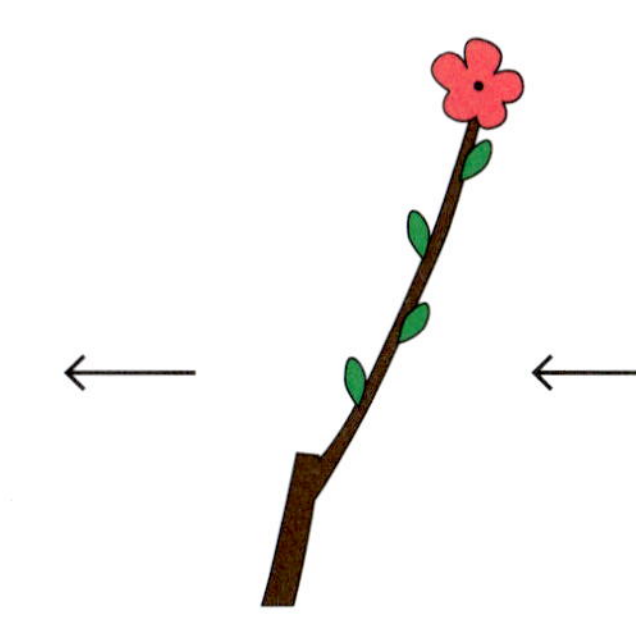

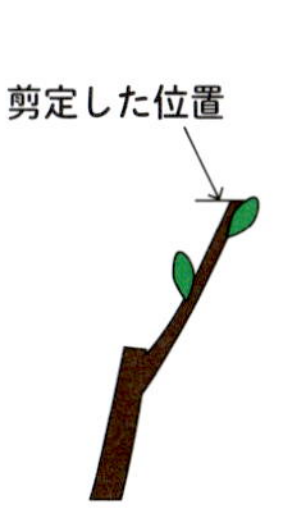

剪定した年の夏、花芽がついている状態

Ⅳ 短枝に花芽をつけるタイプ

短枝に花芽ができ、翌年春その位置で開花するタイプ。長枝には花芽が全くつかない種類①と、少しつく種類②がある。

(例)①カイドウ・カリン・サクラ・ピラカンサ・ボケ。②ウメ・コデマリ・トサミズキ・ハナズオウ・モモ・ユキヤナギ・ユスラウメ。

〔剪定の時期と位置など〕

・長枝には花芽がつかない①か、ついても少ない②ので、冬の間に、長枝の長さの2分の1〜3分の1を残して切りつめる。こうすると、残された部分の葉腋から短枝ができて、それに花芽ができる。

・一度できた短枝には通常、毎年花芽をつけるので、短枝を大切にすること。

ユスラウメ

①の場合

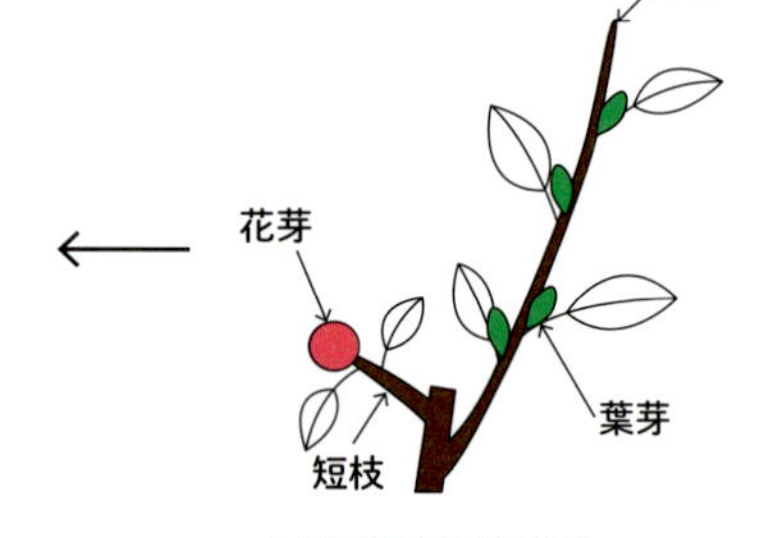

本年夏短枝に花芽がついている状態

剪定した位置

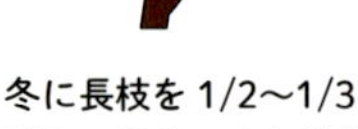

冬に長枝を 1/2〜1/3 残して切りつめた状態

花

翌年春の開花の状態

剪定して半年後の夏、花芽がついている状態

column

センリョウの実にあるホクロ

センリョウは名前も縁起が良いし、切枝のもちも非常に良いので、よく栽培される。実を見ると、橙赤色の実に2つの黒い点がある。1つは花柱(かちゅう)が落ちた痕で、これは多くの植物の実にもあり、実のてっぺんにある。

センリョウの場合、花柱が落ちた痕の数ミリ下にもう1つ黒い点がある。このホクロは、花のときまで遡(さかのぼ)ればわかる。雄(お)しべは雌(め)しべの子房(しぼう)の脇から出ている。子房が実になったときに雄しべが落ちた痕が、このホクロとなる。

センリョウの花。雌しべの子房から雄しべが出ている。黄緑の球形が子房で、黄色の楕円体が雄しべである

センリョウの実。花柱が落ちた痕の少し下にホクロがある

花で染めても色落ちしてしまう欠点を逆利用!

ツユクサやハギの花を衣にすりつけて色を染めることを花摺という。ただ、ツユクサの花摺は色がとどまらず、水で色落ちしてしまう欠点がある。ところが、この欠点を逆にうまく利用して、手描き友禅の下絵を描くのにこの花を使っている。

花をたくさん集めて布袋に入れ、絞って青い液をつくる。その液を薄い和紙に刷毛で塗って日向に干し、乾いたらまた青い液を塗って干す。この作業を100回近くおこない、和紙の重さの3倍くらいになったものを青花紙という。友禅の下絵を描く際、水に浸した筆をこの青花紙につけながら下絵を描くのだ。友禅染の工程の中で水に浸り、下絵は消える。もっとも、青花紙をつくる場合、通常はオオボウシバナというツユクサ（ツユクサは別名でボウシバナという）の大輪の品種が使われる。オオボウシバナの花は、ツユクサよりも2倍ほど大きく、重さにするとツユクサの花のおよそ10倍もある。一部の手描き友禅では人工染料が使われ、青花紙はあまり使われなくなった。しかし、現在も滋賀県の草津では生産されている。なお、草津ではオオボウシバナのことを青花という。

花を摘む

摘まれたオオボウシバナの花

花を布袋に容れて、絞ると、
青い液が出てくる

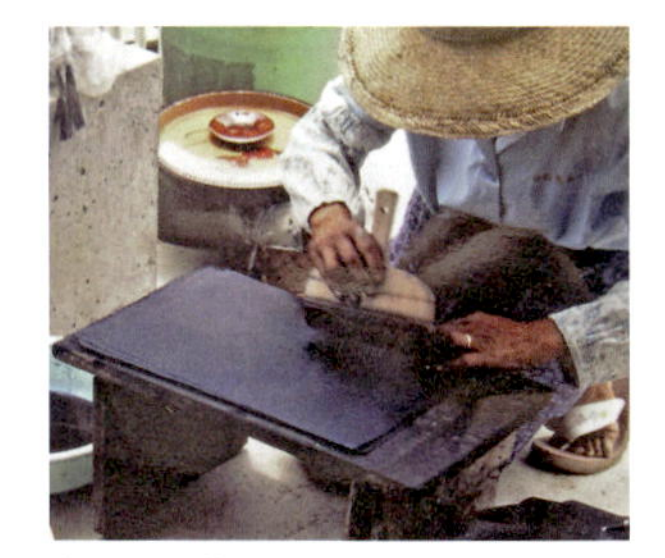
青い液を薄い和紙に刷毛で塗る

塗った和紙を日向で干す

この工程を100回くらい繰り
返し、青花紙の出来上がり

手描き友禅の下絵

その下絵をもとに染めた
手描き友禅

ツユクサ（実物大）

オオボウシバナ
（実物大）

虫媒花・鳥媒花

虫媒花とは・鳥媒花とは

花粉を通常動物に運んでもらう花（動物媒花という）のうち、通常虫に運んでもらう花を虫媒花といい、鳥に運んでもらう花を鳥媒花という。

花の色や形態と送粉者との関係

花の色・形態・匂いなどは来てもらいたい虫や鳥と大いに関連があるので、次に個々に記す。

アジサイの花序の上を歩く甲虫
ハナムグリなどの甲虫は、花粉を食べるために平らな花序の上をよく歩きまわる

花の色：虫や鳥に花粉を運んでもらう虫媒花や鳥媒花はまず花の存在を虫や鳥にアピールする必要がある。そこで、通常花には花びら（一般用語としての花びら）がある。そして、その花びらに通常来てもらいたい虫や鳥の好み（好みという言葉は適切ではないかもしれないが）の色をつけている。ただ、虫の大半や鳥は人が識別できない紫外線を識別でき、一方人が識別できる赤色をチョウ以外の虫の多くは識別できないなど、人と虫・鳥では識別できる色が少し異なることを認識しておく必要がある。

ツバキで吸蜜するメジロ（三藤浩：撮影）
鳥媒花のツバキにメジロがよく訪れ、顔中に花粉をつけていることがある

花の形と向き：また、花や花序（一まとまりの花の集まり）の形で来て欲しい虫を選んでいる場合もある。どの虫でもよいから来てもらいたければ、一般に上向きに咲いて、花や花序の上を平らにし、どの虫にも止まれるようにしている。一方、来てもらいたい虫を限定していることもある。花の形や大きさなどが虫とうまく合致しなければ受粉の役にたたず、いくら虫が来てくれても意味がないのだ。チョウやガに来て欲しいが、ほかの虫に来て欲しくない場合は花筒を筒状またはろうと状にしたり、細長くしたりしている。特に、花筒が細長い場合はチョウやガは長い口吻で蜜を吸える一方、ほかの虫はごく小さい虫以外、蜜があるところまで行けないのだ。逆にチョウやガに来ないで欲しいとしている花も多い。チョウやガは雌しべの柱頭や雄しべの葯から離れたところに止まって、長い口吻を花に差し込んで蜜を吸うことができる。これでは蜜を飲まれただけで、花粉を運んでくれない。花にとっては迷惑そのものであるからだ。チョウやガが来ないようにして、ハナバチだけに来てもらいたい場合は、花を椀形や釣鐘

形にし、そのうえ、飛ぶこと・止まり方が概して下手なチョウやガがうまく飛んで来られないよう花を下向きに咲かせたりしていることも多い。

花の匂い：匂いで呼んでいる場合もある。来てもらいたい虫の好みの匂いを出して、虫に花の存在をアピールしている花も少なくない。例えば、チョウやガを呼ぶには甘い香りを出す。特に、夜開性の蛾媒花では香りの強いものが多い。ハエを呼ぶ場合は腐った匂いやキノコ臭をさせている種類が多い。ただ、匂いに関して気をつけなければならないのは、人と鳥は嗅覚があまり良くないということを念頭に入れて観察することである。花に匂いがないと思っても、虫には匂いが感じられる場合もあるはずである。

ハナバチは後脚に花粉をたくさんつけて巣に持ち帰る。幼虫が育つにはタンパク源が必要なのである

送粉者への報酬：さらに、来てくれた虫や鳥に報酬を与えるようにしなければ、虫や鳥だって来てくれない。だから、多くの虫媒花・鳥媒花では報酬を与えるようにしている。原始的な虫媒花とされるモクレン科の植物では報酬は花粉である。しかし、植物にとって花粉は遺伝情報を含む非常に大切なものであるから、多くの虫媒花では蜜を出して、虫への報酬とするようにしている。植物は蜜を光合成によって簡単に作り出せるからである。とはいっても、報酬は蜜だけですむわけではなく、ハナバチなどではタンパク源も必要とするので、蜜以外に花粉も集めて巣に持ち帰る。鳥は虫に比べ体が大きいので、鳥媒花の場合は通常薄い蜜を多量に出す。また、ハエは学習能力が低いため、報酬がなくても、同じ種の花に何度も訪れるので、報酬がない植物が多い。

送粉者別の花のおおまかな形態的または形質的な特徴を次に表で示す。

	花の色	花・花序の形と向き	匂い	報酬	例
花蜂媒花	黄・紫、他	椀形～釣鐘形 横～下向きの花	いろいろ	花粉と濃い蜜	アヤメ属・アセビ・エゴノキ
花虻媒花	黄・白、他	花粉が露出する 上向きの花	いろいろ	花粉と濃い蜜	セリ科・キク科・ウコギ科
蝿媒花	黒ずんだ色・白	花粉が露出する 上向きの花	きのこ臭 腐った匂い	ない	サトイモ科・カンアオイ属
蝶媒花	赤紫・黄・白	花筒が筒状～ ろうと状の花	甘い香り	やや薄い蜜	ツツジ類・ユリ類
蛾媒花	白・黄	花筒が細長い花	強い甘い香り	薄い蜜	マツヨイグサ属・カラスウリ属
甲虫媒花	いろいろ	花粉が露出する 上向きの花	果実臭	花粉	モクレン科・バラ科・キンポウゲ科
鳥媒花	赤	深くて太い筒状 ないしブラシ状	ない	薄い蜜を多量	ツバキ

※表における蛾媒花の蛾は夜行性のガをさす。
※甲虫媒花に訪花する甲虫として、ハナムグリ・カミキリモドキなどがいる。これらは通常花蜜食ではなく花粉食である。
※主に花蜜食をする鳥としては日本ではメジロなどしかいないが、熱帯地方には、ハチドリ類（アメリカ）・ミツスイ類（オーストラリア～ハワイ）・タイヨウチョウ類（アフリカ）などがおり、このため熱帯地方には鳥媒花が多い。

花虻媒花（セリ科）

花蜂媒花（アヤメ属）

蛾媒花（カラスウリ属）

蝶媒花（ユリ類）

蝿媒花（サトイモ科）

鳥媒花（ツバキ科）

甲虫媒花（モクレン科）

チューリップに関する雑学その1

チューリップの原産地

チューリップの原産地は西アジアの地中海性気候の地域といわれる。地中海性気候の地域は夏の雨が極端に少なく、ほぼすべての秋植え球根植物（66頁）の原産地となっている。

チューリップの名前の由来

ローマ帝国、オーストリアの大使だったブスベキウスがトルコでこの花の名前を尋ねたとき、通訳がターバンのトルコ語Tulbandを説明の中で使ったところ、ブスベキウスはそれをこの植物の名前と勘違いしてチューリップとなった。

チューリップのヨーロッパ渡来の経緯

1554年ブスベキウスがチューリップの球根をヨーロッパに持って帰った。オランダには1591年に入り、ライデンやハーレムが栽培の適地だったので、オランダで人気が出、品種改良が盛んに行われた。

チューリップ狂時代

17世紀主にオランダにおいてチューリップの球根が高値で取引されるようになり、投機の対象となった。特に1634〜1637年（日本では徳川家光が参勤交代の制度をしいたのが1635年）に異常な高値でチューリップの球根が取引されるようになった。例えば、球根1球と小麦が馬車2台分、牡牛4頭、ワイン2樽、ビール4樽、時にはビール工場と交換されたという。この投機熱により破産者が続出し、銀行の取り付け騒ぎまで起こり、1637年時のオランダ政府は売買禁止の措置をとり、投機熱は沈静化した。この時期をチューリップ狂時代という。

ちょうど100年後の1733〜1734年（日本では徳川吉宗が将軍であったころ）に再びチューリップ球根は投機の対象となるが、このときは前回ほどにはひどいものではなかった。これを第2回チューリップ狂時代という。

チューリップの日本への渡来と日本での栽培の始まり

わが国にチューリップが紹介されたのは文久年間（1861〜1864年）であり、わが国で栽培が始まったのは明治の後期、球根生産は大正8年に新潟県で始められた。

デュクファントトル・レッドアンドイエロー
（1595年に登録された品種）

デュクファントトル・ローズ
（1700年に登録された品種）

つる植物

つる植物は、茎が直立せず、ほかのものにからんで登はんしたり、地面を這う植物のことであるが、ここでは登はんする植物のみを指すものとする。

つる植物は、登はんする仕方を、①くっついて登はんする、②巻きついて登はんする、③引っかけて登はんする、の3つに分け、それを細分するとわかりやすい。次にそれぞれの例を挙げる。

【くっつく】

・付着根でくっつく

互生全縁：イタビカズラ・キヅタ・ツタウルシ・フウトウカズラ。

互生鋸歯縁：イワウメヅル・ツタウルシ（通常全縁、ときに鋸歯縁）。

対生全縁：テイカカズラ。

対生鋸歯縁：イワガラミ・ツルアジサイ・ツルマサキ。

・付着盤でくっつく：ツタ。

【巻きつく】

・茎で巻きつく

左巻き※：オニドコロ・サネカズラ・スイカズラ・フジ・ヘクソカズラ。

右巻き※：アケビ・ウマノスズクサ・ガガイモ・キジョラン・ツヅラフジ・ツルウメモドキ・ヒヨドリジョウゴ・ヒルガオ・マタタビ属・ヤマノイモ。

左右両巻き：ツルドクダミ・ツルギキョウ・ツルニンジン・バアソブ。

写真1　右巻き
（ツルウメモドキ）

写真2　左巻き
（オニドコロ）

※写真1のように横から見て、つるが右肩上がりの巻き方を右巻き、逆を左巻き（写真2）という。かつて、わが国の植物の世界では逆の呼称を使っており、巻貝やネジなど動物や物理の世界に合わせて現在の呼称としたが、未だに古い呼称で呼ばれることもあり、混乱している場合もある。

・巻きひげで巻きつく

茎から直接巻きひげが出る：ウリ科・ハカマカズラ・ブドウ科。

葉の先が巻きひげになっている：トウツルモドキ・バイモユリ。

複葉の先が巻きひげに変化している：ソラマメ属・レンリソウ属。

葉柄から巻きひげが1対出る：サルトリイバラ科。

・葉柄・小葉柄や葉軸で巻きつく：センニンソウ属・ヒヨドリジョウゴ。

【引っかける】

・刺でひっかける

木本：ジャケツイバラ・ツルウメモドキ・ノイバラ。

草本：アカネ・ウナギツカミ・カナムグラ・ママコノシリヌグイ。

・鉤状のもので引っかける：カギカズラ。

・下～横向きの枝で引っかける：ツルグミ・ナワシログミ・マルバグミ。

くっつく

ツルマサキ（付着根でくっついて登はんする）

ツルアジサイ（花がついているつるは登はんしない）

テイカカズラ（葉が小さいうちは付着根を出す。付着して安定すると、葉を大きくし、付着根を出さなくなる）

ツタ（カエルの足指のような形の付着盤でくっついて登はんする）

巻きつく

ツヅラフジ（右巻きで巻きつく）

ツルニンジン（左巻きと右巻き両方を使って登はん）

カラスウリ（茎から巻きひげを出して登はんする）

トウツルモドキ（葉の先が巻きひげになっていて、それで巻きついて登はん）

ツルフジバカマ（複葉の先を巻きひげに変化させて、それで巻きつく）

サルトリイバラ（托葉を巻きひげに変化させて、それで巻きついて登はん）

センニンソウ（葉柄・小葉柄・葉軸でからみついて登はんする）

ヒヨドリジョウゴ（葉柄でからんで登はんする）

引っかける

ママコノシリヌグイ（茎や葉にある刺でほかのものに引っかけて登はんする）

カギカズラ（つるにある鉤状のもので何かに引っかかって登はんする）

マルバグミ（まず徒長枝を出し、その節々に下向きの短い枝を出して、それでほかの木の枝などに引っかける）

DNA・遺伝子・染色体・ゲノム

DNAとは

DNAとは、デオキシリボ核酸（deoxyribonucleic acid）という物質のことで、左記4種の塩基にデオキシリボースという糖とリン酸が結合した4種のヌクレオチドが二重らせん状に積み重なったものであり、細長い糸状で、細胞の核内（ミトコンドリアと葉緑体はそれぞれ独自のDNAを有する）に存在する。

4種の塩基とは、アデニン（Adenine）、チミン（Thymine）、シトシン（Cytosine）、グアニン（Guanine）で、塩基どうし結合する際は必ずアデニンとチミン、シトシンとグアニンがペアになる。

DNAはこれが無数につながった二重らせん構造になっている。NHK高校講座「生物基礎」を参考に作成

遺伝子とは

遺伝子は、生物をつくる設計図のような遺伝情報1つ1つのことで、DNA上のところどころにあり、そこには遺伝情報が塩基の並び方（塩基配列という）によって書かれている。

染色体とは

染色体とは、DNAがヒストンというタンパク質に巻きつき、折りたたまれて、太く短い棒状の構造物になったもので、有糸分裂の際に出現する。染色液でよく染まるのでこの名がついた。その数や形は生物の種ごとに決まっていて、遺伝や性の決定に重要な働きをする。

分裂状態にない核では、染色質（クロマチン）という形で存在し、有糸分裂の際に染色質が構造変化し、染色糸となり、これがさらに染色体に発達する。

相同染色体とは

生物の体の細胞の核の中には同形同大の染色体が2本ずつある。このペアの染色体を相同染色体という。

体をつくる細胞は受精卵が何回にもわたって分裂（体細胞分裂という）してできたものであり、染色体の形や数は受精卵と同じである。受精卵は有性生殖の際に形成された雌性配偶子に雄性配偶子が合体したものであるから、雌性配偶子と雄性配偶子が持っていたそれぞれの染色体1対ずつをあわせ持つ。すなわち、体細胞の核の中には同形同大の染色体が1対ずつその生物に応じた数だけある。この際の同形同大の染色体が相同染色体である。

なお、その生物の染色体の基本数（1組の染色体の数）をnとすると、配偶子では染色体が1組、n（単相という）であり、体細胞では配偶子が合体しているので複相すなわち2nとなっている。配偶子を作る際には相同染色体はそれぞれ分割され（減数分裂という）配偶子は単相となる。

ゲノムとは

ゲノムとは、ある生物がもっている遺伝情報の全体のことである。また、半数性（単相）の染色体の1組のことをゲノムという場合もある。

体細胞分裂の模式図

※図では、1組の染色体の数はわかりやすくするため2としてある（2n＝4）

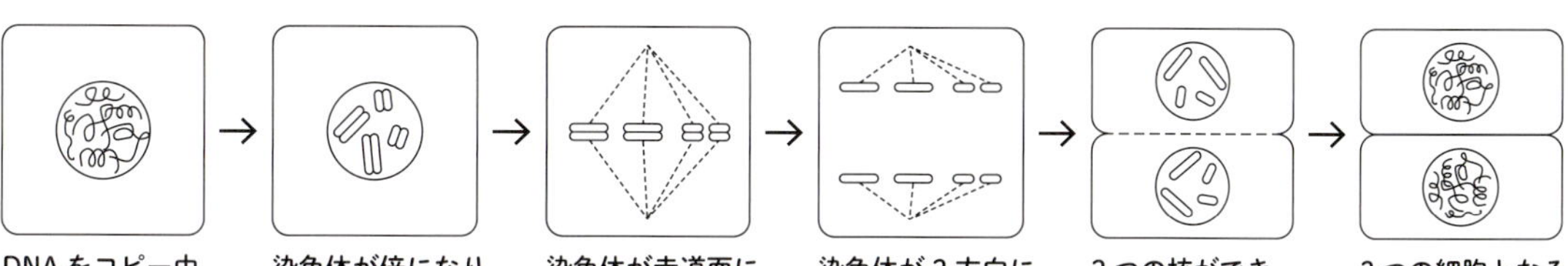

DNA をコピー中 → 染色体が倍になり、太く短くなる → 染色体が赤道面に並ぶ → 染色体が 2 方向に移動 → 2 つの核ができ細胞質も 2 つに分かれる → 2 つの細胞となる。核相はともに複相（2n）

減数分裂の模式図

※2n＝4（n＝2）

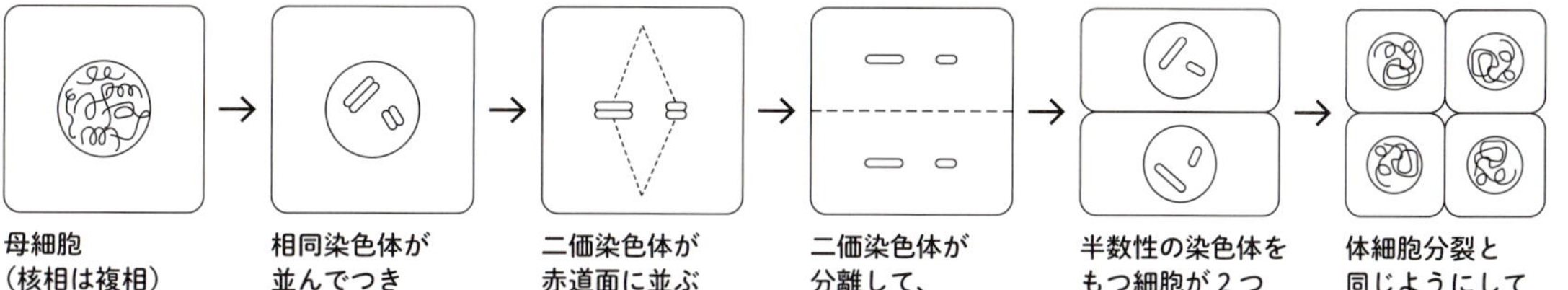

母細胞（核相は複相） → 相同染色体が並んでつき二価染色体となる → 二価染色体が赤道面に並ぶ → 二価染色体が分離して、2 方向に移動 → 半数性の染色体をもつ細胞が 2 つできる → 体細胞分裂と同じようにして 4 つの細胞になる 核相は全て単相（n）

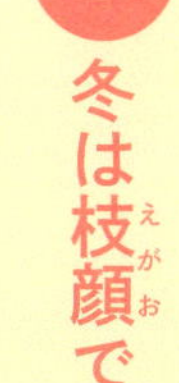

column

冬は枝顔で

冬芽・葉痕・維管束痕などが一緒になって、動物や人の顔のように見えることがある。枝にあるので、これを私は枝顔と呼んでいる。枝顔は樹種を見分けるのにも役立つので、冬は枝顔で学べる。ここに写真を少し載せた。何に似ているか考えるのも楽しい。

クズ

カラスザンショウ

サワグルミ

オニグルミ

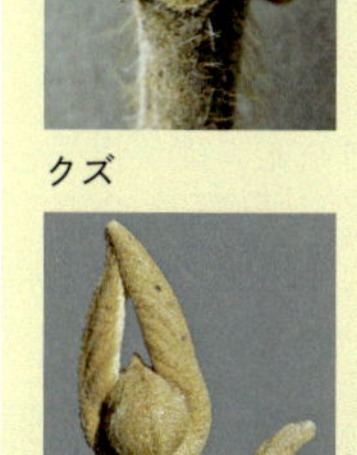
ムシカリ

ムクロジ

センダン

ネムノキ

東海丘陵要素の植物

東海丘陵要素の植物とは

伊勢湾を取り囲む東海地方の丘陵・台地の低湿地およびその周辺に固有の植物や、日本での分布の中心がこのエリアにある植物を東海丘陵要素の植物という。このエリアの主な特徴としては、日当たりがよく、土壌が発達していない貧栄養な場所で、地盤は砂礫地など壊れやすい地質であり、その小規模な崩落地からの湧水がつくる小規模で貧栄養な湿地があることである。これまで美濃三河要素の植物などと呼ばれてきたが、植物が依存した地質や地史的環境を考慮したのが東海丘陵要素の植物である。

東海丘陵要素の植物の例

東海丘陵要素の植物は、①変化した環境に適応した植物、②この地をレフュジア（退避場所・避難場所の意味で、例えば氷河期など多くの生物が絶滅するような環境下で一部の生物が逃げ込み、局所的に生き残った場所のこと）として生き残った植物、③そのほかに分けるとわかりやすい。

【変化した環境に適応した植物】

低地で適応

・氷河期に低地に下りてきた植物が温暖化の際に低地で生き残れるように適応した

↓　フモトミズナラ※（冷温帯のミズナラがこの地域で残った）・ミカワバイケイソウ（亜高山性のコバイケイソウがこの地で生き残り誕生）

※フモトミズナラはコナラの亜種という説もある。

湿地に適応

・シデコブシ（コブシが湿地に適応して誕生）・ミカワシオガマ（シオガマギクが湿地に適応して誕生）

【この地をレフュジアとして生き残った植物】

ゴンドワナ要素の植物がこの地をレフュジアとして生き残る

・古生代～中生代に存在したゴンドワナ大陸に起源をもつ植物たち（ゴンドワナ要素の植物）がこの地で生き残ったのが、ヒメミミカキグサ・ナガバノイシモチソウである。

第三紀周北極要素の植物がこの地をレフュジアとして生き残る

・第三紀の暁新世～始新世に北半球に広く分布していた植物が後の地球寒冷化および乾燥などにより大半が絶滅したが、一部がこの地域をレフュジアとして残った。これを**第三紀周北極要素の植物**（106頁）というが、この地で残った植物があり、それがハナノキとヒトツバタゴである。

満鮮要素の植物がこの地をレフュジアとして生き残る

・日本が中国大陸とつながっていた折に中国大陸の植物が日本にも分布していた。それが海によって分断された際にこの地で生き残った。それが、マメナシ・ウンヌケである。

【そのほか】

トウカイコモウセンゴケ（モウセンゴケとコモウセンゴケとの雑種）のように交雑によってできた植物など、ほかにシラタマホシクサ・ナガボナツハゼ・ヘビノボラズ・クロミノニシゴリがある。

ハナノキ

シデコブシ

フモトミズナラ

シラタマホシクサ

トウカイコモウセンゴケ

ヒトツバタゴ

column

キハダの枝にヘルメットの形をした葉が！

キハダはミカン科の落葉高木で、山地に自生する。樹皮の内側が真っ黄色で、苦いが、昔から健胃薬・消炎剤として使われ、長野の御岳山の百草や奈良の陀羅尼助の主成分となっている。また、染料としても使われ、黄蘗色を染める。

キハダは、羽状複葉を対生につける。春に冬芽が伸びだした枝を見ると、いちばん下の1対の葉はなんとも変わった形をしている。1対のうちの1つは、ほかの葉と同じで普通の羽状複葉であるが、もう1つの葉が変わっている。まるで小さなヘルメットのような形で、しかも単葉である。初夏、キハダを見かけたら、ぜひ伸びだした枝のいちばん下の1対の葉を観察しよう。

なお、羽状複葉の葉を対生につける樹種は非常に少なく、キハダ以外にトネリコ属・ニワトコ・ゴンズイくらいしかない。

右方向に伸びている葉は普通の羽状複葉だが、対生するもう一方は小さなヘルメット形の単葉だ

刺

植物の刺

高等植物では茎に葉や枝またはその一部などが変形して、刺状になったり、針状になったりしているものがある。これを刺針というが、ここでは単に刺という。刺によって動物に食べられないようにしていることが多いが、つる植物では登はんするために刺をつけているものもある。

刺のつく位置による分類（刺の種類）

植物の刺をつく位置により分類すると刺の種類がわかりやすいので、次に記す。なお、ここでは枝から出ている刺のみを取りあげ、アザミ類のように葉の裂片の先が尖って刺状になったものや、刺毛（細胞壁が肥厚して堅牢になった毛。例：イラクサの毛状体やアカネの鉤状の毛）などは含めない。

【枝のほぼ決まった位置にある刺】

・通常、冬芽の下ないし枝（短枝を含む）の基部の下側にある刺：葉が刺状や針状に変形したもので、葉針といわれる。

（例）ヘビノボラズ・ミカン類・メギなどがある。

・通常、冬芽の横ないし枝（短枝を含む）の横にある刺（茎針の1種）：ボケ。

・葉や葉痕の脇に1対でつく刺：托葉が刺状や針状に変形したものがあり、托葉針といわれるが、托葉起源でないものも多い※。

（例）サンショウ・サンショウバラ・ニセアカシア・フユザンショウなどがある。

※托葉針が托葉由来でないと思われるものにサンショウがある。サンショウはミカン科に属し、ミカン科の植物には托葉がないのにこの植物だけに托葉があり、その托葉が刺に変形しているというのはおかしいと思われる。また、イヌザンショウは同じように刺があるが、これは枝を保護する刺状突起である。とするならば、サンショウも刺状突起で、芽を保護するようにその脇に1対の刺を配した、とするほうが理解しやすい。

・葉の付け根ないし葉痕の下側にある刺：葉の付け根にある枝の隆起部分が刺状や針状に変形したもので、葉枕針といわれることがあるが、本来の葉枕（葉柄基部付近が膨大した構造で、葉の睡眠運動や葉身の調位運動を行う部分）から伸びたものではない。

（例）オカウコギ・ヒメウコギ・ヤマウコギなどがある。

・枝の先端部や短枝の先にある刺：枝（短枝を含む）が刺状や針状に変形したもので、茎針といわれる。短枝全体が刺に変化したものでは本来その基部下側に葉痕がある（あった）。この場合葉痕の上側にある刺ともいえる。

（例）ウメ・クコ・クロウメモドキ・クロツバラ・サイカチ・サンザシ・スモモ・ズミ・ナワシログミなどがある。

【枝に不規則にある刺】

・枝に不規則にある刺：これには、刺状突起といって枝の表層にできる刺状の突起と、剛毛針といって枝に生えた毛が刺状や針状に変形したものとがある。刺状突起と剛毛針とはともに茎の側面に不規則に多数生え見分けにくいが、前者は刺は普通太く、短く、刺の基部は台のようになっていることが多い。

（例）刺状突起の例として、タラノキ・ノイバラ・ハリギリなどがあり、剛毛針の例としては、キイチゴ類・ハマナス・ハリブキなどがある。

枝に不規則にある刺

刺状突起（タラノキ）

剛毛針（モミジイチゴ）

枝のほぼ決まった位置にある刺

葉針（カラタチ）

托葉針（ニセアカシア）

茎針（サイカチ）

葉枕針（ヒメウコギ）

冬芽の横にできる茎針（ボケ）

column

雨のタイミングをとらえて莢を開くユウゲショウ

ユウゲショウの莢は、晴れの日は4つの果皮片が閉じていて、何かの花の蕾のような形をしている。これが雨で濡れると果皮片が開き、タネが現れる。雨滴が果皮片にぶつかるとタネが飛び出しそうだが、果皮片が開く前にタネは雨で濡れてしまって、飛び出すことはできない。しかし、雨滴に連れられて莢の外に出て、雨水流によってタネが運ばれる。雨水流散布の良い例である。

ユウゲショウ（上）
乾燥している莢（右）
濡れたときの莢（左）

チューリップの花の構造

チューリップはユリ科に属し、その花は雌しべ1本、雄しべ6本、花弁3枚、萼片3枚からなり、子房は上位である。これは、APG（Angiosperm Phylogeny Group）による分類のユリ科だけでなく、旧ユリ科ほぼすべての特徴である。ただし、チューリップのように花弁と萼片がほぼ同形同大の場合、植物学上では花弁とか萼片といわず、両方を花被片という。そして、内側にある花弁に当たる方を内花被片といい、外側にある萼片に当たる方を外花被片という。

ヒガンバナ科では雌しべ1本、雄しべ6本、内花被片3枚、外花被片3枚とほぼユリ科と同じだが、通常は子房が下位である点がユリ科と異なる点である。アヤメ科ではヒガンバナ科と同じ子房下位であるが、雄しべが3本しかない点がヒガンバナ科と異なる点である。

非常に花の形が似ているサフラン（またはクロッカス）・イヌサフラン（別名コルチカム）・タマスダレ（またはハブランサス）の花をそれぞれ上記の点を気にしてよく見れば、サフラン（クロッカス）はアヤメ科、イヌサフランは旧ユリ科（APGではイヌサフラン科）、タマスダレ（ハブランサス）はヒガンバナ科であることがわかる。

チューリップの系統と開花期および草丈とのおおよその関係

チューリップの早咲き品種・中咲き品種・遅咲き品種ごとの開花期および草丈とのおおよその関係を図示すると上のようになる。

系統と開花期および草丈とのおおよその関係

チューリップの八重咲き

その種本来の花びらの数より多くなった花を八重咲きというが、その主な原因は本来雄しべ・雌しべとなるべきものが弁化することである。しかしチューリップの場合、花芽形成の際、花の中に二次的に花を形成することにより八重咲きとなる。

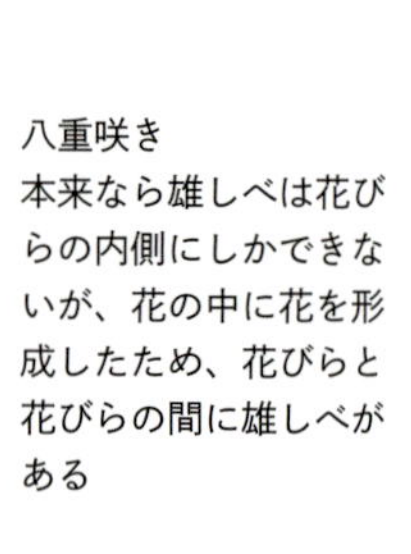

八重咲き
本来なら雄しべは花びらの内側にしかできないが、花の中に花を形成したため、花びらと花びらの間に雄しべがある

チューリップに関する雑学その2

チューリップ切花の半促成栽培の方法

チューリップの充実した球根の中には花となる芽があり、丈の低い品種なら倒れにくく、容易に水栽培できるほどだが、花が咲くには球根が芽を伸ばしてから寒さに当たる必要がある。逆に言えば、生育初期に寒さを人工的に与えれば比較的容易に思い通りの時期にチューリップの花を咲かせることができる。次に、切り花生産者が実際に行なっている半促成栽培の方法の1例を記す。

- 8月上中旬に予備冷蔵開始（15℃・20日間）
- 8月下旬～9月上旬に本冷開始（2～3℃・40～45日間）
- 10月中旬に定植
- 11月中旬に温室へ入室（15～20℃で暖房）
- 1～2月に開花

半分に切ったチューリップの球根

球根の中の花芽

チューリップ各系統の特徴

以下にチューリップの各系統の特徴を記す。

一重早咲き（SE）：一重で早咲きの系統。花や草丈は少し小ぶりである。弁先が尖るものが多い。

SEミッキーマウス
早咲きだが、全体少し小ぶりである

一重遅咲き（SL）：一重で、遅咲きの系統。チューリップらしい花形で、平開しにくく、草姿が良い。一般に病気に強い。旧コテージ系や旧ダーウィン系はここに含まれる。

SLブラックホース
SLはチューリップらしい花形の系統である

トライアンフ（T）：一重早咲きと一重遅咲きの交配種で、卵形のふっくらとした花形となる。中生咲きで、花茎は太く、がっしりしている。性質は強健。品種の数が多く、花色の幅が広い。旧メンデル系はここに含まれる。

Tキースネリス
卵形のふっくらとした花形で、性質強健の品種

ダーウィンハイブリッド（DH）：ダーウィン系とフォステリアナ系の交配種。花は大きく、蕾の形は良いが、平開するのが欠点。強健で、育てやすい。

DHレッドフェボリット
花は非常に大きいが、平開してしまうのが欠点

八重早咲き（DE）：一重早咲きの突然変異種。八重で早咲きの系統。草丈は低く、花も葉も小さめ。

DEオレンジナッソー
少し小ぶりだが、八重咲きなので、量感がある

八重遅咲き（DL）：八重の遅咲きで、早咲きの系統に比べ花は大きく草丈も高く、量感がある。

DLオレンジプリンセス
花びらも多く、ボリュームたっぷりの八重咲き

パロット咲き（P）：花びらに切れ込みがあり、また、ねじれていることが多い系統で、これをオウムの羽に見立てて、パロット咲きという。一重早咲き系やダーウィン系などの花びらに切れ込みが入った突然変異種。したがって、一般にもとの系統の性質を継ぐ。平均的には中生咲き、草丈は30～50センチ。

Pロココ
花びらに切れ込みがあり、独特の花形となる

フリンジ咲き（Fr）：花びらの縁に鋸の歯のような細かい切れ込みが入った系統で、遅咲きのものが多い。

Frハミルトン
花びらの縁に鋸の歯のような細かい切れ込みがある

百合咲き（L）：花びらの先が鋭く尖る系統。ユリの花ように見えるので、こう呼ばれる。一般に遅咲き。

Lバレリーナ
花びらの先が鋭く尖るのが特徴

ヴィリディフロラ（V）：花びらの中央に緑色の縦縞が入る系統。

Vスプリンググリーン
花びらの中央部が緑色の特徴ある花

column

チューリップに関する雑学 その2

フォステリアナ（F）：極早咲き〜早咲きで、草丈は20〜40センチと低い。花は大きいが、平開し、光沢のある内側が見える。ウイルス病にはかかりにくく、強健。葉の幅も広い。

Fオレンジエンペラー
性質強健だが、花は平開する

カウフマニアナ（K）：極早咲き。草丈は低いが、花は大きく、花びらは少し狭め。葉に紫色の縦縞が何本も入るものが多い。

Kハーツデライト
グレーギーの系統同様、葉に紫色の縦縞がある

グレーギー（G）：極早咲き〜早咲きで、草丈は25〜40センチと低い。花びらの先が尖り、葉には紫色の縦縞が何本も入る。

Gアリババ
掘り上げずに植えっぱなしにしても毎年開花する

そのほか（M）：上記に入らない原種やその品種（園芸品種・交配種など）をそのほか（M）としてまとめる。したがって、開花期は早いものから遅いものまであり、またチューリップらしからぬ枝咲きの品種もある。

M枝咲き品種
チューリップにしては珍しく枝を出して、その上に花をつけるので、1株に複数輪の花が咲く

そのほかの雑学

- チューリップを真っ暗なところで栽培すると、花はちゃんと色がついて咲くが、葉や茎は黄化し、茎は非常に伸びる。
- チューリップの花の開閉は温度によって起こる。
- 先に述べた（177頁）が、1630年代にオランダでチューリップ狂時代があり、いろいろな品種の球根が非常な高値で取引された。その1つにセンパーオーガスタスという品種がある。花は赤色に独特のモザイク状の白い斑が入り、美しく、珍しいので異常な値段がついたのであろう。ところが、花に出た斑はウイルス病によって発現したものであることが今ではわかっている。現代なら球根生産者の間ではすぐにも抜き取り、焼却するような品種であったのである。
- チューリップの球根は食べられる。10月以降に掘り上げた球根の茶色い外皮を除いて、中の白い部分を食べるのである。戦前は食用チューリップという名前で、繁殖力のよい遅咲き八重の品種が売られたという。また、チューリップ羊かんなるものまで販売されたこともあるようだ。ただ、10月以前に掘り上げた球根は舌を刺すような苦味があるという。

日本庭園の見方

日本庭園とは

日本庭園とは、いうまでもなく日本の伝統的な庭園のことで、飛鳥時代に中国から伝わった庭園様式をわが国独自の様式に発展させたものである。

日本庭園の見方

日本庭園の決まった見方があるわけではなく、それぞれの人がそれぞれに鑑賞すればよいのだが、日本庭園の四大要素や、日本庭園の様式・変遷などを少しでも知ると相応の見方ができるものである。その一助になるよう、以下に日本庭園の四大要素・変遷・様式を記す。

日本庭園の四大要素

日本庭園を構成する主な要素として、植物・水・石・景物の4つがある。以下、それぞれにつき説明する。

【日本庭園における植物】

日本人は古来常緑樹を神が降臨する際の依り代として大切にしてきた。また、マツを長寿の象徴として捉えている。このため、日本庭園においては通常マツをはじめとする常緑樹が主役となっている。

一方、平安時代には日本庭園で花木が多く使用されるようになった。中世になると禅宗寺院の枯山水などで庭園の色彩が抑えられるようになり、花木は使われなくなったが、紅葉は取り入れられた。

江戸時代になり、大名庭園で花木は

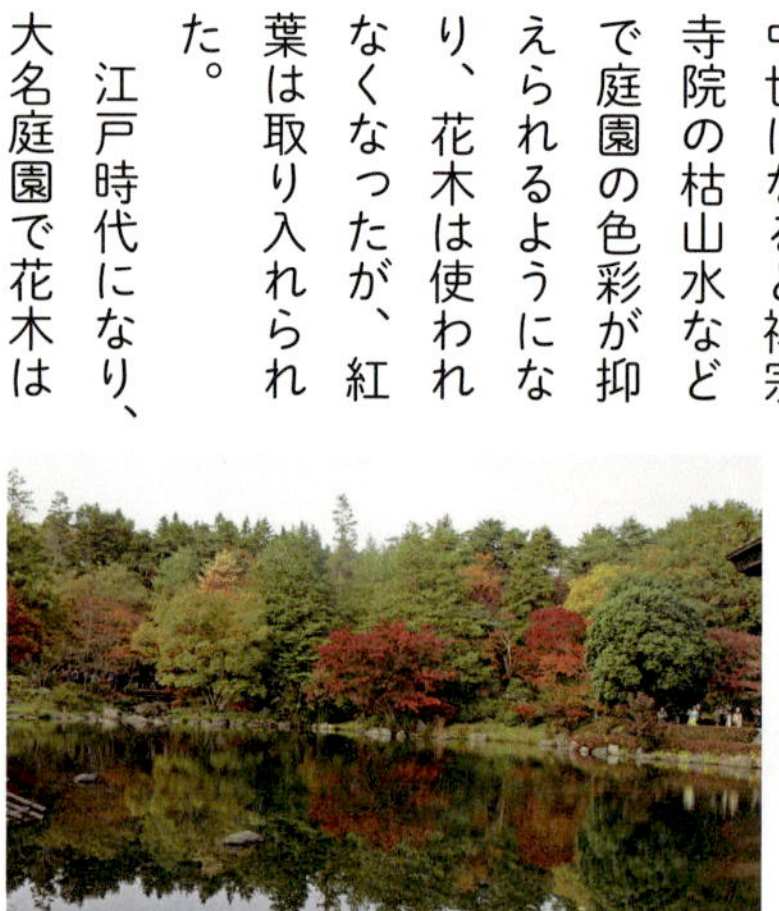

紅葉する木も植栽される

日本庭園には通常マツを主体とした常緑樹が植栽される

再び多く使われるようになり、カキツバタを植えて王朝文化を偲んだり、ソテツなど珍しい種類を楽しんだりした。

【日本庭園における水】

日本庭園における水については、池泉・州浜・滝・鑓水に分けて説明する。

池泉（ちせん）：庭園につくられる池を池泉という。池泉の形に特に決まりはなく、立地条件などに応じてさまざまな形に造られるが、必ず曲線でできている。この点が西洋や中国の庭園の池が直線でできているのとは対照的である。

歴史的には、平安時代寝殿作りの館の庭に大きな池泉が造られ、鎌倉時代以降規模は小さくなったが、江戸時代に再び大名庭園を中心に大規模な池泉が造られるようになった。大名庭園の多くは池の周囲を巡って楽しむ回遊式庭園であった。

池泉

州浜（すはま）：州浜とは池の水際の一部の場所にほぼ同じ大きさの石をなだらかに敷きつめたもので、これにより水際の線が柔らかくなって、水面が清らかに見えるようになるという。奈良時代の庭園において既に見られたようである。

州浜

滝：庭園における滝は飛鳥時代から造られており、鎌倉時代～室町時代には禅寺の庭に龍門瀑が造られるようになった。滝は枯山水においても重要な要素となっている。

滝
龍門瀑では水の落ちるところに鯉魚石が配置される

遣水：屋敷内の水源から池泉に注ぐ曲線状の水路を遣水という。平安時代に遣水が引かれていたようで、寝殿造りの建物の床下を通すことにより夏の涼を呼び、同時にせせらぎの音を楽しんだという。

鑓水
さまざまな工夫をこらして
水の流れに曲折を設けてある

【日本庭園における石・石組み】

日本庭園における石ないし石組み（日本庭園における庭石の配置を石組みという）は景観を形成する目的のものであるが、思想や信仰の下に配置されている場合も多い。もともと石組みは仏教の神仙蓬莱の思想や須弥山思想などに基づいて作られていたが、やがて日本の自然をモチーフにした風景の再現という形になっていったのである。

神仙蓬莱思想の石組み：池泉に神仙蓬莱島を造ることにより、不老不死や長寿を願った。神仙蓬莱思想に基づく石組みは飛鳥時代に中国から日本に伝わり、日本庭園で多く取り入れられている石組みである。

神仙蓬莱島

須弥山思想の石組み：仏教の世界では宇宙の中心に須弥山があり、これをはじめ九山八海があるとされている。石をこれに見立てて組んだもので、浄土式庭園においてしばしば見られる石組みである。

須弥山か？

民間信仰の石組み：民間信仰の石組みとしては、たとえば陰陽石を配した石組みがしばしば取り入れられている。特に江戸時代は世継に恵まれる必要があり、子孫繁栄を願って組んだもので、江戸時代の大名庭園で流行した。

陰陽石

【日本庭園における景物（けいぶつ）】

景物とは日本庭園における人工的な構造物をいう。庭園が自然の風景に偏りすぎて、単なる「野の景観」にならないよう、景物を配置してここが庭園であることの証としているのである。

景物として次のようなものがある。①敷石・飛び石、②蹲（つくばい）・手水鉢（ちょうずばち）、③石燈籠、④橋、⑤竹垣。

飛び石

蹲

竹垣
竹垣にはいろいろな種類があるが、
これは光悦寺垣という透かし垣

橋
池泉回遊式庭園では
水路を渡るためにつくられる

石燈籠
灯火をともすなどして、
風趣を添える景物である

日本庭園の変遷

次に日本庭園の変遷について大まかに記す。

【飛鳥時代】

庭園文化を日本にもたらしたのは中国から渡来した人たちである。この折に神仙蓬莱思想ももたらされた。中国の庭園の形式は左右対称の整形式で、最初は四角い池泉であったが、奈良時代に曲線主体の池泉となり、中島・州浜など後の日本庭園の重要な要素が盛り込まれ始めた。

【平安時代】

平安京ができ、貴族たちは寝殿造りの館と池泉のある大きな庭を造った。11世紀初め末法の世になり、それと並行して極楽浄土をイメージした庭園（浄土式庭園）が貴族の間で流行した。

【鎌倉時代・南北朝時代】

座って見る座視鑑賞式庭園が発生。武家の台頭により、武家の宗教ともいえる禅宗の影響が出始める。

【室町時代】

禅宗寺院の中に水を使用せず、主に石と砂を配置した枯山水庭園が生まれ、また、財政的理由もあり、庭の規模が小さくなった。そして、庭の主役が自然から石組みや石に代わっていった。

室町時代前期は禅宗の影響を強く受けた。特

な
形態
分類
生理
生態
環境
文化

に夢窓国師の庭などでは浄土式のきらびやかな美しさに、禅的な静寂さと幽玄さが加わった。室町時代中期は龍門瀑と石橋を主題とした池泉庭と枯山水が発達した。自然美の庭から抽象的・象徴的な庭へ移行した。

【桃山時代】

戦国武将や大名たちが庭園文化をリードするようになった。茶の湯の発展とともに、路地が生まれた。侘び・さびの理念に基づく茶庭が造られた。また、神仙蓬莱の庭は主君の吉慶を表現し、さらに支配者の権力を誇示するものとして造られた。

【江戸時代】

大池泉を中心とした回遊式の大名庭園が各地に造られた。

【明治～昭和時代】

西洋庭園の様式が入り、日本庭園は伝統的要素に新しい要素が加わり大きく変化した。

日本庭園の様式

次に日本庭園の様式について大まかに記す。

【寝殿造り庭園】

平安時代に中国から渡来した庭園様式で、平安貴族が「曲水の宴」を行なった。完全な形で現存するものはないようである。

【浄土式庭園】

平安時代に寝殿造り庭園に仏教の思想が影響して、人々が極楽浄土を現世に再現した庭園である。京都府の平等院鳳凰堂や岩手県の毛越寺が有名。横浜市の称名寺も浄土式庭園である。

浄土式庭園

【書院式庭園】

池を中心に築山を築き、庭石や草木を配し、四季折々の景色を座敷から眺めて楽しむようになっている。基本的には浄土式庭園に近い形だが、規模はやや小さく、作りも簡素である。京都府の銀閣寺や二条城二の丸庭園などがある。

【枯山水】

水を一切使わず、石を配し、白砂を敷いて水を表現する庭園。京都府の龍安寺の石庭が有名である。

枯山水

【茶庭】

茶室に通ずる露地に造られた小さな庭。侘びの精神から華美なものは用いず、植物もカラフルな花が咲く木や香りが強い花の木は植えない。

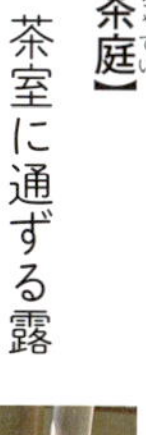

【池泉回遊式庭園】

池・島・山を造り、所々に茶庭やあずまやを配し、さまざまな景色を散策しながら楽しむことのできる庭園。多くの大名庭園がこれで、よく知られるものに東京の六義園や、金沢の兼六園がある。

茶庭

池泉回遊式庭園

根（ね）

根とは

根は維管束植物（シダ類や種子植物のように維管束を持つ植物のこと）の1器官で、通常は地中に伸ばす。根は正の屈地性（重力方向に対して示す屈性を屈地性といい、正の屈地性とは下方に向かう性質のこと）と、負の屈光性を示し、通常は下方に伸びる。なお、裸子植物や双子葉植物（ここでは従来の双子葉植物のこと）では通常、根は時の経過とともに肥大成長する。

根の働き

根は次のような働きを行う。

①土中の水分およびそれに溶けた無機養分を吸収する。
②水分の地上部への通り道となる。
③植物体を支持する。
④呼吸を行う。
⑤多くの植物において菌根菌と共生する場となり、菌根菌から土中の水分や養分を受け取る。
⑥貯蔵器官となる。

根の分類

根は切り口によりいろいろに分類されるが、ここでは一緒くたにして根のいろいろな種類について記す。

普通根：形態面でも機能面でも通常の根を普通根という。普通根以外の根に対する用語はないようなので、下では特殊な根として記してある。

幼根・主根・側根・定根・不定根・ひげ根：種子植物の種子の胚の中には発根時に伸びだす根が1つあり、これを幼根という。この幼根が伸びだし成長した根が主根であり、それから側生して出す根を側根という。側根からさらに側生して出す根も側根で、前者の側根を1次側根、後者を2次側根、以下3次側根……という。そして、主根・側根を合わせて定根といい、定根以外の根を全て不定根という。双子葉植物では地下部の茎から生ずる不定根は普通に見られ、また、単子葉植物では定根の発達が悪く、すべての種類で茎から不定根を出す。この単子葉植物の不定根を一般にひげ根という。

地中根・気根・水中根：大気中に伸ばした根を気根（62頁）といい、地中に伸ばす普通の根を気根に対し地中根という。また、水中に根を張り、生活する植物の根を水中根という。

【特殊な根】

菌根：菌根菌（糸状菌の1種）と共生（70頁）する場となった根の部分を菌根という。

寄生根：寄生植物が宿主植物の茎や根に差し込んで、水分や栄養分を宿主から吸い取るための根を寄生根という。

球根・塊根・紡錘根：一部の植物では地下部の一部を肥大させて、そこに栄養分や水分を蓄えるようにしている。その部分を園芸では球根というが、これには鱗茎・球茎・塊茎・根茎・塊根などがある。その大半は主に地下部にある茎を、一部の植物では葉を肥大させたもので、塊根のみが植物学的に根の部分を肥大させたものである。ダリアやラナンキュラスの球根は塊根である。なお、ジャノヒゲ・アキギリのように塊根が紡錘形をしている場合、紡錘根という。

牽引根：球茎では新しい球根を上側につくるので、球根が地上に出てしまわないように引き下げる必要がある。この働きをする根を牽引根という。この根は収縮によって新しい球根を引き下げる。鱗茎のユリなどでも牽引根を出す。

筍根（じゅんこん）（直立根（ちょくりつこん））・屈曲膝根（くっきょくしっこん）・直立膝根（ちょくりつしっこん）・板根（ばんこん）：呼吸根の1種で、上方に垂直に伸ばす呼吸根を筍根（直立根ともいう。例：マヤプシキ・ヒルギダマシ）、上下に屈曲しながら伸ばし地上に現れた部分で呼吸する根を屈曲膝根（オヒルギ）、地中を這う根の所々で肥大した棒状の根を上方に伸ばす根を直立膝根（ラクウショウ）、地中を這う根の背面が肥大して、幹の下部が板状となった根を板根（サキシマスオウノキ）という。ただし、板根は呼吸根の一種というより、浅い土壌しかない熱帯雨林などにおいて高木を支えるために発達した、支持根の1種である。

根粒（こんりゅう）：マメ科など一部の植物は通常根に窒素固定菌（168頁）が入り、粒状のものをつくる。これを根粒という。この場で宿主植物は窒素固定菌と共生して、窒素を固定してもらっている。

いろいろな根

幼根

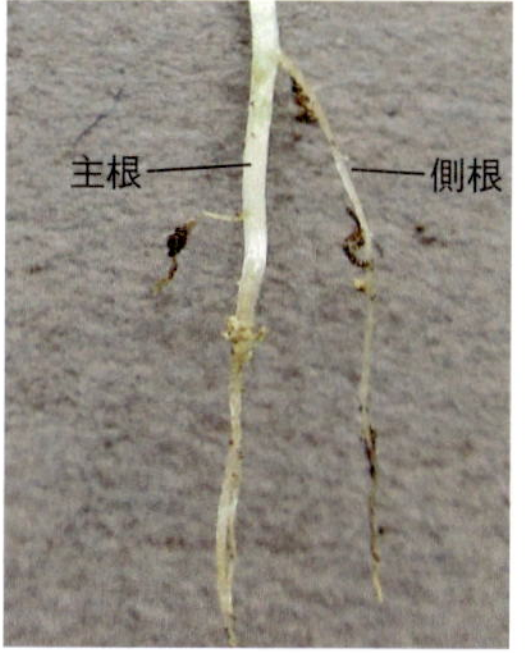

主根・側根

菌根

寄生根

塊根

紡錘根

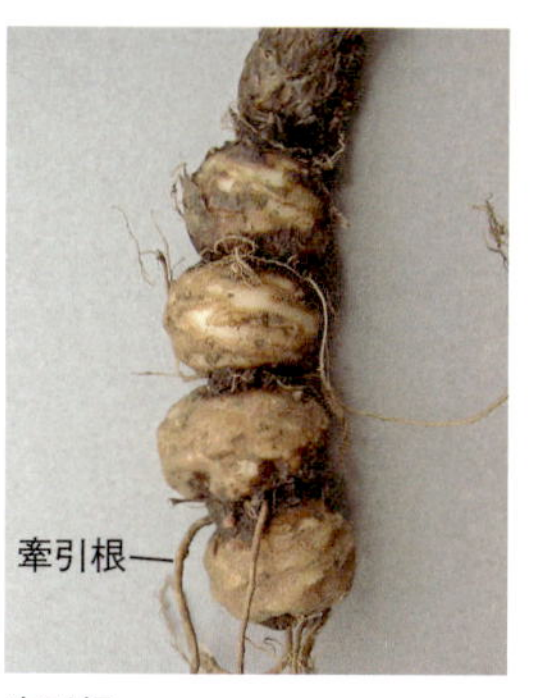
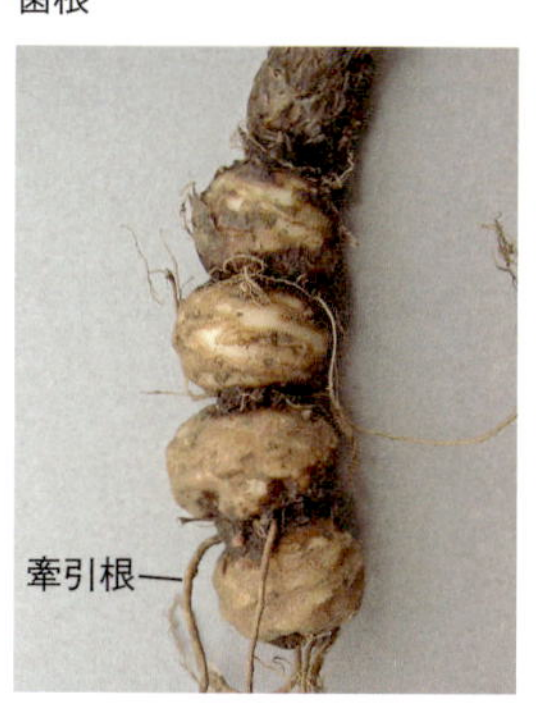

牽引根

筍根

屈曲膝根

直立膝根

板根

根粒

根の形態

地中環境は地上の環境より変化に乏しいので、根は概して茎・葉・花といった地上部の器官に比べて種類などによって形態が変わることは少なく、どの植物もあまり変わりがない。

外部から見ると、根の先端に根冠という根の先にある根端分裂組織を保護する部分がある。ここは絶えず新しい細胞が内側につくられ、外側の部分からはげ落ちる。根の先端より少し上の部分（成熟した領域）の所々に毛が生えている。これは根の表皮細胞に生える毛で、根毛という。根毛は根の表面積を大きくし、効率的に水分を吸収しており、また、酸を分泌して栄養分をイオンの形にして吸収しやすくしている。さらに、根の支持の働きを強める役割も果たす。

根毛
無数にあるので、表面積は非常に増え、効率よく水を吸収できる

縦断面で見ると、根の先に根冠で保護された根端分裂組織がある。それより上は中央部に師管と道管が通る中心柱があり、その外側に皮層が、最も外側に表皮があり、その一部の細胞に根毛がある（図1）。

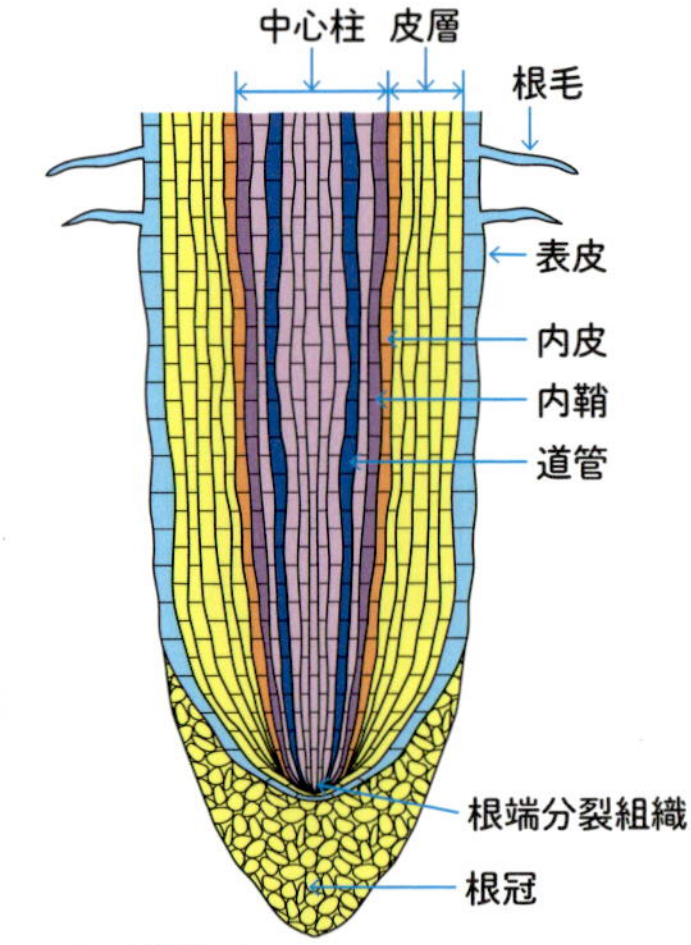

図1. 縦断面
『「根」物語』（研成社）を参考に作成

横断面では、最外層に通常は細胞1層からなる表皮がある。その内側から内皮までを皮層といい、さらにその内側に内鞘に包まれた中心柱がある。根における中心柱は、どの植物でも放射中心柱である（図2）。

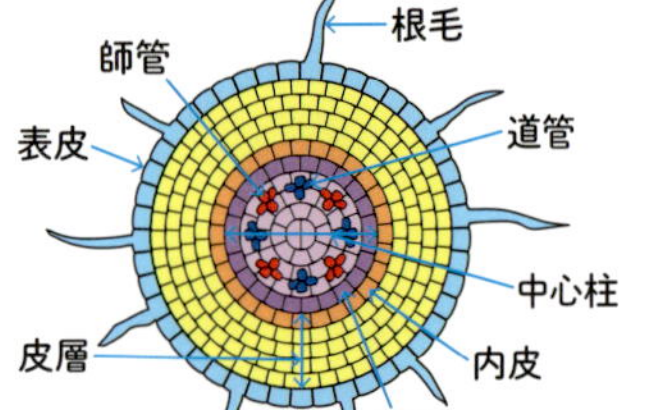

図2. 横断面
『「根」物語』（研成社）を参考に作成

column

笠から飛び出して咲くツユクサ

ツユクサの花は、鳥追い笠（おけさ笠）の形をした総苞から顔を少し出すように咲く。ところが、たまに花が笠から飛び出して咲いているのを見る。この花を仮に1番花と呼ぶと、1番花は通常なら咲くことはなく、普通は2番花から咲く。1番花は花柄が長く、笠から飛び出して咲くのだ。さらに、稀にだが1番花と2番花が縦に並んで同時に咲くことがある。1番花が咲く性質は遺伝的要因があるのか、1つあればその近辺に1番花が咲く個体が多い。

縦に2輪並んで咲くことも

笠から飛び出して花が咲く

葉

葉とは

植物学上では茎に側生する器官を葉という。カラタチの刺は茎に側生しており、葉が変形したものである。ただ、一見茎に側生しているように見えても、例えばキイチゴ属の刺は茎に生える毛が針状（剛毛針という）となったものであり、ハリギリの刺は茎の表層にできた刺状突起で、ともに葉ではない。このように一見茎に側生しているように見えるものでも葉ではないものもある。

葉の主な働きとしては、**光合成**（81頁）・物質交換・水分の蒸散・老廃物の処理などがあるが、鱗片状になっていてこれらの働きをほとんどしない葉もある。

葉の特徴

葉には次のような特徴がある。

・葉は通常、根や葉および成熟した茎から直接発生することはない。

・葉は時期が来ると茎との境に離層を形成して母体から脱落する。

・葉は通常、扁平な構造をしており、表と裏がある。

※植物学上では、向軸面を腹面、背軸面を背面といい、普通は前者を葉の表、後者を裏という。

普通葉を構成する部分

普通葉は、葉身・葉柄・托葉の3部分からなるが、これらのいずれか1つないし2つを欠くものも多い。次に各部分について説明する。

葉の各部名称（コゴメウツギ）

【葉身】

働き：葉の本体で、光合成や水の蒸散などを主に行う主要な部分。

葉身のない植物：

・サンカクバアカシアやソウシジュなどAcacia属に属する多くの種（葉の展開当初に葉身がある場合でも、それを落とし、扁平な形の葉柄が葉身に代って光合成など葉身の働きをする）。

・ツルレンリソウ（葉身は巻きひげとなり、托葉が大きくて葉身の代わりをする）。

【葉柄】

働き：茎と葉身の間を結んで、水・栄養物質・同化物質の通路となり、また、ねじって葉身を光の方向に向けたり、ほかの葉との重なりを調節する働きをする。葉柄内芽の植物などでは基部が肥大して腋芽を保護する。

葉柄のない植物：

・裸子植物では、イチョウ科・ツガ属など以外には葉柄はない。

・オトギリソウ属・ナデシコ属・リンドウ属などの茎生葉には葉柄がない。

特殊な葉柄を有する植物：

・センニンソウ属とヒヨドリジョウゴ・ヤマノイモなどでは葉柄・小葉柄・葉軸でほかの物に絡みつく。

・ヤマナラシ・ポプラは葉柄が平たく、風を上手く受け流す。

・マメ科・カタバミ科などでは通常葉柄基部が肥大した構造（葉枕という）となり、睡眠運動や調位運動を行う。

クズの葉枕

【托葉】

托葉とは：葉柄上または葉柄が茎に接する部位に生ずる葉身以外の葉的な器官を一括して托葉という。早落性の場合が多い。

働き：一般に托葉は葉身より先に伸びだし、後続の芽を保護する役目がある。

托葉のない植物：

・裸子植物には托葉はない。

・被子植物は、単子葉植物ではミョウガやシオデなどごく一部の種以外托葉はないし、単子葉植物以外でも托葉のない植物のほうがはるかに多い。

特殊な托葉を有する植物：

・タデ科では鞘状托葉を有する。

・アカネ科・イラクサでは葉間托葉を有する。

ツルドクダミの鞘状托葉

・ニセアカシアでは托葉が針状（托葉針）となる。

・シオデ属では托葉が巻きひげとなる。

・カラスノエンドウ・イブキノエンドウ・ソラマメでは花外蜜腺のある托葉を有する。

・カリンは托葉に托葉がある。ときにその托葉にも托葉がある。

葉の分類

葉は、切り口によりいろいろに分類される。以下に切り口ごとに葉を分類し、それぞれの名称を示す。

普通葉の構成3部分がそろっているか否かにより：**完全葉**・**不完全葉**。

葉の裏表の有無により：**両面葉**・**単面葉**（ネギでは筒状の葉全体が裏、また、シャガなどでは表側が二つ折りにたたまれて、くっつき、表は二つ折りの内側の面で、見える上面も下面も植物学的には裏である。これの場合、等面葉ということもある）。

ネギ（単面葉）

シャガ（等面葉）

葉の形態や機能により：**普通葉**・**鱗片葉**（通常、光合成を行わず、普通葉より著しく小型となった葉）・**苞葉**・**花葉**・**貯蔵葉**。

普通葉の形により：**針状葉**（マツなど）・**鱗状葉**（ヒノキなど）・**管状葉**（ネギ属・イグサ属など）。

茎につく位置により：**茎生葉**・**根生葉**・**ロゼッ**

ト葉（279頁）。

普通葉以外の葉で、シュートにつく位置により：**高出葉**（シュートの上部につくられる普通葉以外の葉で、退化して変質した葉を含む。ただし、花葉を含まない。苞・総苞など）・**低出葉**（シュートの下部につくられる普通葉以外の葉。冬芽の芽鱗やユズの刺など）。

普通葉の葉身が2つ以上の部分に完全に分裂しているか否かにより：**単葉**・**複葉**（232頁）。

変態した葉：**捕虫葉**（モウセンゴケなど）・**貯蔵葉**（鱗茎葉、ユリ属やネギ属など）・**葉針**（葉全体が針状になったもの、サボテン・カラタチなど）・**巻きひげ**（小葉・葉身・托葉が巻きひげとなる植物がある。ただ、枝が巻きひげになることもある）。

サワラの鱗状葉

ヤブガラシの鱗片葉

モウセンゴケの捕虫葉

葉の内部形態

普通葉は内部形態的に見ると、表皮系・維管束系・基本組織系の3つの組織系からなる。

表皮系は、主に葉の保護を行う組織で、普通1層の表皮細胞からなる表皮で覆い、その外側には蝋または脂肪酸からなるクチクラが分泌されて、クチクラ層がつくられる。クチクラ層は植物体内からの水の蒸散を防ぎ、体内への物質の侵入を調節する。また、陸上植物ではガス交換のための2つの孔辺細胞に囲まれた間隙がある。これを気孔という。

維管束系は、植物体内の物質の移動や植物体の機械的な支持を行う組織系で、外形では葉脈といわれる部分である。

基本組織系は、表皮系と維管束系以外の組織系である。普通葉では光合成を行う組織となっているが、貯蔵や貯水などを行う組織となっている場合もある。普通葉の断面を見ると、通常葉の表側には縦長の細胞が1層ないし2層密に並んだ組織（柵状組織という）が、また、裏側には形が不整な細胞が不規則に並んで間隙に富んだ組織（海綿状組織という）がある。柵状組織と海綿状組織を合わせて葉肉という。

葉の断面図
『生物学資料集』（東京大学出版会）を参考に作図

なお通常、落葉樹では柵状組織は1層しかないが、常緑樹では2層ある。その分、葉の緑が濃い。

バーナリゼーション

バーナリゼーションとは

特に春に花が咲く植物の場合、一定期間冬の寒さにあうと花芽を形成する能力がつくようになるのが多い。これをバーナリゼーションといい、日本語訳して春化（春化現象）ともいう。

シード・バーナリゼーションとグリーンプラント・バーナリゼーション

植物がバーナリゼーションするタイミングは2つある。1つは吸水しはじめたタネや発芽しはじめた幼苗の時点で寒さに当たってバーナリゼーションする場合で、もう1つは株がある程度の大きさになってから寒さに当たってバーナリゼーションする場合である。前者をシード・バーナリゼーションといい、セイヨウアブラナ・ダイコン・ナズナ・ハクサイなどがこのタイプのバーナリゼーションする植物で、後者をグリーンプラント・バーナリゼーションといい、例として、カリフラワー・キャベツ・ゴボウ・タマネギ・ニンジン・ネギ・ブロッコリーなどが知られる。

グリーンプラント・バーナリゼーション〜ストックを例に

ストックは、品種により異なるが、晩生品種では通常、本葉が8枚ないと寒さに当たってもバーナリゼーションしない。本葉が8枚以上あるような大きさの苗になって初めて、寒さに当たると花芽をつくることができるので、ストックはグリーンプラント・バーナリゼーションする植物の1つの例である。

ストック

農園芸分野では作物に人為的に寒さに当て、バーナリゼーションの処理（春化処理という）を行い、出荷時期を調整することもある。その例として、イチゴが一年中食べられるのは、春化処理と日長処理を上手く組み合わせて栽培しているからである。

越年草（冬型一年草）と二年草

春に開花する植物では、花が咲くためにはバーナリゼーションを必要とする植物が多い。越年草（「草本植物の分類」150頁）は秋に発芽して春に開花する植物であり、発芽したばかりの幼苗のときに冬の寒さを迎える。多くの越年草はこの際シード・バーナリゼーションして、その後、長日を受けて花芽をつけ、春に開花する植物といえる。

一方、同じく春に開花する植物でも、二年草の場合は一般に秋に発芽するが、このタイミングではバーナリゼーションせず、ほぼ1年栄養成長して、株が大きくなってから翌年の冬に寒さに当たり、花をつくる能力がつく。すなわち、ほぼすべての二年草はグリーンプラント・バーナリゼーションによって開花する植物である。このため、かつて「二年草の定義でグリーンプラント・バーナリゼーションする植物」という考えもあった。

配偶体

配偶体とは

配偶子をつくって生殖を行う世代を配偶世代といい、この世代の生物体を配偶体という。なお、配偶子とは合体や接合に関与する生殖細胞のことで、その核相は単相nである。

被子植物における雌性の配偶体は胚嚢であり、雄性の配偶体は花粉である。なお、雌しべの基部の膨らみは子房であり、子房の中に1ないし複数個の胚珠が入っている。写真はスイセンの花の子房を半分に切断したもので、白い粒々1個1個が胚珠であり、胚嚢は胚珠の中に入っている。

スイセンの花の断面

胚嚢（雌性の配偶体）のでき方

胚嚢のでき方を図で示すと次のようである。なお、雌しべをつくっている心皮は大胞子葉に当たる。

花粉（雄性の配偶体）のでき方

花粉のでき方を図で示すと次のようである。雄しべは小胞子葉に当たる。

受粉後の花粉の変化

被子植物では受粉した花粉は発芽して、花粉管を出し、花粉管核に誘導されるように雌しべの花柱の中を胚珠に向けて花粉管を伸ばしていく。花粉管内で雄原細胞は2つの精細胞になる。

受精後の胚嚢の変化

2つの精細胞の1つは胚嚢の中の卵細胞と合体し、受精卵となり、成長して胚になる（これにより胚の核相は複相2nとなる）。一方、もう1つの精細胞は極核2つと合体し、胚乳となる（これにより胚乳の核相は3nとなる）。胚嚢の中に胚と胚乳ができ、胚珠全体が種子となる。種子は発芽して新しい植物体となるが、これが被子植物の胞子体である。

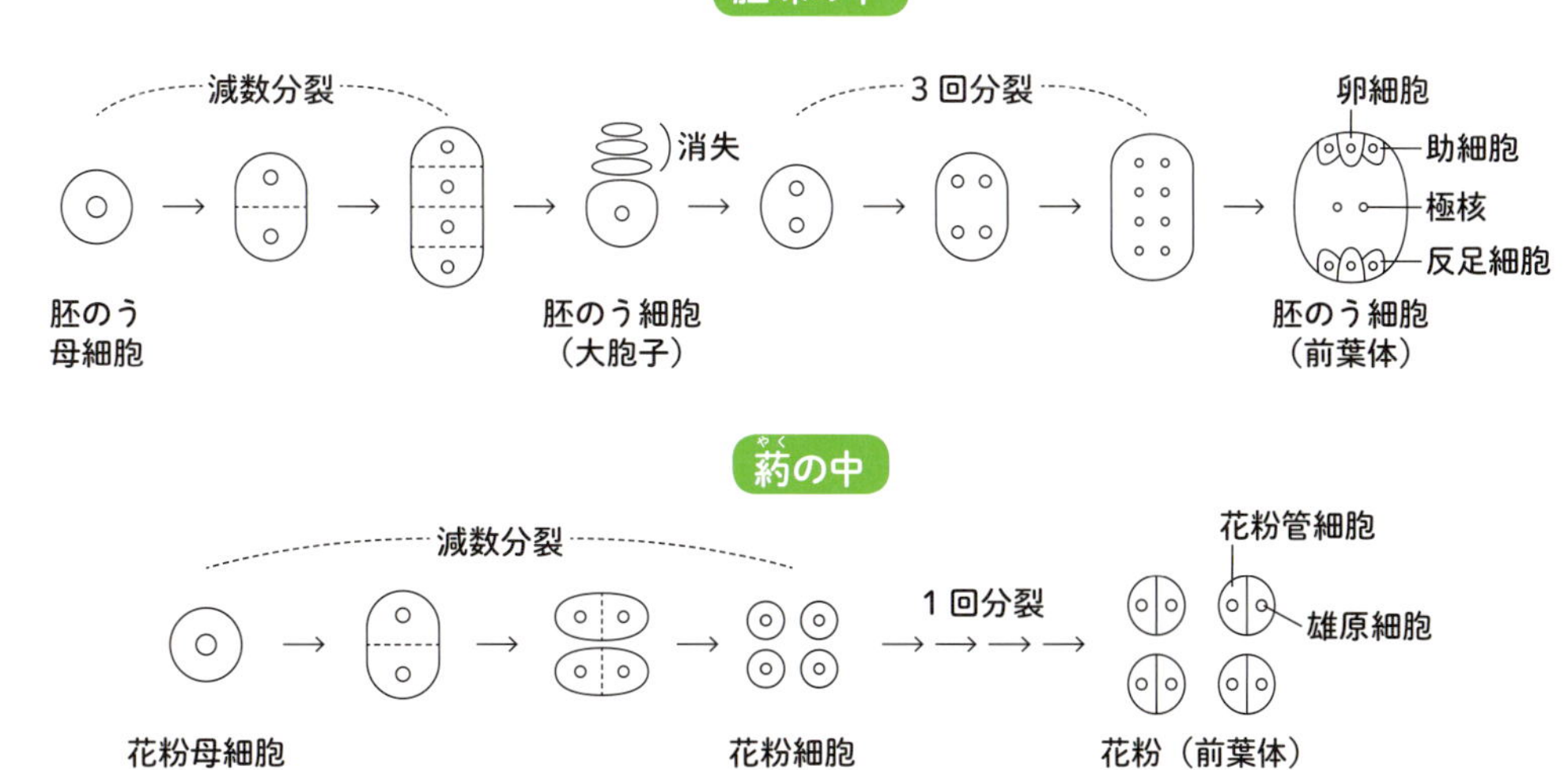

ハイマツ林

ハイマツとは、ハイマツ林とは

ハイマツは、東シベリアを分布の中心として北東アジアのオホーツク海を取り囲む地域に分布する植物で、マツ科の5葉性の矮性樹木であり、幹や枝は地表を這って先が立ち上がる。

わが国には次のようにしてハイマツが入ってきた。第4紀の氷期に植物が南下し、その後、温暖になった折に北上したが、一部の植物は標高の高いところに残った。ハイマツもこのようにして、わが国の高山に残ったのである。

ハイマツ林は、中部地方以北のわが国では標高的に最も高い位置にある樹林で、より上は高山帯の草本植物ないし超低木の木本植物が生える場所となる。同様のハイマツ林が形成されているのは、北朝鮮～中国東北部に連なる山脈の一部や、ロシアの沿海州にあるシホテアリニ山脈などで、また、千島列島やカムチャツカ半島ではハイマツ林は海岸の植生である。それ以外の北東アジアの大部分ではダフリアカラマツ（グイマツの学名上の母種）林の林床にハイマツが生える程度で、ハイマツは樹林を形成していない。

ハイマツ林

わが国におけるハイマツ林

前述の通り、わが国にハイマツが入ってきたのは氷期で、その後の温暖化で標高の高いところに残ったものであり、赤石山脈はハイマツ林の世界の南限である。そして、わが国の中部地方以北の高山では樹林帯の最上部、森林限界の位置にハイマツ林が形成される。

ところが、富士山は赤石山脈の比較的近くにあり、緯度的にも標高的にもハイマツが生えていておかしくないはずであるが、富士山にはハイマツは生えていない。これは富士山が最終的に1万2千年前にできた新しい山で、ハイマツが日本に入ってきたのはそれより前の氷期だか

富士山にはハイマツは生えない

らである。

　また、北海道の超塩基性岩地（26頁）では海抜100メートルにも満たない標高の低いところにハイマツ林があるようである。

わが国のハイマツ林と多雪

　ハイマツ林の分布要素の1つとして非常に雪が多いということがある。すなわち、冬季の積雪の深さがハイマツ林の存在に大きく影響するようである。大雪山では、ハイマツ林は冬季の積雪が平均30センチ〜3メートルの場所にあるという。ハイマツは冬季、雪に埋もれることによって吹き付ける強風と寒さから守られているが、オオシラビソやコメツガなどの亜高山性の常緑針葉高木は非常に強い寒風に耐えられないのである。その上、わが国は夏季に降水も多いし、雪解け水もあり、水の供給は潤沢で、ハイマツのように短い夏に生育する植物にとって申し分がないのである。オオシラビソやコメツガなどがこの場所で生き残るとすると樹高をハイマツ並に低くする必要がある。なお、本州中部の高山で標高が約2500メートル以下になると過酷な風雪も少し和らぎ、亜高山性の針葉樹林が成立する。また、積雪がより深い場所では雪解けが遅く、夏の生育期間が短すぎ、ハイマツ林はできない。

column

葉を折って見分ける ①シャリンバイとトベラ

シャリンバイとトベラの葉は何となく似ている。しかし、通常は次のような違いがあり、見分けることができる。

左がシャリンバイで、右がトベラ。裏側を上にし、谷折りにした葉。左のシャリンバイは折れ線で割れているのに対し、右のトベラではただ折れているだけである

【シャリンバイ】

　シャリンバイの葉は通常、縁に浅い鋸歯がまばらにあり、先は丸いのもあるし、とがるのもある。ときに裏側に少し巻く。革質で、硬い。裏面は細脈がはっきり見える。


【トベラ】

　トベラの葉は全縁で鋸歯はなく、先は丸い。しばしば裏側に巻く。革質だが、シャリンバイほど硬くはない。裏面に細脈があるが、透かして見ないとわかりにくい。


　典型的な葉であれば、慣れれば前述の特徴を参考に見分けることができるが、どっちつかずの個体もあり、識別に困ることもある。そんなときは葉を折ればわかる。葉の裏面を上にして、谷折りに折る。シャリンバイの葉はパリっと音を立てて割れるのに対し、トベラではただ折れ曲がるだけである。

　この方法のポイントは、若い葉でなく、深緑色の葉で行うことと、表側を上にして折らないこと。表を上にして折ると、トベラの葉も割れる。

発芽の条件

タネの発芽の条件

タネが発芽するためにはいくつかの条件がある。その条件とは、

①水があること。
②空気があること。
③その植物にとって発芽するのに適する温度があること。
④植物の種類によっては光があること、逆に光があると発芽しにくくなるものもあり、この場合は光がないまたは弱いことが条件となる。

次に前述の条件のうち、温度と光を取り上げて少し説明し、園芸植物で例を示す。また、最後に発芽しにくいタネについても述べる。

アサガオの発芽

タネの発芽適温

その植物の原産地の気温の違いなどに応じてタネが発芽するのに適する温度は異なる。次に温度ごとに植物の例を挙げる。

【高温】
25℃くらい：アサガオ・オジギソウ・ヒマワリ。
22〜27℃：アゲラタム・ガーベラ・ペチュニア。

【中温】
20〜25℃：ケイトウ・トルコギキョウ（ユーストマ）・ニチニチソウ。
18〜24℃：インパチエンス・コリウス・パンジー。
15〜20℃：キンギョソウ・プリムラ。

ヒマワリのタネ

【低温】
10〜15℃：ガザニア・シクラメン・チドリソウ。

好光性のタネと嫌光性のタネ

発芽するのに光があることが条件のタネを好光性のタネといい、逆に光があると発芽しにくくなるタネを嫌光性のタネという。次に好光性のタネと嫌光性のタネの例を挙げる。

好光性のタネ：カルセオラリア・キンギョソウ・ゴボウ・ジギタリス・シロタエギク・トレニア・ブロワリア・ベゴニア・ペチュニア・ミツバ・ユーストマ・レタス。

嫌光性のタネ：ウリ類・キンセンカ・クロタネソウ・シクラメン・スイートピー・ダイコン・ナス・ハゲイトウ・ハナビシソウ・フロックス。

トレニアのタネ

キンセンカのタネ

発芽しにくいタネ

野生の植物では、自然界でより確実に世代を引き継ぐため発芽は斉一でないことが多いし、また、しばしば発芽しにくくしている。園芸植物では生産性の観点から改良されていることがあり、発芽のそろいは一般に良くなっており、発芽しにくい種類も比較的少なくなっている。

しかし、一部の園芸植物では前述の発芽条件を満たしていてもタネが発芽しにくい。その理由として、①タネが硬実（こうじつ）である、②タネに発芽抑制物質がついている、③タネが休眠（きゅうみん）しているなどがある。次にそれぞれの理由ごとに、例とそのタネの発芽を良くする方法を記す。なお、野生の植物においても発芽しにくい理由の主なものはこれら3つである。

①タネが硬実である（種皮（しゅひ）などが硬く厚いため、吸水に長い時間を要し、発芽しにくい）。例として、アオイ科（ハイビスカス・ホリホックなど）・ヒルガオ科（アサガオ・ヨルガオなど）・マメ科（アカシア・スイートピー・ルピナスなど）などがある。発芽を良くするには、1粒ずつ種皮をやすりで少し削るか、小刀などで種皮に傷をつける。なお、市販されている硬実のタネは研磨処理されている場合もある。

アサガオのタネ

②タネに発芽抑制物質がついている（種皮に発芽抑制物質をつけていたり、果肉の中などに発芽抑制物質を含んでいる）。例として、ゴボウ・シクラメン・ニンジン・バーベナ・ホウレンソウなどがある。発芽を良くするには、播種前（はしゅまえ）に果皮（かひ）を取り除いたり、タネを洗って発芽抑制物質を洗い流す。なお、発芽抑制物質をもつタネはそれを取り除いて市販されている場合が多い。

③タネが休眠している（タネが完熟し発芽力があるのに休眠により発芽しない）。例として、ボタン・ユリなどがある。発芽を良くするには、低温に当てると発芽するものが多い。なお、休眠する種類のタネは休眠打破してから市販されている場合が多い。

ヒメユリのタネ

ニンジンのタネ

column

ヤマコウバシの枯れ葉はシャキッとしている

ヤマコウバシは、秋の枯れ葉が枝についたまま春まで残るので、冬に見分けるのは比較的に容易だ。ところが、秋の寒さの来方や、樹種・個体によってはヤマコウバシ同様に枯れ葉が枝に残り、見分けにくくなるものがある。

ただ、ヤマコウバシの枯れ葉の色はほかの樹種とは少し異なるし、枯れ葉は夏～秋に緑であったときの位置にそのままの姿で残る。例えば、クヌギの枯れ葉はしわになり、枝から垂れるようにして残る。

クヌギの枯れ葉はしわになり、垂れて残る

ヤマコウバシの枯れ葉は垂れることなく、また、しわになることもなく、緑だったときと同じ状態で残る

花

花とは

花とは植物学上、花被片（花弁や萼片）を有する生殖器官である（現在、花被片をもたない植物でもかつて祖先が花被片をもったことのある植物の有性生殖器官も花とする）。したがって、発生以来、花被片をもたない裸子植物の有性生殖器官は狭義には花ではないが、一般には花という。簡単にいうと、花とは種子植物の有性生殖のための器官である。

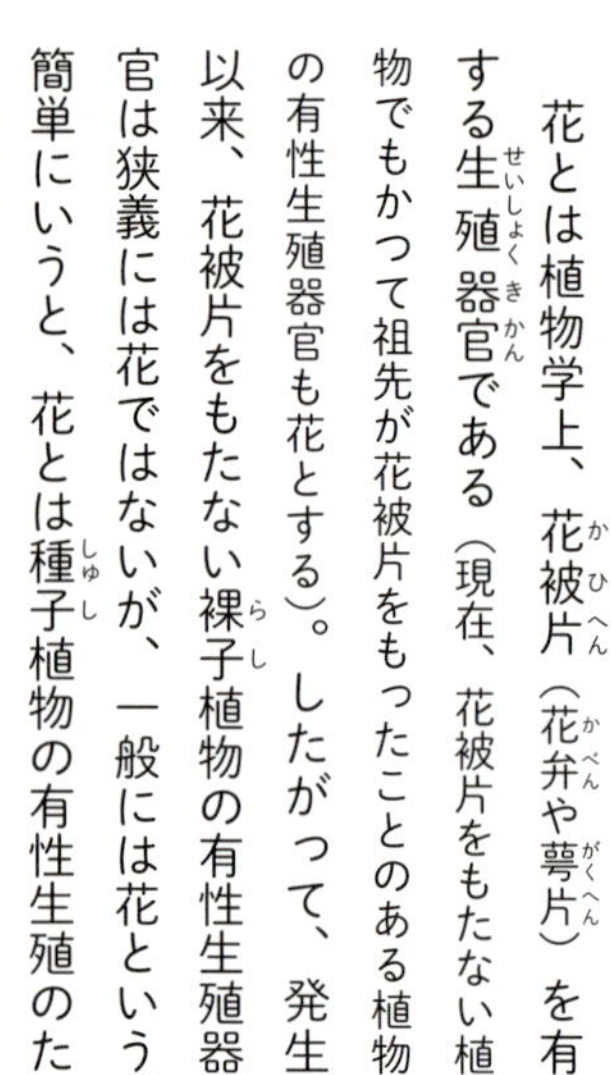

ハイビスカス
鮮やかな色をして、動物に花の存在をアピールしている

花の構造

花は外側から萼片・花弁・雄しべ・雌しべからなり、それ全体を花托の上に載せた構造をしている。花托には柄（花柄という）があり、その基部には苞（花の下の葉で、普通葉と色・形・大きさが異なる葉を苞という）がある。ただし、1つの花に萼片・花弁・雄しべ・雌しべのすべてがそろっていない場合も多い。なお、花托は花床といわれることもあるが、後述する頭花の台（これを花床という）と区別したほうがわかりやすいので、花托と花床は使い分けたほうがよい。

花の各部の名称と働き

萼片は通常複数枚あるが、互いに合着しているものもある。これを萼という。萼の合着した部分を萼筒といい、合着していない先の部分を萼裂片という。ただし、1つの花にある萼片をセットで萼ともいう。萼はその内側にある雄しべや雌しべを保護する働きが主である。

花弁は通常複数枚あるが、互いに合着しているものもある。これを花冠という。花冠の合着している部分を花筒といい、合着していない先の部分を花冠裂片という。ただし、1つの花にある花弁をセットで花冠ともいう。花冠は多くの花では虫や鳥に花の存在を知らせる働きをするとともに、雄しべや雌しべの保護にも役立っている。

萼片と花弁を合わせて花被片という。花被片は通常複数枚あるが、互いに合着しているものもある。これを花被という。ただし、1つの花にある花被片をセットでも花被という。また、萼片と花弁の形態がほとんど同じ場合も萼片とか花弁といわず、花被片という。そして、

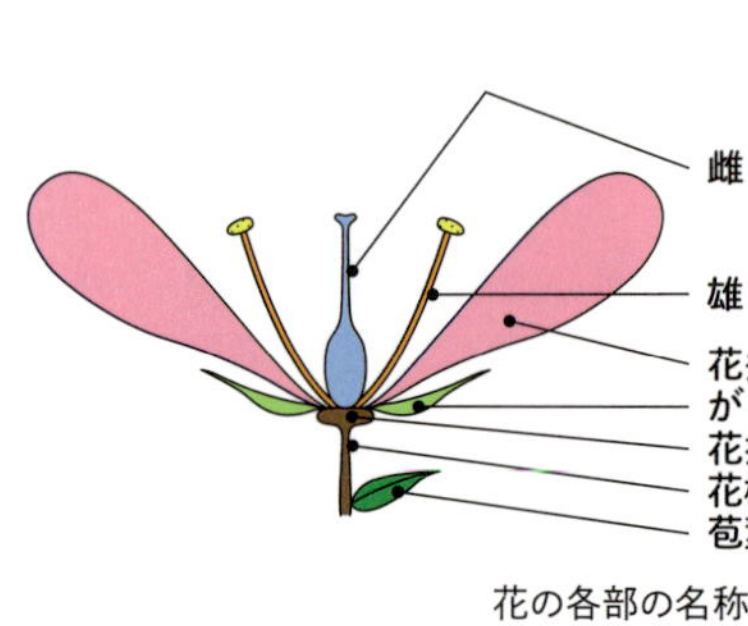

花の各部の名称

花冠裂片
花冠
花筒
萼
萼裂片
萼筒

合弁花冠の模式図

ヤブツバキ

外側にある花被片（萼片に当たる）を外花被片、内側にある花被片（花弁に当たる）を内花被片という。

雄しべは花糸と葯からなり、葯は別名花粉袋ともいわれるとおり、中に雄性の生殖器官である花粉を容れる。雄しべは通常複数本あり、一定数の種類もあるが、数が不定の種類もある。

雌しべは柱頭・花柱・子房からなり、子房の中に雌性の生殖器官である胚珠を容れる。胚珠は1つの子房の中に1つしかない種類もあるが、多数あるほうが多い。また、雌しべは多くの種類では1本だが、数が不定で多数の種類もある。不定で多数の種類は一般に進化の進んでいない種類に多い。例を挙げると、カツラ科・キンポウゲ科・シキミ・ハス・バラ科の一部・フサザクラ科・ボタン科・マツブサ・モクレン科・ヤマグルマなどがある。

頭花の各部の名称

キク科やマツムシソウ属などでは、小さな花が多数集まって1輪の花を形成する。これを頭花という。この場合の小さな花を小花という。多数の小花は花床という台の上に載っている。小花は1つの花であるから、これ1つにちゃんと萼・花冠・雄しべ・雌しべが存在する。ただし、これらのどれかが欠けている場合もある。また、萼は冠毛といって、多数の毛状体になっていることが多い。小花には花冠が発達した舌状花と、花冠が貧弱となった筒状花とがある。花床を覆うように総苞があるが、これの1片1片を総苞片という。

花冠
花粉
葯
花糸
雌しべ
冠毛
子房

筒状花の分解図

舌状花
筒状花
花床
総苞片

頭花の模式図

column

コブシ・ハクモクレンを花芽で見分ける方法

コブシとハクモクレンは、開花してから落葉するまでは花や葉で容易に見分けられるが、冬期に見分けるには一般には枝の太さや維管束痕の並び方で見分ける。

しかし、花芽があれば簡単に見分けられる。まず、花芽のついた横向きの枝を探す。コブシの場合、花芽は枝なりの向きにつくので、横向きの枝には横向きに花芽がつく。しかし、ハクモクレンの場合、横向きの枝は花芽近くなると斜め上向きになり、花芽はほぼ真上を向くようにつく。

コブシの花芽は枝なりの向きにつくので、横向きの枝には横向きにつく

ハクモクレンでは横向きの枝は斜め上向きになり、花芽はほぼ真上を向く

形態
分類
生理
生態
環境
文化

花色

花に色がある理由

虫媒花や鳥媒花（174頁）は、花に色をつけて虫や鳥に花のありかを教え、花粉を運んでもらい、受粉している。したがって、来てもらいたい虫や鳥に応じて通常それらの好み（好みという言葉は適切ではないかもしれないが、わかりやすいのでこれを使う）の色にしているのである。次に花色について記す。

デルフィニウム

花色の発現の仕方

花びら※の切断面を顕微鏡で見ると、葉の断面同様表側の表皮は1層あり、その下に柵状の層が通常1層ある。柵状の層の下の層は厚く、細胞どうしの間には隙間があり、海綿状になっている（197頁参照）。海綿状の層のさらに下が花びらの裏側の表皮となっており、これも1層である。

花びらの表側の表皮には色素が含まれ、多くの植物では柵状の層の一部の細胞にも色素が含まれる。裏側の表皮には色素が含まれることもあるが、含まれないことも多い。海綿状の層には色素は含まれず、海綿状の隙間には空気が小さな気泡となって含まれる。

小さな気泡をたくさん含む海綿状の層は光を反射する層となり、表側の表皮と柵状の層を通過してきた光の多くを反射し、再び柵状の層や表皮を通ってわれわれの目に入る。われわれはこれを花の色として認識するのである。

※ここで使用する花びらという言葉は、植物学上の花弁ではなく、虫や鳥に花のありかを教えるために色を呈しているもので、一般用語として使われるものである。したがって、花弁だけでなく、植物学的には萼片の場合もあるし、まれだが雄しべのこともある。

花に含まれる色素

花の色を発現する主な色素として、カロテノイド系色素・フラボノイド系色素・ベタレイン系色素・クロロフィルがある。次にこれらについてそれぞれ説明する。

カロテノイド系色素

カロテノイド系色素は、赤・橙・黄などの色を発現する色素で、花だけでなく葉・根・果実などにもしばしば含まれる。例えば、キンセンカ・パンジーの黄花品種・カボチャ・シュンギクなどの花、ニンジンの根やカボチャの果肉はカロテノイドにより発色している。カロテノイドの代表的なものとしてカロテンがあり、なかでもβ―カロテンはカロテンを含む花びらにはほぼ確実に含まれる。

カロテノイドは水やアルコールに溶けにくく、油脂やベンジン・エーテルなどによく溶ける（脂溶性）のが特徴である。そのため通常、細胞の液胞の中に含まれることはなく、細胞質の中に結晶となったり、沈殿した状態で含まれる。したがって、花びらをすりつぶして、ベンジンに漬けると濃色になる。

フラボノイド系色素

これにはいろいろな種類があり、その主なものとしてフラボン・フラボノール・カルコン・オーロン・アントシアニンがある。このうちアントシアニンは特殊な発色をするので別途記すとして、フラボン・フラボノール・カルコン・オーロンなどをひとまとめにしてここではフラボン類として扱い、これについて次に記す。

フラボン類は淡黄色～濃黄色を発現する色素で、例えばキンギョソウのクリーム色品種の花はフラボンにより、アサガオの白色～淡黄色品種はフラボノールにより、ダリアの黄色品種はカルコンにより、キンギョソウの濃黄色品種はオーロンにより発色している。

フラボン類は水にも酸にも溶けやすいが、ベンジンやエーテルなどには溶けにくい性質がある。また、酸度により色が変わる性質があり、酸性になると黄色が淡くなり、アルカリ性では濃くなる。したがって、花びらをアンモニア水の瓶の上に置くと、アンモニアガスが出て、黄色が濃くなる。なお、フラボン類には太陽光に含まれる紫外線から植物を守る働きもある。

ベタレイン系色素

ベタレイン系色素は、ナデシコ科以外のナデシコ目に属する多くの植物（オシロイバナ科・サボテン科・スベリヒユ科・ツルナ科・ツルムラサキ科・ヤマゴボウ科など）の花色を発現するのに関与している。これにはベタシアニンとベタキサンチンがあり、前者は赤色～紫色を、後者は黄色を発現する色素である。アカザ・ハゲイトウの葉色、オシロイバナ・マツバボタンの花色、ビートの根の色はベタレインにより発現している。ベタレインは水溶性で、花びらなどの表層の細胞の液胞中に溶けている。

ハナスベリヒユ
パステルカラーの花をカラフルにたくさん咲かせる

クロロフィル

花は通常、蕾のときはクロロフィルを含み、緑色を呈している。開花が近くなると、一般にクロロフィルは消失し、カロテノイドやアントシアニンなどが合成されるようになる。ただ、一部の花ではクロロフィルがそのまま残り、開花しても緑色を呈する。

パイナップルリリー

アントシアニン類

アントシアニンはフラボノイドの1種で、赤・橙・桃・青・紫など幅広い色を発現する色素である。

アントシアニンは水や酸に溶けやすいが、ベンジンやエーテルには溶けにくい。また、酸性では赤色を、中性では紫色を、アルカリ性では青色を発現する。ただし、花びらの細胞の中は通常酸性で、アルカリ性により花色が青色を呈することはほとんどない。したがって、花びらを細かくちぎって希塩酸(きえんさん)に浸すと赤色に変わるし、花びらをアンモニア水の瓶の上に置くと、青くなる。

主な花色の発現の仕方

ナデシコ目以外の植物の花色につき色ごとにその発現の仕方を次に記す。

白色：白い色素は植物には存在しないといわれる。白い花びらは極淡い黄色や無色に近いフラボン類が存在するが、白く見えるのは花びらに含まれる気泡による。

タマスダレ
植物には白い色素はないので、白く見えるのは花びらに含まれる気泡を見ているということである

黄色：黄色はフラボン類ないしカロテノイド単独で発現する場合と、その両者が関わって発現する場合とがある。概して、淡い黄色はフラボン類単独で発色している。また、蜜標(みつひょう)の黄色はカロテノイドにより発現していることが多い。

マリーゴールド

キンギョソウ

赤色・桃色：赤色はカロテノイドにより発現する場合とアントシアニンにより発現する場合と、この両者が関係する場合がある。カロテノイドにより発現する場合は通常同じ赤色でも黄色みを帯びた赤色を呈し、アントシアニンにより発現する場合は通常青みがかった赤色を呈する。桃色は赤色の色素の量が少ないと発現する。

ハイビスカス

チューリップ

ヒルザキツキミソウ

ゼラニウム

橙色：橙色はカロテノイドないしアントシアニン単独で発現する場合と、アントシアニンにフラボン類ないしカロテノイドが加わって発現する場合とがある。カロテノイド単独で発現する場合は通常同じ橙色でも黄色みを帯びた橙色となり、アントシアニン単独で発現する場合は通常赤みを帯びた橙色となる。

オニユリ

チューリップ

青色：青色の発現には通常、アントシアニンが関与している。ただし、アントシアニンが単独で発色することはなく、次のような形で青色を発現している。

①アントシアニンが補助色素と特殊な結合をして発色する。これにおいてフラボン類や多糖類が補助色素として働く（例としてアイリス）。

②アントシアニンがマグネシウムなどの金属元素と化合物をつくることによって青色を発現する（例としてツユクサ）。

③有機酸を2分子以上結合したアントシアニンにより青色を発現する（例としてキキョウ）。

キキョウ

ツユクサ

アヤメ

column

葉を折って見分ける ②シラカシとアラカシ

シラカシとアラカシの葉はよく似ている。しかし、通常は次のような違いがあり、見分けることができる。

【シラカシ】

シラカシの葉は、上3分の2以上の縁に浅い鋸歯（きょし）があり、少し革質だが、アラカシほど硬い感じがしない。裏面は灰緑色である。

【アラカシ】

アラカシの葉は、上半分の縁にはっきりとした鋸歯があり、革質で硬い。裏面は緑白色で、シラカシとは微妙に色味が違う。

慣れれば、典型的な葉なら前述の特徴を参考に見分けられるが、どっちつかずの個体もあり、識別に困ることもある。そんなときは葉を折ればわかる。葉の裏面を上にして、谷折りに折る。シラカシの葉では折った線だけが白くなるが、アラカシでは折った線に沿って2～3ミリ幅の白い線が現れる。

この方法のポイントは、若い葉でなく、深緑色の葉で行うことと、表側を上にして折らないことである。

左がシラカシで、右がアラカシ。裏側を上にし、谷折りにした葉。左のシラカシは折れ線だけが白に色づくが、右のアラカシでは折れ線に沿って2～3ミリ幅で白い線が現れる

花札(はなふだ)の植物(しょくぶつ)

花札とは

花札とは、南蛮(なんばん)カルタを江戸時代後期に日本風にアレンジして生まれたカルタで、12種の草木を描いた札を12か月に各4枚配した48枚を1組としたもの。

花札に描かれている植物

花札の10点ないし20点札に描かれている図柄は次の通りである。

1月　松に鶴

2月　梅に鶯

3月　桜に幔幕

4月　藤に不如帰

5月　菖蒲に八橋

6月　牡丹に蝶

7月　萩に猪

8月　薄に雁

12月　桐に鳳凰

11月　柳に燕

10月　紅葉に鹿

9月　菊に盃

花札の植物にまつわる話

1月「松に鶴」

松も鶴も古来、長寿の象徴として尊ばれ、この2つの組み合わせは最高にめでたいものといえる。なお、この2つは中国の伝説で不老不死の霊山、蓬莱山の図にも仙人とともに必ず描かれている。

2月「梅に鶯」

「梅に鶯」は取り合わせの良い2つのものの例えとして使う。「梅に鶯、紅葉に鹿、牡丹に唐獅子、竹に虎」と続けていうこともある。

ついでに、鶯宿梅の故事を記す。村上天皇の時代（950年頃）、清涼殿の梅が枯れたので、紀貫之の娘の紀内侍の庭にあった美しい紅梅を

鶯

梅

植えさせた。その際、木に「勅なれば いともかしこし 鶯の 宿はと問はば いかが答へむ」という歌が添えられていた。天皇はこれを知り、大いに悔やみ、梅を返した。この故事でも梅と鶯は密接な関係にあることがうかがえる。ただ、梅にメジロが花の蜜を吸いに来ることはあるが、ウグイスが来ることはほとんどない。

3月「桜に幔幕」

幔幕が張ってあるということは、花見の図柄である。平安後期以降、花といえば桜を指すようになった（それまでは梅を指していた）。花見は平安時代に桜を愛でる習慣が貴族の行楽として起こったが、豊臣秀吉の行った醍醐の花見は権力を示す豪奢なものであった。江戸時代、花見は一般市民の楽しみとなり、特に徳川吉宗は花見することを勧め、飛鳥山を江戸っ子たちの行

楽の地としてここに桜を植えた。飛鳥山は今でも桜の名所となっている。

4月「藤に不如帰」

不如帰は、夏鳥として卯の花や藤の花が咲くころに渡ってくる鳥で、夜に鳴く鳥として珍重され、初音を聞こうと夜を徹して待ったと『枕草子』に書かれている。花札の、不如帰が有明の月の前を飛んでいる絵は、まさに百人一首の1首「ほととぎす 鳴きつる方を 眺むれば ただ有明の 月ぞ残れる」の光景といえる。

5月「菖蒲に八橋」

八橋とは、庭園の池などに幅の狭い橋板をジグザグに継ぎ渡した橋のことである。この場合の菖蒲は少し乾燥したところに自生する現在のアヤメではなく、ハナショウブのことである。ショウブ科のショウブは端午の節句のときのショウブ湯に使われ、立ち並ぶ葉が綾をなす様からかつて菖蒲といわれていたが、現在のアヤメがアヤメと呼ばれるようになると、音読みしてショウブといわれるようになった。ハナショウブは葉はショウブに似、花が美しいので、それに花をつけてハナショウブとなった。いまだに少しわずらわしく、「水郷のあやめ祭り」の「あやめ」や「しょうぶ田」の「しょうぶ」は通常ハナショウブのことである。

花菖蒲と八橋

6月「牡丹に蝶」

「梅に鶯」の類表現として、「牡丹に蝶」という成句があり、取り合わせの良いことの例えに使う。

9月「菊に盃」

旧暦9月9日は五節句の1つである、重陽の節句（菊の節句ともいう）の日である。奈良時代からこの日には宮中で観菊の宴が催され、延命長寿を願い、菊酒（盃に菊の花を浮かべて長寿を願って飲む酒）を飲んだ。江戸時代には民間にまで広がり、最も重要な節句であったが、なぜか明治時代に急速に廃れた。

10月「紅葉に鹿」

前述の通り「紅葉に鹿」は取り合わせの良い例えとして使う。この取り合わせから鹿の肉を「もみじ」という。紅葉とは関係ないが、花札の十点札の図柄は鹿が後ろを向き、知らん顔しているように見えることから、鹿の十点札が「鹿十」になり、「相手を無視すること」の意味に使われる「シカト」の語源となった。

11月「柳に燕」

「梅に鶯」の類表現として、「柳に燕」という成句があり、取り合わせの良いことの例えに使う。ただ、冬に柳や燕が描かれているのには納得がいかない。

12月「桐に鳳凰」

鳳凰は古来中国で麒麟・亀・竜とともに四瑞として尊ばれる、想像上の瑞鳥であり、醴泉（甘い泉）の水だけを飲み、竹の実だけを食べ、梧桐の木にしか住まないと考えられている。梧桐は中国原産のアオギリのことだが、わが国では桐ととらえ、花札では桐を配したものと思われる。なお、成句の「桐一葉（桐一葉落ちて天下の秋を知る）」の桐も梧桐（アオギリ）のことといわれる。

春の七草

春の七草

せり なずな ごぎょう はこべら ほとけのざ すずな すずしろ これぞ七草

これは『河海抄』に載っている四辻善成の和歌だが、これが春の七草の出処とされる。せりがセリ、なずながナズナ、ごぎょうがハハコグサ、はこべらがハコベ、ほとけのざがコオニタビラコ、すずながカブ、すずしろがダイコンとされているが、これは牧野富太郎が特定した説に従ったものであり、一般にはこれが採用されている。なお、道ばたなどに生える、ホトケノザと呼ばれる種は七草のほとけのざではない。

春の七草の寄せ植えかご

七草がゆ

春の七草は、七草がゆと深く結びついているので、以下、七草がゆについて記す。

七草がゆとは、現在では一般に、

①1月7日に、
②せり・なずな・ははこぐさ・はこべ・こおにたびらこ・かぶ・だいこんの
③7種の草を入れた
④かゆを
⑤無病息災と
⑥五穀豊穣を願って食べる行事のことである。

かゆをつくる際は、七草を前日に摘んで、当日、歳神さまを祀った棚の前で七草囃子を唄いながら七草をきざみ、無病息災と五穀豊穣を願うのである。七草囃子は地域にもよると思われるが次のような囃子である。

七草なずな　唐土の鳥が　日本の国へ　渡らぬさきに　すととんとん

昔、食料採取として若菜摘みが行われていた。それを詠んだものとして『万葉集』巻十の次の和歌を挙げることができる。

春日野に 煙立つ見ゆ 娘子（をとめ）等し 春野のうはぎ（ヨメナのこと）摘みて煮らしも

やがて若菜摘みが行事化して行楽・遊びとしての若菜摘みとなる。その例として『古今集』に掲載されている光孝天皇の和歌を挙げることができる。

君がため 春の野に出でて 若菜摘む わが衣手に 雪は降りつつ

そして、それが形式化・儀式化して七草がゆになった。江戸時代には五節句の1つとされ、大衆化してほぼ現在の七草がゆになったようだ。

食料採取の若菜摘みが前述の七草がゆになる過程で四辻善成の和歌や次のようなことが影響したり、採り入れられたりしたようである。

・ハレの日には昔はかゆを食べて祝った。
・1月15日に七種がゆを食べた（米・粟・稗・黍・胡麻・小豆・みのごめの7種）。
・中国では人日（1月7日）に七種菜の羹を食べた。その日は、害鳥を戸や床をたたいて追い払った。
・1月15日に鳥追いをして、五穀豊穣を祈った。

春の七草

セリ

ナズナ

ハハコグサ

ホトケノザ（これは春の七草のホトケノザではない）

ハコベ

コオニタビラコ

カブ

ダイコン

column

虫が入るだけで花の中は糸だらけ。ヒルザキツキミソウ

ヒルザキツキミソウは、北アメリカ原産で、月見草の仲間（マツヨイグサ属）だが、昼も花が咲いているので、この名前がつけられた。

花は淡い桃色で、花弁は4枚でパラボラアンテナ状となっている。中に雄しべが8本あり、T字状についた葯から花粉が出る。花粉は粘る糸でつながっていて、花粉が少しでもつけば、芋づる式に出てきて、たくさんくっつくようになっている。このため、虫が入ると、花の中は糸だらけになってしまう。

この性質はこの種だけでなく、マツヨイグサ属の特徴であるし、また、ツツジ属の植物の花粉も粘糸でつながる。

ヒルザキツキミソウ

花に虫が入ると、中は粘糸だらけとなる

標徴種(ひょうちょうしゅ)

標徴種とは

ある特定の植物群落(しょくぶつぐんらく)などにおいて適合度の高い植物をその群落などの標徴種という。わかりやすく言えば、ある群落において生えている確率の高い植物がその群落の標徴種といえる。

ヤブツバキクラスの標徴種

わが国の森林は大きくヤブツバキクラス・ブナクラス・トウヒ―コケモモクラスに分けられる。ヤブツバキクラスおよびそこに見られる主なオーダーおよび群団における標徴種を表1に示す。

ブナクラスの標徴種

ブナクラスおよびそこに見られる主なオーダーおよび群団における標徴種を表2に示す。

ヤブツバキ

シロダモ

リュウキュウアオキ(ボチョウジ)

アオキ

テイカカズラ

タブノキ

マンリョウ

ウラジロガシ

ミヤマシキミ

アズキナシ

ツタウルシ

コシアブラ

リョウブ

クロモジ

ツクバネウツギ

エゾユズリハ

チシマザサ

ミズナラ

ホオノキ

サラシナショウマ

表1　ヤブツバキクラスの標徴種

ヤブツバキクラス（≒照葉樹林）
クラス標徴種：ヤブツバキ・ヒサカキ・シロダモ・ヤブニッケイ・ネズミモチ

スダジイ－リュウキュウアオキオーダー（≒亜熱帯の照葉樹林）
オーダー標徴種：リュウキュウアオキ（ボチョウジ）・シシアクチ・オオシイバモチ

スダジイ－ヤブコウジオーダー（≒暖温帯の照葉樹林）
オーダー標徴種：アラカシ・アオキ・ヤブコウジ・テイカカズラ・ベニシダ

スダジイ群団（≒暖温帯のシイ林）
群団標徴種：スダジイ・タブノキ・モチノキ・マンリョウ

ウラジロガシ－サカキ群団（≒カシ林）
群団標徴種：ウラジロガシ・アカガシ・ミヤマシキミ

表2　ブナクラスの標徴種

ブナクラス（≒夏緑広葉樹林）
クラス標徴種：イタヤカエデ・ハリギリ・ナナカマド・アズキナシ・ツタウルシ

ブナ－ササオーダー（≒ブナ林）
オーダー標徴種：ブナ・ウリハダカエデ・コハウチワカエデ・ミズメ・コシアブラ・リョウブ

ブナ群団（≒太平洋側のブナ林）
群団標徴種：オオモミジ・クロモジ・タンナサワフタギ・クマシデ・イヌシデ・ツクバネウツギ・マツブサ・スズタケ

ブナ－チシマザサ群団（≒日本海側のブナ林）
群団標徴種：オオバクロモジ・エゾユズリハ・ヒメアオキ・ヒメモチ・ハイイヌガヤ・チシマザサ

ミズナラ－コナラオーダー（≒ミズナラ林）
オーダー標徴種：ミズナラ・ホオノキ・サワシバ

ミズナラ－サワシバ群団（≒北海道のミズナラ林）
群団標徴種：オオバボダイジュ・サラシナショウマ・ヨブスマソウ

肥料（ひりょう）

植物体を構成する元素およびそれらの植物体での主な働き

植物体を構成する元素およびそれらの植物体での主な働きは次のとおりである。

炭素（C）：植物体を構成する元素。
酸素（O）：〃
水素（H）：〃
窒素（N）：タンパク質の構成成分で、葉緑素や酵素の構成成分でもあり、生育・養分吸収・同化作用を促進する。
りん（P）：核酸・酵素などの構成成分で、呼吸・エネルギー伝達に関与し、成長・根の伸長・開花・結実を促進する。
カリウム（K）：タンパク質の合成・酵素の活性・細胞の伸長・**光合成**（81頁）などに関与し、根や茎を丈夫にする。
カルシウム（Ca）：細胞分裂や細胞伸長に関与。
マグネシウム（Mg）：葉緑素の中心的な元素で、酵素の活性に関与。
硫黄（S）：タンパク質・アミノ酸・ビタミン類の構成元素の1つである。
鉄（Fe）：葉緑素の生成に関与。
マンガン（Mn）：光合成に関与する。
銅（Cu）：酸化還元反応・タンパク質の代謝に関与。
亜鉛（Zn）：酵素反応・細胞壁の保護に関与。
モリブデン（Mo）：窒素代謝に関与する。
ほう素（B）：開花・着果・種子形成に関与。
塩素（Cl）：光合成に関与する。

肥料とは

肥料とは、植物を栽培する際に不足しがちな元素や、より生育を良くするのに必要な元素を人為的に施すためのものであり、法的には肥料法に基づいて製造されたものをいう。

肥料の三要素・中量要素・微量要素

不足しがちな元素のうち、植物にとって特に大量に必要とする3つを肥料の三要素といい、次いで必要とするものを中量要素、少量しか必要としないが生育に必要不可欠な元素を微量要素という。次にそれぞれについて記す。

【三要素】
土壌中で不足しやすく、施用効果が大きい3つの肥料要素で、それらが欠乏するとどういっ

各種肥料（販売元：あかぎ園芸）

た症状となるか、また、逆に過剰に与えられた場合どういった症状となるかを記す。

窒素：欠乏すると葉が淡黄色になり、成長が遅くなり、植物が小型化する。過剰になると葉色が濃くなり、茎葉が増加し、一見生育が良さそうだが、過繁茂となり、花が咲きにくくなるうえ、病虫害や寒害などを受けやすくなる。葉肥といわれる。

りん酸：欠乏すると葉は暗緑色～赤褐色になり、小型化する。また、茎が細く、根の発達が悪くなり、着花が減少し、開花結実が遅れる。過剰症は比較的出にくい。実肥といわれる。

カリ：欠乏すると葉の中心部が暗緑色、先端や縁が黄色になる。過剰症は比較的出にくいが、カルシウムやマグネシウムの吸収が阻害される。根肥といわれる。

【中量要素】

三要素に次いで重要な3つの要素で、次に欠乏症と過剰症について記す。

カルシウム：欠乏症は成長点に近いところに現れ、極端に欠乏すると成長点が枯死する。過剰になるとマグネシウム・カリ・ほう素の吸収が阻害される。

マグネシウム：欠乏症は古い葉から現れ、葉が黄化する。過剰になるとカルシウムの吸収が阻害される。

硫黄：欠乏すると葉が小型化し、成長が抑制される。

【微量要素】

少量しか必要としないが、生育に必要不可欠な元素のことを微量要素という。通常の用土で不足することはほとんどないが、植物の種類や土壌酸度などにより欠乏症が現れることもある。また、施用すればしたなりの効果があるものもある。

前述の植物体を構成する元素のうち、鉄～塩素までの7つの元素が微量要素である。

肥料の種類

肥料はその分類の切り口によりいろいろに分けられる。次に切り口ごとに肥料を分類する。

【用途による分類】

・農業用肥料
・家庭園芸用肥料

【化学的組成による分類】

・有機質肥料（油かす・乾燥鶏糞・骨粉など原料が有機質のものから作られた肥料）
・無機質（化学）肥料
・単肥（三要素の1つの成分のみを含む肥料）
・複合肥料
　・化成肥料…高度化成肥料（三要素の成分の合計が30％以上の肥料）
　　…普通化成肥料（30％未満）
　・配合肥料（単肥を栽培目的に応じて三要素が適切な比率になるよう配合した肥料）

【効き方による分類】

・速効性肥料（施肥後の効き目が早い肥料）
・遅効性肥料（施肥後時間が経ってから効き目の出る肥料）
・緩効性肥料（徐々に長いこと効く肥料）

※緩効性肥料には、緩効性原料によるもの・造粒タイプのもの・コーティングによるものがある。造粒タイプとは肥料を大きな粒状にしたもので、これにより肥料分が溶け出るのが徐々になるもので、コーティングによるものとは粒状にした肥料をミクロの穴の開いた被覆材で覆ったものである。緩効性の原料によるものには、次のようなタイプがある。①作物が直接吸収できる窒素形態で、水に溶けにくいもの（りん酸アンモニウムマグネシウムなど）、②水に溶けにくく、化学分解で徐々に有効化するもの（IB化成

など）、③水に溶けにくく、微生物により分解されて徐々に有効化するもの（CDU化成・ウラホルムなど）、④水に溶けやすいが、土壌中で徐々に分解し、有効化するもの（グアニル尿素など）。

【形態による分類】

・粒形肥料（粒形の肥料で、土に混ぜたり、株元に置いたりして使用する）

・微粉肥料（細かい粉状になっており、通常水に溶いて施す肥料）

・液体肥料（液体の肥料で、通常水で薄めて使用する）

肥料の保証票の読み方

肥料は、肥料法により梱包袋に保証成分を記載することになっている。それが書かれているのが保証票で、これを読めると肥料の性質がわかるので、簡単にその読み方を記す。

・保証成分量：窒素・りん酸・カリなどの肥料の要素の含有量の比率が記載されている。通常梱包袋の表面にも記載されており、記載する順は必ず窒素・りん酸・カリの順となっている。例えば、「8・7・5」と記載されていれば、窒素が8%、りん酸が7%、カリが5%含まれることを意味する。

・窒素の保証成分について：窒素全量とそのうちのアンモニア性窒素や硝酸性窒素などの含有明細が記載されている。

保証成分量の表示（販売元：あかぎ園芸）

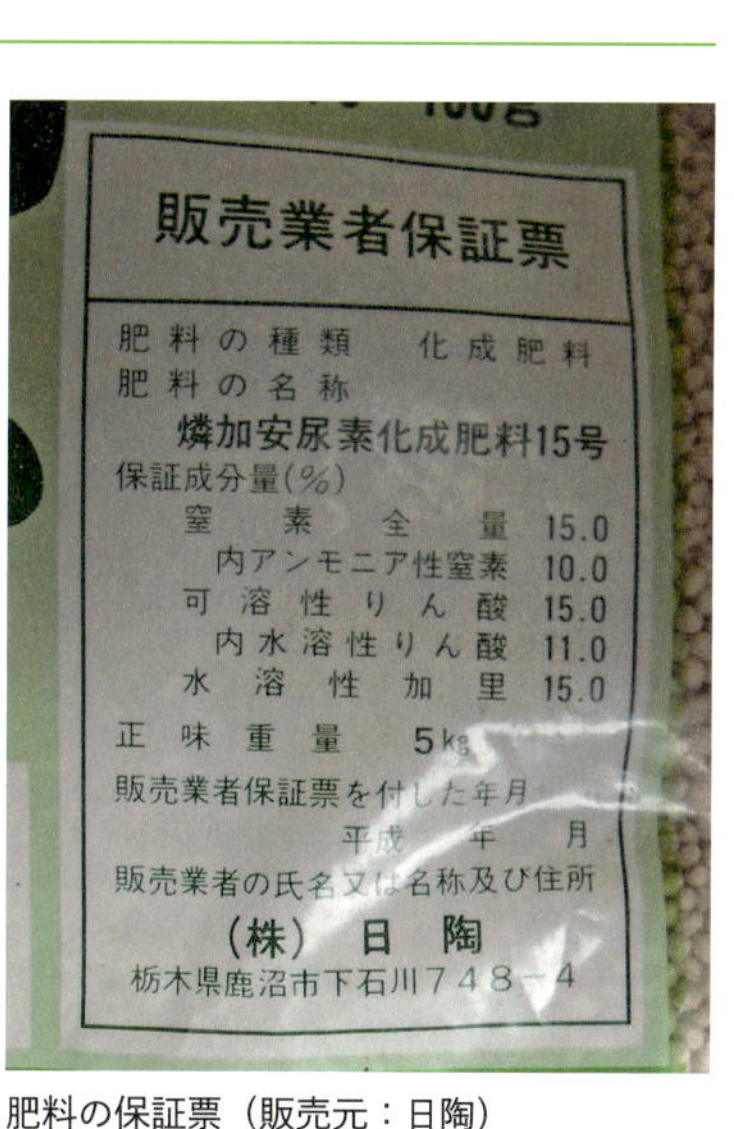

販売業者保証票

肥料の種類	化成肥料
肥料の名称	燐加安尿素化成肥料15号
保証成分量（%）	
窒素全量	15.0
内アンモニア性窒素	10.0
可溶性りん酸	15.0
内水溶性りん酸	11.0
水溶性加里	15.0
正味重量	5kg
販売業者保証票を付した年月	平成　年　月
販売業者の氏名又は名称及び住所	（株）日陶 栃木県鹿沼市下石川748－4

肥料の保証票（販売元：日陶）

例：窒素全量＝12%
　アンモニア性窒素＝10%

窒素は全部で12%含み、そのうちの10%分はアンモニア性窒素であることを意味する。

・りん酸の保証成分について：く溶性りん酸（2%くえん酸に溶けるりん酸）・可溶性りん酸（くえん酸アンモニウム液に溶けるりん酸）・水溶性りん酸の含有比率が記載されている。なお、く溶性りん酸→可溶性りん酸→水溶性りん酸の順で水に溶けやすい。

例：く溶性りん酸＝18%
　水溶性りん酸＝12%

く溶性りん酸を18%含み、そのうちの12%分が水溶性りん酸で、残り6%分は水溶性ではなく、く溶性りん酸であることを意味する。

肥料の三要素の成分比と用途

肥料の三要素の成分比にはいくつかの型があり、それぞれの型により使用する作物や時期が異なる。

水平型（すいへいがた）（窒素：りん酸：カリの比がほぼ同じ肥料）：植物の種類や施用時期に関係なく使用できる。

山型（やまがた）（りん酸が多めの肥料）：赤土や黒土など火山灰土壌で栽培するときに使用。また、果菜類や花木を栽培するときに使用する。

谷型（たにがた）（りん酸が少なめの肥料）：露地野菜などを

栽培するときに使用する。

平上がり型（カリが多めの肥料）：球根植物や根菜類などの栽培や冬を越して栽培するときなどに使用する。

平下がり型（カリが少なめの肥料）：観葉植物などの栽培に使用する。

下がり平型（窒素が多めの肥料）：観葉植物や葉菜類などを栽培するときに使用する。

上がり平型（窒素が少なめの肥料）：サツマイモなど窒素過多を極端に嫌う作物の元肥として使う。

施肥の時期

肥料を施す時期は植物栽培を始める際と栽培の途中とに分けられる。栽培を始める際の肥料を元肥（もとごえ）、栽培の途中に施す肥料を追肥（おいごえ）という。元肥には、緩効性か遅効性の肥料で、三要素の成分比が同じものか、三要素の成分比でりん酸が多めのものを施す。追肥には、速効性か速効性と緩効性を兼ねた肥料で、通常生育初期には窒素が多めのものか三要素の成分比が同じものを、また、生殖生長期にはりん酸・カリの多めのものを施す。

肥料の葉面散布について

植物は水に溶けた形の養分を根からだけでなく、葉からも吸収することができる。そこで葉面に液肥（えきひ）の形で施してもよい。これを肥料の葉面散布という。ただし、葉面散布は速効性はあるが、持続性がない。また、肥料の種類や濃度によっては、肥料焼け（ひりょうや）するので注意が必要である。

column

セイタカアワダチソウは悪者か？

セイタカアワダチソウは、かつてわが物顔にはびこり、代表的な悪者の帰化植物（きかしょくぶつ）であった。そして、①花粉症（かふんしょう）を引き起こす植物で、②根からある物質を出し、周りの植物を枯らして広がる植物、という2つの汚名を今でも着せられていることがある。

しかし、セイタカアワダチソウは、黄色の花びらがあることでもわかるが虫媒花（ちゅうばいか）で、花粉の飛散量も風媒花（ふうばいか）に比べてはるかに少ないし、それほど抗原性も高くないことがわかっているので、①はまったくの濡れ衣（ぬれぎぬ）である。

また、根からデヒドロ・マトリカリア・エステルという物質を出し、周りの植物に悪さをしていることは確かであるが、このような物質を出しているのは何もセイタカアワダチソウだけではない。ほぼすべての植物が同様の物質を出し、地下で互いに根の領域争いをしているのである。

セイタカアワダチソウは花はきれいだが、枯れ姿が汚く目立ち、確かに帰化植物というありがたくない存在ではあるが、「ザ・悪者」というほどに悪くはないようである。しかも晩秋、花の少ない時期にミツバチなどに蜜を与えるといった、良い面の顔もある。

セイタカアワダチソウは今でも
このような感じではびこることも

フィトンチッド

フィトンチッドとは

フィトンチッドはphytoncidと綴り、phytonは「植物」、cidは「殺す」の意味で、植物が自己防衛のために出すほかの生物を殺す物質のことである。

1930年にトーキン（旧ソ連）により発見、命名されたものだが、近年ではもっと広い意味に捉えてほかの生物に影響を与える物質というような意味で使われている。ただ、アレロパシー物質という言葉がフィトンチッドにとって代わり、最近ではフィトンチッドは本来の意味で使われるより「森林浴の際人の気持ちを清々しくしてくれる物質」のような意味に使われることが多い。

フィトンチッドの働きを示す言い伝え

古来、人々は植物の前述のような働きを経験的に知り、それをいろいろな場面で利用し、言い伝えてきた。その例を挙げると次のようなのがある。

- 梅干を弁当に入れるとご飯が腐りにくい。
- トウガラシを食器棚に入れるとゴキブリが入ってこない。
- 寿司屋などで生魚のケースの中にヒノキやスギの葉を入れる。
- 西洋では肉類の保存料としてハーブ類を使用する。
- 桜餅や椿餅・柏餅・笹団子など、食べ物を葉で包むことにより食べ物が腐りにくくなる。
- 竹の子の皮で腐りやすいものを包む。
- 刺身のつまとして大根を使う。
- 総檜造り（そうひのきづくり）の家には3年間蚊が入らない。
- クルミの木の下には雑草が生えない。

刺し身のつまの大根は刺し身が腐りにくくするために盛られている

寿司屋の生魚のガラスケースの中にヒノキやスギの葉を入れられているのは魚が腐りにくくするためである

柏餅

笹団子

フィトンチッドに関する実験例

フィトンチッドの働きについて知るために、筆者がニンニクを使って行った実験を2つ紹介する。

【キイロスズメバチでの実験】

太い試験管2本とゴム栓2個を用意し、両方の試験管にキイロスズメバチを入れて、栓をする。片方の試験管にニンニクをすりつぶして入れておくと、約10時間後にはニンニクを入れた試験管の中のハチは死んだが、ニンニクを入れなかった試験管の中のハチは8日以上生きた。

【ミジンコでの実験】

シャーレにミジンコのいる水を1滴落とす。これを2つつくって、片方のシャーレにすりつぶしたニンニクを水滴に触れないように少し入れ、蓋をする。もう一方にはニンニクを入れずに蓋をする。ニンニクを入れたシャーレのほうのミジンコは2分後に動かなくなり、5分後には死んだが、ニンニクを入れなかったほうのミジンコは1時間しても死ななかった。

は

斑入り植物（ふいりしょくぶつ）

斑とは、斑入り植物とは

組織本来の色以外の色を併せ持つか、併せ持つように見える場合、それを斑（ふ）といい、葉・花・茎・タネなどいろいろな部分に発現する。また、葉に斑が入る植物を斑入り植物という。

次にわかりやすくするために葉における斑のみを取り上げて説明する。

斑入りができる原因

斑には遺伝性斑（いでんせいはん）と非遺伝性斑（ひいでんせいはん）とがある。遺伝性斑にはキメラ斑と非キメラ斑があり、非遺伝性斑には病虫害による斑と生理的原因による斑がある。

次に主な斑につきそれぞれ説明する。

キメラ斑

正常な遺伝子を持つ緑色部と斑入り遺伝子（葉緑素を欠落させる遺伝子）による斑入り部が混在する斑をキメラ斑という。

キメラ斑には、①頂端分裂組織（ちょうたんぶんれつそしき）の第2層ないし第3層のどちらかに斑入り遺伝子がある場合（周縁（しゅうえん）キメラ斑という）と、②易変斑入り遺伝子（突然変異を起こしやすい斑入り遺伝子）による斑入り（区分キメラ斑という）とがある。①の斑は覆輪・爪斑・中斑などとして現れ、②の場合は縞斑・散り斑・掃け込み斑などとなる。また、①の斑入りの例としてオモト・マサキ・リュウゼツランの葉に現れる斑などが、②の斑入りの例としてアオキの葉の斑やオシロイバナの花の斑などがある。

オモト
周縁キメラ斑で、
葉縁に白い線が現れる

アオキ
区分キメラ斑で、
淡黄色の斑点がたくさん現れる

園芸で斑入り植物として扱うものはキメラ斑を有する植物が大半である。

遺伝性の非キメラ斑

遺伝性の非キメラ斑は主に次の4つの原因のいずれかで出現する。

①細胞にクロロフィル以外の色素（しきそ）を含む。
②表皮細胞の変形により光の反射の仕方が変わり異なる色に見える。
③表皮と柵状組織（さくじょうそしき）との間に葉緑体（ようりょくたい）のない細胞がある。
④柵状組織に空気を含む細胞間隙がある。

①の例としてカンアオイ・ミゾソバが、②の例としてシロツメクサ・マランタが、③の例としてサンセベリア・ペペロミア・ゼブリナが、④の例としてシクラメン・ピレア・ボタンヅルがある。また、これら4つの原因の2つ以上が

合わさって斑となることもある。例えば、タカノハススキやジャノメマツは③と④の２つが合わさって斑となったものである。

なお、園芸では非キメラ斑は模様斑といい、カラーリーフプランツとして斑入り植物とは別に扱うことが多い。

タカノハススキ
③④の2つが合わさって
鷹の羽のような斑となる

タマノカンアオイ
斑の部分には葉緑素以外の
色素を含む

マタタビ
②③④の3つが合わさって
白い色を表現している

各種カラーリーフプランツ

シクラメン
柵状組織に空気を含む
細胞間隙があり、
斑となっている

シロツメクサ
斑の部分は光の反射が異なり、
白く見える

ウイルス病の病理症状としての斑

病虫害による斑をウイルス病による斑とウイルス以外の病理症状としての斑に分けることができる。ウイルス病の病理症状としての斑は虎斑・ぼた斑・脈斑などとして現れることがある。なお、山野でヒヨドリバナの葉一面に豹紋状の黄色く、小さな斑が入っているのを見かけることがあるが、これもウイルス病によるものである。

ウイルス病による斑（左：チューリップ　右：ヒヨドリバナ）

入り方による斑の種類

斑はその入り方によりそれぞれ名前がついている。次にその主なものを説明する。

覆輪：外縁が斑となる場合。

中斑：覆輪とは反対に中側が斑となる場合。

爪斑：葉の先端部のみに斑が入る場合。

切斑：中央部を境に片側半分が斑となる場合。

縞斑：縦に斑が入る場合。条斑ともいう。

散り斑：小さい斑点が葉全面に散在する場合。斑点の大きさや入り方によって砂子斑（非常に細かい場合）、星斑（小さい場合）という。

掃け込み斑：中央脈から葉縁にかけて刷毛でなでたように入る斑。刷毛込み斑とも書く。

虎斑：横方向に斑が縞状に入る場合。斑の境界面はやや不規則である。段斑とか横斑ともいう。

ぼた斑：不規則な大形の斑がある場合。

脈斑：葉脈状に斑が入る場合。網斑ともいう。

うぶ：葉全面が白または黄色になる場合。

斑の入り方の模式図

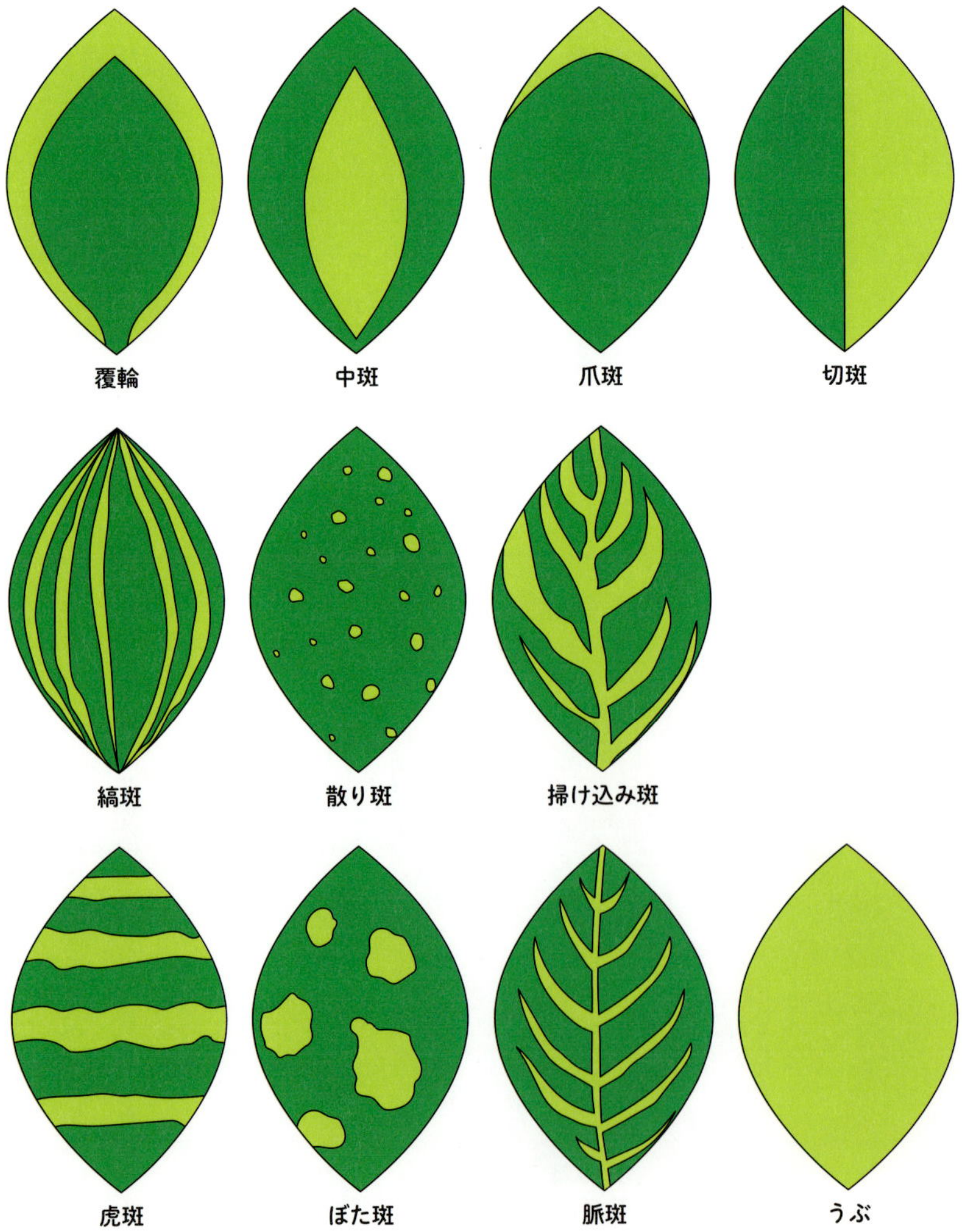

覆輪　中斑　爪斑　切斑

縞斑　散り斑　掃け込み斑

虎斑　ぼた斑　脈斑　うぶ

風媒花と虫媒花の違い

風媒花とは、虫媒花とは

花粉を雌しべの柱頭まで運んでもらうのを風に託した花を風媒花、虫に託した花を虫媒花という。また、花粉を運ぶ側を送粉者という。

花粉媒介の変遷

3億年ほど前（石炭紀）に種子植物の祖先が出現した際はすべて風媒花であった。種子植物の中で原始的な形態を保っている、イチョウ・ソテツ・針葉樹といった裸子植物のほとんどの種類は今でも風媒花である。

時が経って約1億2千万年前（白亜紀）、風というあまり頼りにならない送粉者より効率よく花粉を運んでくれる虫に受粉を託す植物が現れた。虫媒を行う被子植物である。この際、送粉者である虫に対し花の存在を示す花びらをつける必要があった。匂いを出したりして虫を呼ぶようにした種類も出てきた。そして、花粉が虫によくつくように花粉に粘着性を持たせるようにした。さらに、送粉者である虫への報酬も必要である。はじめのうちは花粉を報酬としていた。はじめの頃の送粉者は甲虫類であった。モクレン科などの植物は現在も蜜を出さずに花粉を送粉者である甲虫類への報酬としている。

ところが、花粉には植物にとって大切な遺伝情報が組みこまれており、つくるのも大変である。白亜紀後期に花粉ばかりを報酬にするのはもったいないとばかりに、蜜を出し、それを主な報酬とする植物が現れた。蜜は**光合成**（81頁）で比較的容易につくり出せるので主な報酬とするようにしたのである。現在、虫媒花の非常に多くは蜜と花粉を送粉者への報酬としている。

そして、白亜紀末期にはハナバチ類に送粉される左右相称の花が、第三紀はじめにはチョウに送粉される筒状花やブラシ状花の植物が現れた。

なお、クルミ科・カバノキ科・イネ科・カヤツリグサ科など、風媒を行う被子植物の多くは、

スギ（ヒノキ科）

コブシ（モクレン科）

ハナナ（アブラナ科）

カモガヤ（イネ科）

風媒花と虫媒花の違い

地球が乾燥していた時期の乾燥地において二次的に発生したものといわれている。風はあるが、虫の少ない乾燥地において虫を呼ぶための花びら・匂い・報酬といった投資はもったいないとばかりに風媒に戻ったのであろう。

風媒花の特徴

花の存在を虫や鳥に知らせる必要がないので、風媒花には花びらがまったくないか、痕跡的にある程度であり、匂いも出さず、報酬としての蜜も出さない。したがって、風媒花か否かは花を見ればおおよそ見当がつく。また、風媒花の花粉は空中に浮きやすいように非常に軽い。マツやトウヒの花粉などは実体顕微鏡で見ると花粉のわきに浮き袋を2個つけており、より空中に浮きやすくなっている。それに、

マツの花粉

風が花粉をどこに運んでくれるかわからず、受粉があまり当てにならないので、花粉を多量に出して、受粉の可能性を高めているのである。花びらがなく、匂いや蜜を出さないこと、それに、花粉が軽くさらさらしていること、それに、花粉を多く放出していることが風媒花の特徴といえる。

虫媒花の特徴

風まかせの風媒花と違い、虫に花粉を運んでもらう虫媒花（174頁）は、まず花の存在を虫にアピールする必要がある。そこで、通常花には花びらがある。そして、その花びらに通常来てもらいたい虫の好みの色をつけている。さらに、来てくれた虫に花粉をくっつけるため花粉はべたつき、虫に対する報酬としての蜜を出す種類が多い。これらが風媒花との大きな違いである。

風媒花と虫媒花の花における違い

前述の通り、風媒花と虫媒花には花の形態面などにおいて大きな違いがある。それを表にして示すと次のようになる。

	花びら	におい	花　粉	蜜
風媒花	ないか、退化	ない	多量 さらさら・軽い	ない
虫媒花	通常ある	通常ある	少量 粘着性がある	ある ない種類もある

イモカタバミ。目立つ花びらがある

クチナシ。甘い香りを出すことで知られる

ヤマユリ。花粉がついたら、洗っても色が落ちにくい

ハナナ。雄しべの基部に蜜がある。蜜は虫への報酬だ

形態
分類
生理
生態
環境
文化

フォッサマグナ要素の植物

フォッサマグナとは

フォッサマグナとは、本州の中央部を南北に横断する大地溝帯で、第三紀中ごろの海底火山噴出物と堆積物が厚く発達、のちに隆起し、その上に第四紀の富士火山列の火山が重なっている。糸魚川―静岡構造線はフォッサマグナの西縁を限る断層であり、東側は富士山や八ヶ岳などの新しい火山によってはっきりとはわかりにくいが、関東山地の西の縁を通る（小諸～甲府～相模湖を結ぶ線）。日本の地質構造上、東日本と西日本を分ける重要な地帯で、大地溝帯ともいわれ、明治時代にドイツの地質学者、ナウマンによって発見、命名された。

フォッサマグナ地区とは、フォッサマグナ要素の植物とは

植物区系（126頁）上のフォッサマグナ地区とは、前述のフォッサマグナの八ヶ岳以南の太平洋側の地域、すなわち北は八ヶ岳、西は赤石山脈、東は関東山地から房総半島、南は伊豆諸島の青ヶ島に至る地域である。この地域はかつて海没し、第三紀中ごろの比較的短い火山活動により一気に隆起し、陸地化した場所で、そこへ侵入定着し、適応変成したと考えられる植物をフォッサマグナ要素の植物という。

フォッサマグナ要素の植物の分類と例

フォッサマグナ要素の植物は、本地域に侵入してきた祖先型の植物が、①火山噴出物による種の変成、②隔離による分化、③海洋性気候への適応の結果生まれたもので、植生面だけで見ると特に特徴はないが、植物の分化に果たした役割は大きいといわれる。

次に、前述の①～③のそれぞれの例を挙げる。

①火山噴出物により変成してできた種

アシタカツツジ・ウメウツギ・コイワザクラ・サンショウバラ・タカオヒゴタイ・ハコネツリガネツツジ・フジアザミ・マメザクラ。

②隔離により分化した種（変種）

サクユリ（ヤマユリの変種）・シチトウスミレ（タチツボスミレの変種）・シマホタルブクロ（ヤマホタルブクロの島嶼タイプの変種）・ニオイエビネ（キリシマエビネが伊豆諸島にたどり着いて、ここで分化）・ハチジョウアキノキリンソウ（アキノキリンソウの変種）

③海洋性気候に適応した種

イソギク・オオバヤシャブシ（ヤシャブシの海岸タイプの種）・ガクアジサイ（ヤマアジサイかエゾアジサイの海岸タイプの種）・ハコネウツギ（ニシキウツギの海岸タイプの種）・ハチジョウススキ・ワダン

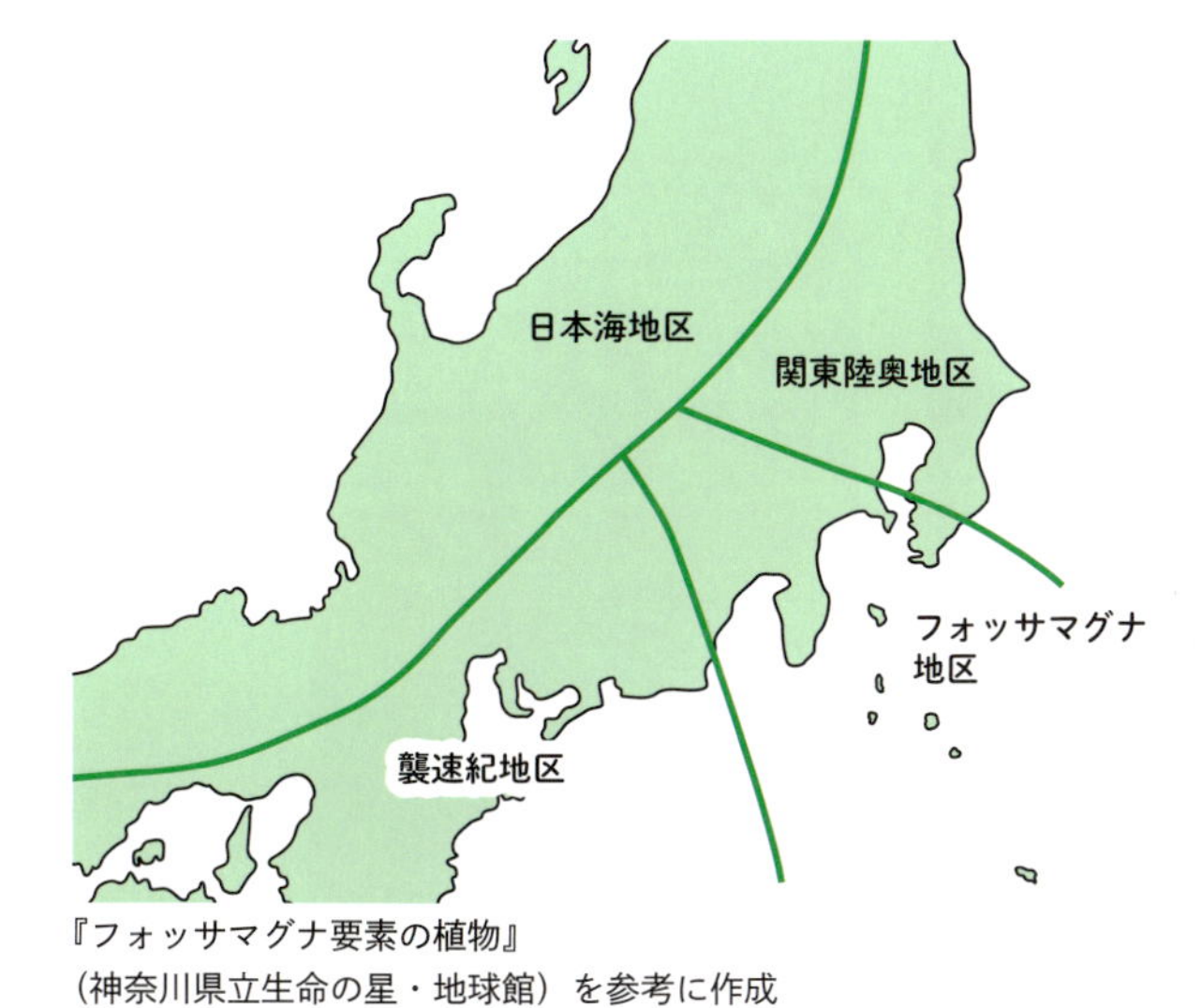

『フォッサマグナ要素の植物』
（神奈川県立生命の星・地球館）を参考に作成

フジアザミ

タカオヒゴタイ

サンショウバラ

ガクアジサイ

オオバヤシャブシ

マメザクラ

ハチジョウススキ

イソギク

ハコネウツギ

副花冠・副萼

副花冠とは

花冠と雄しべの間にあって、花冠または雄しべの一部が変形してできた付属物を副花冠（副冠）という。副花冠を有する植物の例として次のような種類がある。（　）内は副花冠の部位を表す。

・ガガイモ属・カモメヅル属・キジョラン属（ずい柱を囲むようにある通常5個ないし1個の付属物）。

・スイセン属（花被片の基部にある雌しべ雄しべを囲む環状の付属物）。

・トケイソウ属（放射状に並ぶたくさんの糸状の付属物）。

・マンテマ属・センノウ属（花弁の基部につく2個の小さな鱗片）。

・キュウリグサ属・ハナイバナ属・ルリソウ属・ワスレナグサ属（花冠裂片基部の突起部）。

フウセントウワタ

スイセン

トケイソウ

ムシトリナデシコ

ワスレナグサ
黄色い部分が副花冠である。もっと大きくなったものがスイセンの副花冠

副萼とは

萼に接してすぐ下（萼の外輪）にある萼のような構造物を副萼という。副萼を有する植物には、バラ科のオランダイチゴ属・キジムシロ属・ヘビイチゴ属の植物などがあり、フヨウ属やトロアオイ属などでは非常にはっきりとした副萼片がある。

シロバナノヘビイチゴ

ヤブヘビイチゴ

ムクゲ
花弁に接してある緑色が萼片。それより外側の小さいのが副萼である

複葉

複葉とは

1枚の葉の葉身が2つ以上の部分（小葉という）に完全に分裂した葉で、小葉と葉軸との間に関節がある場合、複葉（狭義の）という。キツネアザミやタネツケバナなどでは小葉と葉軸との間に関節がなく、本来複生葉という単葉であり、狭義の複葉ではないが、一般には複葉とされる。また、葉身と葉柄の間に関節があれば、小葉が1枚でも複葉とされる。これを単身複葉という。ただし、単身複葉を認めずに、単葉とされることもある。

複葉は小葉のつき方により羽状複葉・掌状複葉・三出複葉などに分けることができる。

羽状複葉

小葉が葉軸（羽状複葉の小葉をつける、葉の中心軸のこと）を中央にして鳥の羽状についている複葉を羽状複葉という。このとき、葉軸のてっぺんにつく小葉を頂小葉、葉軸に側生する小葉を側小葉という。

左から、ハルジオン・オニタビラコ・セイヨウタンポポ・ナズナ・キツネアザミ・ミチタネツケバナ・ゲンゲ・カラスノエンドウ。左端のハルジオンから中央くらいまでは明らかに1枚の葉とわかるが、右端のカラスノエンドウまですべて1枚の葉である。葉身が2つ以上の部分に完全に分裂した葉を複葉という。

羽状複葉の小葉がさらに羽状に裂ける場合（羽状に裂けた小葉全体を羽片という）もあり、これを二回羽状複葉といい、さらに裂けている場合、三回羽状複葉という。

次に、それぞれの例を小葉の数が奇数か偶数かに分けて挙げる。

（一回）羽状複葉

奇数羽状複葉

互生：ウルシ属・クルミ属・サンショウ属・フジ属。

対生：キハダ・ゴンズイ・トネリコ属・ニワトコ。

偶数羽状複葉：サイカチ・ムクロジ

二〜三回羽状複葉

奇数羽状複葉：センダン・タラノキ・ナンテン。

偶数羽状複葉：サイカチ・ジャケツイバラ・ネムノキ。

羽状複葉（ヌルデ）

（一回）羽状複葉（ゴンズイ）

三回奇数羽状複葉（ナンテン）

二回偶数羽状複葉（ネムノキ）

掌状複葉

小葉が葉柄の先に掌状についている複葉を掌状複葉という。掌状複葉の小葉はさらに掌状に裂けることはない。次に互生、対生に分けて例を挙げる。

互生：アケビ・ムベ・ウコギ属・フカノキ。

対生：トチノキ属・ニンジンボク。

掌状複葉（アケビ）
小葉は常に５枚である

掌状複葉（トチノキ）

三出複葉

三出複葉とは、小葉が3枚の複葉をいう。三出複葉の小葉がさらに三出に裂けた場合、二回三出複葉という。

三出複葉には本来、羽状複葉の小葉が3枚となった形の三出羽状複葉と、本来は掌状複葉の小葉が3枚となった形の三出掌状複葉の2通りがあるが、通常これらを区別せず、三出複葉とまとめて呼んでいる。三出掌状複葉には葉軸はないが、三出羽状複葉には短いながら葉軸が必ずあるので、見分けられる。

三出羽状複葉：アメリカデイゴ・クズ・ハギ属。

クズ（三出羽状複葉）

三出掌状複葉：カラタチ・ミツバアケビ・ミツバウツギ・メグスリノキ。

次に、三出複葉を羽状・掌状に関係なく互生と対生に分けて例を挙げる。

互生：イカリソウ（二回三出複葉）・クズ・ツタウルシ・ハギ属・ミツバアケビ。

対生：ショウベンノキ・ミツバウツギ・ミツデカエデ・メグスリノキ。

ミツバウツギ（三出掌状複葉）

特殊な複葉

前述の3種類の複葉以外に、特殊な複葉として前述の単身複葉、それに鳥足状複葉（とりあしじょうふくよう）・二出複葉・一～三出可変複葉（かへんふくよう）（二出複葉および一～三出可変複葉は適切な植物学用語がないようなので、筆者がつくった造語である）などがある。それぞれの例を次に挙げる。

鳥足状複葉（ヤブガラシ）。右写真は裏面。1番下の小葉がその上の小葉の柄から出ているのがわかる。また、関節もよくわかる

単身複葉（たんしんふくよう）（葉身と葉柄との間に関節がある場合、小葉は1枚でも複葉とみなし、これを単身複葉という）：ツタ（三出複葉となる場合もある）・ツヅラフジ・ハナズオウ・ミカン属。

二出複葉（ミヤマタニワタシ）。それぞれが1枚の葉のように見えるが、それらは小葉で、2枚で1枚の葉である

単身複葉（ミカン）。小葉は1枚だが、葉身と葉柄との間に関節があるので複葉である

鳥足状複葉（一番下の小葉がその上にある小葉の柄から出ている場合、鳥足状複葉という）：アマチャヅル・エイザンスミレ（小葉が5枚の場合）・ヤブガラシ・オヘビイチゴ・コガネイチゴ・ゴヨウイチゴ・ヒメゴヨウイチゴ。

二出複葉（小葉が2枚の複葉。三出複葉の植物は多いが、二出複葉の植物は非常に少ない）：ナンテンハギ・ミヤマタニワタシ。

一〜三出可変複葉（一出・二出・三出のどれかになる複葉）：ムラサキツメクサの花序を保護する2枚の葉のうちの上の葉。

一〜三出可変複葉（ムラサキツメクサ）。左から、一出・二出・三出の複葉になっている

複葉はなぜ1枚の葉といえるのか

複葉は1枚の葉であって、複葉の小葉が1枚の葉ではない理由は次のように説明できる。

葉軸はそれを切っても、複葉全体で1枚の葉であるから、切ったところのすぐ下にある小葉の腋から芽が出ることはない。もし複葉の小葉をそれぞれ1枚の葉とすると、複葉の葉軸に当たるものは茎ということになる。茎であれば、それを切ると通常、切られたすぐ下の葉腋から芽が出るが、芽が出ることは絶対にない。これにより、小葉は1枚の葉ではないし、葉軸は茎ではないと言える。すなわち、複葉全体で1枚の葉なのである。ただし、メタセコイアの場合、その年の秋に落とす枝は切っても、切ったところのすぐ下にある葉から脇芽は出ない。落枝すると決めてあるので、腋芽をつける能力を失っているのである。

また、茎の先端には芽があるか、花などがあり、葉となることは絶対にない（茎に側生する器官という葉の定義に合わない）。ところが、複葉の葉軸の先端は通常、小葉になっており、芽や花になることはない。これにより、葉軸が茎ではないことがわかる。

column

シラカシの幹のつぶつぶ。犯人はだれ？

木肌で簡単に見分けられる樹種の1つにシラカシがある。シラカシの幹には小さなツブツブがあり、幹を軽くなでるだけで、このツブツブは簡単に取れる。だから、幹を見たり、触れたりするだけでシラカシだとすぐにわかる。

このツブツブ、じつはある虫が樹皮に住みつくことによってできるようだ。その虫とは、カシノアカカイガラムシである。鮮やかな赤色の小さな（1・3〜2ミリくらい）カイガラムシで、樹皮のツブツブを取り除いてその部分を見ると、この虫がいることがある。

シラカシの樹皮にあるツブツブ。幹を触るだけでぽろぽろと取れる

樹皮のツブツブを取り除いたら、カシノアカカイガラムシがいた

腐生植物（ふせいしょくぶつ）

腐生とは

落葉・落枝など生物の遺体や排泄物、あるいはそれらの分解途上のものを栄養源とする生活様式を腐生という。生きている生物に寄生することを活物寄生というのに対し、腐生は死物寄生といわれたこともある。

腐生植物とは

植物は、生物の遺体や排泄物あるいはそれらの分解途上のものを直接栄養源とすることはできないが、一部の植物は菌根菌と**共生**（70頁）することにより腐生生活を可能としている。そのような植物を腐生植物というが、最近は菌従属栄養植物ということもある。腐生植物は葉緑素がなく、**光合成**（81頁）を行わない。

腐生植物の例

腐生植物には次のような植物がある。

・ギンリョウソウ属・シャクジョウソウ属の種（ギンリョウソウ・ギンリョウソウモドキ・シャクジョウソウ）。

・サクライソウ属の種（サクライソウ）。

・ヒナノシャクジョウ科の種（タヌキノショクダイ・ヒナノシャクジョウ）。

・ホンゴウソウ科の種（ウエマツソウ・タカクマソウ・ホンゴウソウ）。

・ラン科の一部の種（アオキラン・オニノヤガラ・クロヤツシロラン・コオロギラン・サカネラン・ショウキラン・シロテンマ・タカツルラン・タシロラン・ツチアケビ・トラキチラン・マヤラン・ムヨウラン・モイワラン）。

ギンリョウソウ

クロヤツシロランが根を腐葉に伸ばしている

クロヤツシロラン

マヤラン

冬の風物詩

日本庭園における冬の風物詩

風物詩とは、その季節の感じをよく表している風習や事物のことである。日本庭園で見られる冬の風物詩のうち、ここでは縄や藁を使ったものに限り述べる。縄や藁を使ったものには、雪吊り・藁巻き・藁囲い・菰巻きなどがある。次に、これらについて簡単に説明する。

冬の風物詩（雪吊り）

雪吊り

雪吊りとは、多雪地帯で雪の重みで樹木の枝が折れないように縄や針金を使って枝を吊って保護するものである。これには、吊り下ろす縄をどこから下げるかによって次の2つの吊り方がある。

幹吊り：樹木の幹から直に吊り縄を下ろし、枝を支える吊り方で、直吊りともいう。

りんご吊り：幹のそばに芯柱を立てて、そこから吊り縄を放射状に下ろして吊る方法。吊り縄は荒縄で、枝1本1本に縄を結ぶ。雪対策の実用的なもので、装飾的にも美しい。名前は、リンゴの実の重さから枝を守るために行われてきたりんご吊りに由来する。石川県の兼六園で立派なものがつくられているので兼六園式ともいう。

前述の2つは実用的でしかも装飾的にも美しい雪吊りだが、最近ではただ装飾目的で作られる、東京発祥の雪吊りがあり、東京にある公園や庭園などでしばしばつくられる。これも裾部分や吊る縄などにより次の2つに分けられる。

りんご吊り

北部式：装飾目的でつくられる雪吊りで、兼六園の雪吊りを参考に東京都建設局旧北部公園緑地事務所があみ出した方式。芯柱を立て、裾に割り竹を張って、木の周りを1周させ、これを通常は細い藁縄を用いて吊る方式。

北部式雪吊り

南部式：北部式同様、装飾目的で造られる雪吊りで、旧南部公園緑地事務所があみ出したもの。芯柱を立て、裾に棕櫚縄を張って、それを通常藺草縄を用いて吊る方法。

南部式雪吊り

藁巻き

ソテツなど温暖な気候に生える樹木を寒さから保護するため、藁で樹木をぐるぐる巻きにするもの。これには、樹木を藁で巻く際に上から巻きおろして巻く方法（巻きおろしという）と、下から巻き上げていく方法（巻き上げというが、その形から鎧づくりともいう）がある。

藁巻き（鎧づくり）

藁巻き（巻きおろし）

藁囲い

低木を冬の寒さから保護する目的で木の周りを藁で囲うもの。寒牡丹・冬牡丹・千両・万両など、保温かたがた観賞目的で行うこともある。観賞目的の場合、観賞面は藁の囲いを開放する。藁帽子ともいう。なお、寒牡丹は春と初冬の2季に咲くボタンの冬に咲く花を指し、冬牡丹は普通のボタンを促成栽培して、冬に咲かせたものである。前者には観賞時期に葉がほとんどなく、後者には新緑の葉がいっぱいついている。

藁囲い

藁ぼっち

前述のものの、藁で編んでつくられる頭飾りの部分を藁ぼっちというが、頭飾りに藁ぼっちのある藁巻きや、藁囲いについても藁ぼっちという。

藁ぼっち

菰巻き

マツの木につく害虫にマツカレハというガの幼虫がいる。これが晩秋に木からおりてきて、木の下の枯れ葉などの下で越冬する。菰巻きはその習性を利用してこの害虫を退治する方法で、幹の地上1メートル半くらいのところに菰を巻き、そこで越冬させるようにし、春前に菰ごと焼き捨てる方法である。菰は荒縄で上下2か所巻くが、上を1重にゆるく巻き、下のほうは2重にしてきつく巻き、下に出て行かないように巻くのがコツである。

なお、越冬する虫たちは菰巻きされた幹の南側にいることはなく、通常は北側で越冬する。南側だと温かい日に日差しを浴びて春が来たと勘違いしてしまうといけないからである。

なお、この方法で菰ごと焼却すると、マツカレハの幼虫以外の、マツにとって益虫となるクモやヤニサシガメなども一緒に退治することになるので、最近では菰巻きを行わなくなってきているが、菰巻きを行い、選択的にマツカレハの幼虫のみを捕殺する方法も考える必要がある。

菰巻き

冬芽

芽とは

芽とは未展開のシュートのことで、頂端分裂組織と未熟の茎およびそれにつく未熟の葉からなる。

芽が形成される位置

芽は形成される位置によって定芽と不定芽に分けられる。定芽は定常的にできる位置に形成される芽で、不定芽はそれ以外の位置にできる芽をいう。

定芽の形成される位置は、種子植物の場合、茎頂と葉腋の2か所である。前者にできる芽を頂芽、後者にできる芽を腋芽という。

頂芽の形成される位置は定義のとおり茎の天辺であるが、腋芽のつく位置は細かく分けると次の8か所である。

①葉柄が茎につく接点。
②芽の柄が葉柄や葉の主脈とくっついて伸びた葉の上。
③芽の柄が茎にくっついて伸びた枝の上。
④葉台※の上。
⑤葉柄の中。
⑥①の位置で、茎の中に潜り込む。
⑦葉痕の内側。
⑧葉台※の中。

※葉が茎につく部分は通常、茎が若干隆起して台のような形になっている。この部分を葉枕とすることもあるが、葉枕は本来マメ科などの植物の葉柄の基部にある膨らんだ部分で、葉の就眠運動や調位運動などを司るものである。1つの用語に2つの意味をもたせると間違いのもとになるので、ここではあえて葉台という造語を使用した。

不定芽には、葉の上にできる芽、根の上にできる芽および茎の定芽のつく位置以外にできる芽があり、それぞれ葉上不定芽、根上不定芽、茎上不定芽という。種子植物では通常、茎上不定芽を形成することはない。

冬芽とは

樹木や多年草では成長に不適な時期に定常的に休眠する芽を形成する。これを休眠芽という。冬に休眠状態にある芽が冬芽で、「ふゆめ」とか「とうが」と読む。

落葉樹の冬芽のつく位置は、前述の定芽のつく位置の①～⑧のうち②を除く7か所である。

冬芽の分類

冬芽は切り口によりいろいろに分類されるが、ここでは一緒くたにして冬芽のいろいろな種類について記す。

頂芽・腋芽・側芽・頂生腋芽・潜伏芽：前述の通り茎頂に形成される芽を頂芽といい、葉腋に形成される芽を腋芽という。これとは別の切り口で分類して、茎の頂に形成される芽を頂芽といい、茎の側面に形成される芽を側芽という。

コナラ（写真：星敬）

タムシバ(写真：星敬)

種子植物では通常、茎の上に不定芽を形成しないので、側芽はすべて腋芽ということになる。したがって、側芽と腋芽は同義に捉えられていることが多い。ところが、木生シダなどでは葉腋でない位置に不定芽を形成することがある。この芽は側芽ではあるが、腋芽ではない。すなわち、腋芽は側芽ではあっても、側芽は必ずしも腋芽ではないのである。頂生腋芽とは、一部の樹種では頂芽のすぐ側に腋芽を1～数個形成する。その腋芽を頂生腋芽という。また、腋芽のうち、翌シーズンに発芽することなく、2シーズン以上にわたり休眠状態を続け、痕跡的となった芽を潜伏芽という。

仮頂芽：一部の樹種では枝の先を定常的に落とし、枝に残った1番上の腋芽が頂芽の役を果たすようになる。このようにしてできた仮の頂芽を仮頂芽という。仮頂芽を形成する性質は互生葉序の樹種では安定していて、仮頂芽を形成する樹種であればどの個体のどの枝も仮頂芽を形成する。仮頂芽を形成する樹種か否かを見分ける方法は、互生葉序の樹種の場合、仮頂芽の隣に枝痕（枝を落とした部位から仮頂芽までの枝で、通常かなり細く、1～数ミリの長さしかない）があるので、それを確認すればよい。互生葉序の樹種では二列互生の種類に仮頂芽を形成するものが多い。なお、葉を対生する樹種では仮頂芽を通常形成するものでもときに頂芽を残すこともあり、必ずしも安定した性質ではない。また、対生葉序の樹種の仮頂芽は枝先に1対形成され、枝痕は1対の仮頂芽の間にある。

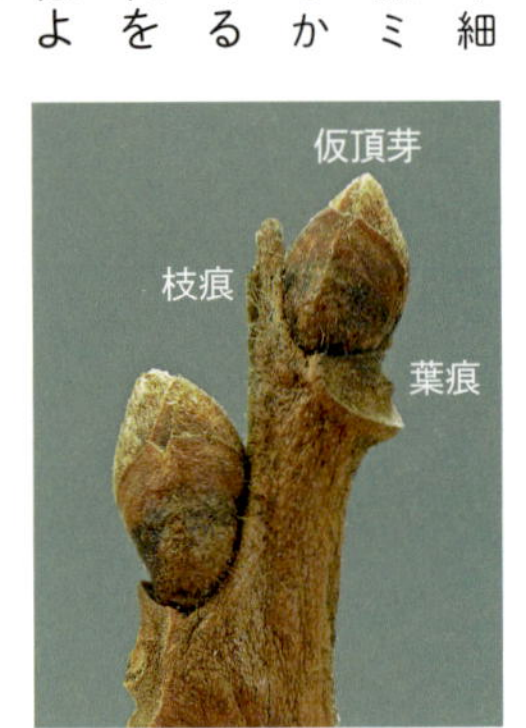

カキノキ（写真：星敬）

葉柄内芽：腋芽が葉柄の基部の中に入っている場合、その芽を葉柄内芽という。葉が枝についているときは葉柄内芽は外から見えないが、落葉後は見えるようになる。葉柄内芽の場合、葉痕は通常O字形か馬蹄形～U字形となる。

ウリノキ（写真：星敬）

隠芽・半隠芽：腋芽は通常葉腋に形成されるが、枝の葉腋近くの内部に形成されることがある。この冬芽は枝の中に隠れて外からは見えないので、これを隠芽という。隠芽のうち、芽の先のごく一部を枝の外に出すものがある。これを半隠芽という。半隠芽は外からは冬芽の頭だけが見える。ただし、半隠芽でも種によっては晩秋～初冬では隠芽となっている場合もあるし、隠芽でも春の芽出し前には半隠芽のように見えることもある。前述の芽がつく位置の⑥⑦⑧が隠芽となる。

キウイフルーツ（枝を半分切り、陰芽を見えるようにしてある）

鱗芽・裸芽：大半の冬芽はこれを保護する鱗片葉（葉柄や托葉が変化してできたものを含む）で覆われている。この鱗片葉を芽鱗といい、芽鱗で覆われる冬芽を鱗芽、芽鱗を有しない冬芽を裸芽という。なお、芽鱗をまとう種類でも芽鱗を早いうちに落として、冬には裸芽となってしまう

ドウダンツツジ（写真：星敬）

ものもある。すなわち、裸芽にははじめから裸芽のものと、芽鱗が早落性で冬になると裸芽となるものとの2つのタイプがある。

葉芽・花芽・混芽：展開したとき普通葉だけをつけて花をつけないシュート（枝）になる冬芽を葉芽、1つの花または花序をつけ普通葉をつけないシュートになる冬芽を花芽、普通葉と花をつけるシュートになる冬芽を混芽という。なお、花芽には1つの花を咲かせる花芽とたくさんの花（花序）を咲かせる花芽の2つのタイプがある。

ムラサキシキブ

クロモジ（写真：星敬）

ニワトコ（写真：星敬）

主芽・副芽：腋芽が1か所に2個以上つく場合、その主なほうを主芽といい、そのほかの芽を副芽という。形態学上は葉痕のすぐ上（主芽副芽が縦に並んでいる場合）または中央にある芽（主芽副芽が横に並んでいる場合）を主芽というようだが、一般には先に記した定義のほうが使われているので、ここでもこれに従う。副芽には主芽と同時に発芽するもの、主芽と時期をずらして発芽するもの、主芽に損傷などのあった場合にのみ発芽するものの3つのタイプがある。主芽と副芽の位置関係において、縦に並んである場合の副芽を重生副芽といい、横に並んである場合の副芽を並生副芽という。重生副芽において、多くの場合、主芽が上、副芽が下にあるが、一部の樹種では主芽が下、副芽が上にある。

エゴノキ（写真：星敬）

頂芽と仮頂芽について

頂芽を形成する植物の頂芽には通常、その春に展開する葉のすべてを内蔵しており、春にそれらを展開したら、それ以上葉をつくることはなく、伸びた茎の先にその年の冬用の頂芽を形成して、とりあえず枝の伸びを終える。通常はこの状態で次の冬を迎えることになる。ただ、つくった頂芽が気候条件などにより伸び出すことがある。これを二次伸長（二度伸び現象）といい、伸び出した枝をラマスシュートという。

一方、仮頂芽を形成する植物の仮頂芽は春に伸び出して内蔵していた葉をすべて展開した後も気候条件が許す限り枝を伸ばし続け、新しい葉をつくり続ける。伸長し続けた枝は時期が来ると先端部分を枯らし、その基部に離層をつくり、その先を落とす。そして、残った枝の最も上にある腋芽を仮頂芽とするのである。

なお、頂芽タイプの樹種の枝は概して太く、太さが先まであまり変わらないのに対し、仮頂芽タイプの樹種の枝は概して細く、先のほうほどさらに細くなり、また、ジグザグに伸びる傾向にある。

芽鱗について

冬芽の中の未開のシュートを保護するためにこれを覆っている鱗片葉を芽鱗という。

芽鱗の起源は托葉を有する樹種では通常、托葉が芽鱗となる。一方、托葉を持たない樹種では本来は裸芽となるのだが、一部の樹種では葉身または葉柄が革質または膜質の芽鱗に変態する。したがって、主に葉身が芽鱗化したもの（葉柄を含むこともある）と、主に葉柄が芽鱗化したもの（葉身基部を含む）とがある。

芽鱗の起源別に少し例を挙げると、

【托葉起源の芽鱗をもつ樹種】

・アオギリ・カバノキ科・クワ科・シナノキ属・ニレ科・ブドウ科・ブナ科・モクレン科。

【主に葉身を起源とする芽鱗をもつ樹種】

・クスノキ科・ツツジ属・ニシキギ属・ミズキ属。

ホオノキ
芽鱗は托葉で、晩秋にはこれに葉身がついている状態のもある

ミズキ

【主に葉柄を起源とする芽鱗をもつ樹種】

・アジサイ科・ウコギ属・カエデ属・ガマズミ属・キイチゴ属・スイカズラ属・タニウツギ属・トチノキ属・ナナカマド属。

サトウカエデ
葉柄起源の芽鱗が縦4列に整然と並ぶ

潜伏芽について

腋芽の多くは、発芽することなく、休眠状態を続ける。さらにその状態が続くと、痕跡的となり、茎の肥大成長により材の中に芽が埋もれてしまう。こうなった状態の芽を潜伏芽という。

地上部が弱ったときなどに幹から出てくる芽、いわゆる胴吹き（どうぶ）はこの潜伏芽が出てきたものであり、熱帯の植物によく見られる幹生花（かんせいか）（果）も同様に潜伏芽が発達したものである。

なお、幹は年々成長して太るが、潜伏芽の原基（げんき）は幹の表面に形成され続け、皮の上にその形跡が横筋となってあらわれる。横筋は幹が太るにつれて長くなり、筋の上のどこからでも発芽することができる。この横筋は通常ほとんどわからないが、一部の樹種では樹皮にはっきりとあらわれる。特にエノキやムクノキではこの筋がよく見られる。

ウバメガシの胴吹き
通常木が弱ると、潜伏芽が出てくる

カカオの幹生果
幹生花（果）は哺乳類が授粉やタネ散布しやすいように幹の低い位置につけるようである

エノキの潜伏芽による筋
潜伏芽は幹に短い横線となって現れる

分枝様式

枝とは、分枝とは

植物体の主軸から分かれて、側軸を形成した場合それを枝といい、枝が主軸から分出することを分枝という。

分枝様式の種類

維管束植物の分枝様式には次の3つがある。ただし、ヘゴ属・ヤシ科のように分枝しない植物もある。

ヘゴ（無分枝）

①**二叉分枝**（二又分枝）：軸の先端から勢いがほぼ同じ2つの軸を出す場合の分枝様式。古生マツバラン類など初期の陸上植物に多く見られる原始的な分枝様式である。クラマゴケ属・ヒカゲノカズラ属・マツバラン属に見られる。

②**単軸分枝**：主軸の側方に側軸がつくられる分枝様式。茎頂に頂芽を形成する植物に見られる。

マツバラン（二叉分枝）

③**仮軸分枝**：主軸が成長を控えて、側軸が伸びだし、主軸と交代してあたかも主軸のようになる分枝様式。このようにできた、みかけの主軸を仮軸という。仮頂芽を形成する植物などで見られる。

ハイネズ（単軸分枝）

マグワ（仮軸分枝）

仮軸分枝の種類

仮軸分枝には次の3つがある。

①二叉性仮軸分枝：二叉分枝の一方の枝がよく発達する場合の仮軸分枝。

②単軸性仮軸分枝：互生葉序において、主軸に代わって側軸がよく発達する場合の仮軸分枝。

③二出仮軸分枝（偽二叉分枝）：対生葉序で、頂芽に代わって仮頂芽1対が伸びて、二叉分枝のように見える仮軸分枝。

仮軸分枝の原因

単軸性仮軸分枝と二出仮軸分枝については、次の3つのいずれかにより仮軸が発達する。

①仮頂芽を形成する：頂芽が成長を止め、代わって仮頂芽が伸びて、その枝が主軸となる。

②花（花序）ないし巻きひげや刺を茎頂に形成する：花（花序）・巻きひげ・刺のすぐ下の腋芽が伸びて、その枝が主軸となる。

③主軸が折れた場合：折れた部分のすぐ下にある腋芽が伸びだし、主軸となる。

ヤブガラシ。巻きひげが茎頂に形成されてなった単軸性仮軸分枝

ヤツデ。花序が茎頂に形成されてなった単軸性仮軸分枝

ウツギ。主軸が折れてすぐ下の腋芽が伸びだしてなった仮軸分枝

ハウチワカエデ。対生葉序の仮頂芽1対がのびた二出仮軸分枝

分布要素（ぶんぷようそ）

日本の植物相を形成する分布要素

日本に生育する植物の地理的分布は、ほぼ次の5つの分布要素からなる。

①汎生要素
②周北極要素
③第三紀要素
④熱帯・亜熱帯要素
⑤固有・準固有要素

次に、それぞれの分布要素について少し詳しく記す。

汎生要素

幅広い環境の下で生育でき、そのため世界中に広く分布するもの。人の移動に伴って広がりやすく、通常は繁殖力が旺盛で、タネなどの散布力が大きい。本来の分布地域が温帯である植物や熱帯である植物に多く、また、水辺や塩湿地に分布する植物もある。

本来の分布域が温帯の植物の例として、エノコログサ・コハコベ・シロザ・スズメノカタビラ・セイヨウタンポポ・ナズナ・ノゲシ・ヒメジョオン・ヒメムカシヨモギ・ヘラオオバコ・ミチヤナギなどがあり、本来の分布域が熱帯の植物の例として、イヌビエ・ギョウギシバ・スベリヒユ・ハハコグサなどがある。また、水辺および塩湿地の植物の例として、アッケシソウ・ガマ・ヨシなどがある。

ナズナ

ヘラオオバコ

スズメノカタビラ

ハハコグサ

周北極要素

周北極要素の植物（106頁）とは、北極を中心としてユーラシア大陸から北米大陸の極地およびその周辺に広く分布するもの。日本の亜高山帯や高山帯に生育する種類に多い。例として、ガンコウラン・コケモモ・チョウノスケソウ・ミツガシワ・ミヤマキンポウゲ・ヤナギラン・リンネソウなどがある。また、海浜植物や湿地植物では冷温帯域ときに暖温帯域まで南下して生育しているものもある。その例として、ウメバチソウ・ハマエンドウ・ハマヒルガオ・モウセンゴケがある。

アッケシソウ

ヨシ

コケモモ

ミツガシワ

第三紀要素

第三紀要素の植物（154頁）とは、第三紀（6500万年前～260万年前）に気候などの影響で中緯度地方に生育するようになったものが、第四紀に氷河などで多くが滅び、東アジア・北米（東部と西部）・ヨーロッパの2つないし3つの地域に遺存的（いそんてき）に隔離分布（かくりぶんぷ）している植物たちである。

ハマエンドウ

ヤナギラン

モウセンゴケ

ウメバチソウ

東アジア・北米・ヨーロッパの3地域に分布する植物：カエデ属・クリ属・クルミ属・コナラ亜属・ブナ属。

イギリスナラ

ナラガシワ

ハウチワカエデ

オニグルミ

レッドオーク

サトウカエデ

東アジアとヨーロッパに分布する植物：イカリソウ属・サワグルミ属・セツブンソウ属・ツリガネニンジン属・ハシドイ属・フクジュソウ属・レンギョウ属。

東アジアと北米に分布する植物：イワウメ属・イワナンテン属・カヤ属・ツガ属・ツクバネ属・ナツツバキ属・ネズミガヤ属・ハエドクソウ属・ハギ属・フジ属・フッキソウ属・ホドイモ属・マコモ属・マンサク属・ミツバ属・モクレン属・ヤブニンジン属・ヨウラクツツジ属・リョウブ属・ルイヨウボタン属。

ハシドイ

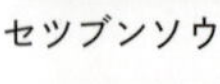
セツブンソウ

サワグルミ

ムラサキハシドイ

フクジュソウ

コーカサスサワグルミ

形態
分類
生理
生態
環境
文化

熱帯・亜熱帯要素

熱帯や亜熱帯を中心に分布しているものが北上して南九州や南四国など日本の暖地に広がったもので、照葉樹林の構成種に多い。例として、アコウ・センリョウ・ボチョウジ・ミミズバイ・ヤマモモがある。

また、海浜植物や湿地植物ではより北上して生育しているものもある。例として、アゼガヤツリ・アリノトウグサ・タカサブロウ・ヌマダイコン・ヒトモトススキ・ビロウドテンツキがある。

ホドイモ

コブシ

イワナンテン

アメリカホドイモ

タイサンボク

アメリカイワナンテン

タカサブロウ

ヤマモモ

センリョウ

タマガヤツリ

アリノトウグサ

ボチョウジ

固有・準固有要素

日本に固有の種類、および日華区系内に限られるかそれに近い種類。日本固有種の場合、太平洋側の多雨地帯の山地か、日本海側の多雪地帯の山地に自生するものが多い。次にそれぞれの例をに記す。

【日本固有種】

太平洋側の多雨地帯の山地の植物：ウラハグサ属・クサヤツデ属・コウヤマキ属・サワルリソウ属・シロモジ・テバコモミジガサ・トガサワラ・ヒメシャラ・ヤワタソウ属・レンゲショウマ属・ワサビ属。

レンゲショウマ

ヒメシャラ

コウヤマキ

ユリワサビ

ウラハグサ

テバコモミジガサ

日本海側の多雪地帯の山地の植物：アスナロ属・ホツツジ属・シラネアオイ属・トガクシショウマ属。

アスナロ

シラネアオイ

ホツツジ

【準固有種】

南西日本の低地～山地中部のシイカシ帯の植物：アオキ属・アカガシ・アケビ属・アラカシ・アリドオシ属・ウラジロガシ・オカメザサ属・キヅタ・コジイ・ジャノヒゲ属・シライトソウ属・シロダモ・スダジイ・タブノキ・ツバキ属・ナンテン属・フユザンショウ・ムベ属・ヤブラン属・ヤマグルマ属。

ジャノヒゲ　オオアリドオシ　アオキ

ヤブツバキ　オカメザサ　アケビ

南西日本の山地中部より上方～東北日本の丘陵や低地のブナ帯の植物：イワガラミ属・カツラ属・ギボウシ属・ギンバイソウ属・クサアジサイ属・ケンポナシ属・ササ属・スギ属・タニギキョウ属・ハナイカダ属・フサザクラ属・ホトトギス属・マタタビ属・マルバノキ属・ミヤマシキミ属・モミジハグマ属。

イワガラミ

マタタビ

スギ

コバギボウシ

ホトトギス

ミヤマシキミ

ハナイカダ

クマザサ

保安林

森林法制定の簡単な経緯

明治維新後の社会の混乱により森林が荒廃し、各地で洪水が起こった。荒廃した森林の復興のため、営林監督を目的として明治30年森林計画と保安林などを定めた森林法が制定された。

保安林とは

森林には水源涵養・水質良化・自然災害防止・生活環境保全・生物種保護・保健風致といった公益的機能があるが、森林が持つこれらの公益的機能を十分に発揮させるために森林法の下指定した森林を保安林という。

なお、保安林の所有者は、指定内容によって禁伐など施業に制限を受け、保安林の機能を確保するために適切な施業を行う義務がある。そのかわり、免税・補助金交付などの特別な措置が採られる。

保安林の種類

保安林に指定する際の種類としては次の17種類がある。うちはじめの3つ（①～③）は農林水産大臣が指定し、ほかの14（④～⑰）は都道府県知事が指定するものである。

①水源涵養（河川の流量調節・洪水の防止・用水の確保などの働きのある森林、全保安林の68％）
②土砂流出防備（林地の表面侵食や崩壊による土砂の流出を防止するための森林で、全保安林の22％）
③土砂崩壊防備
④飛砂防備
⑤水害防備
⑥潮害防備
⑦干害防備
⑧雪崩防止
⑨落石防止
⑩防風
⑪防火
⑫防雪
⑬防霧
⑭魚付き（その森林があることにより魚が生息するのに適する海や河川となっている森林）
⑮航行目標（船の航行の際に目印となる森林）
⑯保健（気象条件の緩和・レクリエーションの場など、保健衛生に資する森林）
⑰風致（趣のある風景を構成するのに効果のある森林）

なお、現在日本の全森林面積の約3分の1が保安林として指定されている。

魚つき保安林（神奈川県）

防風保安林（三重県）

航行目標保安林（神奈川県）

防火樹・防火林

防火樹・防火林とは

防火樹とは、火の延焼を止めたり遅らせたりする機能の大きい樹木のことで、昔から経験的に火伏せの木として利用してきた。その例として、イチョウ・サンゴジュ（伊豆地方）・シイ・カシ（ともに関東地方）などがある。また、防火機能の大きい樹木による樹林は熱風を遮る遮断力と熱を受けても燃えにくい耐火力の2つの防火性をもっている。こうした機能を有する樹林を防火林という。

スダジイ

シラカシ

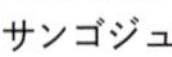

サンゴジュ

昔は大きな屋敷では防火樹を周囲にめぐらせて、野火などに備えた。現存するその良い例として、自然教育園（むかし白金長者の屋敷、のち松平讃岐守の下屋敷、目黒）や清澄庭園（むかし紀伊国屋文左衛門、のち岩崎邸、深川）がある。ともに、土塁が設けられ、その上にスダジイ・アカガシ・タブノキといった防火樹が植栽されている。

植物の防火力

植物の防火力は種類により大きく異なり、概して常緑樹で葉肉の厚い植物は防火力に富み、樹脂を枝葉に多く含む針葉樹や葉が薄い竹や笹は燃えやすく防火力に乏しい。燃焼試験によると、針葉樹の葉は平均400℃で、落葉樹の葉は平均550℃で、常緑樹の葉は平均約600℃で有炎発火する。また、同じ樹種でも、丈が高い木・枝葉が密生している木・下枝が多く残っている木は防火力に富む。

東京・浅草寺のイチョウ
戦災で幹の半分以上が焼けたが、今でも元気に生育している

防火力の特に高い木として、高木ではスダジイ・イチョウ・シラカシが、低木ではマサキ・アオキ・ヤツデ・サザンカ・カラタチがある。そのほか、ナギ・ラカンマキ・クロガネモチ・モッコク・モチノキ・サンゴジュ・モクセイ・ユズリハなども防火力に富む樹木である。

樹林の防火力

火災による熱風は樹林があると一部は上昇し、一部は樹林の隙間を通る。2つの熱風は樹林通過後すぐにぶつかって、風の影響は少なくなり、熱も冷やされる。したがって、防火力のある常緑樹主体の林で、階層構造が発達している樹林は防火力の強い防火林となる。

自然教育園に残る防火林

松枯れ病

松枯れ病とは

松枯れ病は正式にはマツ材線虫病といい、マツノザイセンチュウ（人に寄生するカイチュウやギョウチュウもセンチュウの1種である）がマツの幹内に寄生することによって引き起こされるマツにとって致命的な病気である。もともとはわが国にはなかった病気だが、現在は全国的に広がっている。

アカマツ。松枯れ病で枯れていた

明治時代の終わりごろに輸入材と共に日本にマツノマダラカミキリが入り込み、その体内にすむマツノザイセンチュウも入ってきたといわれているが、全国的にこの病気が広がったのは昭和40年代ごろからである。昔は枯れたマツは燃料として使ってきたので、カミキリムシが急激に増えることはなかったが、昭和40年代ごろから木材の輸入が増え、検疫を逃れてマツノマダラカミキリが入り込み、その上、燃料として木が使われなくなって、カミキリムシとそれの体内にすむセンチュウが一気に増えた。現在では北海道を除き全国的に広がっている。

なお、アメリカに自生するストローブマツなどでは、マツノザイセンチュウが入り込むとマツがセンチュウを殺す物質を出して対抗しているという。

松枯れ病感染の仕組み

松枯れ病はマツノマダラカミキリとマツノザイセンチュウが一緒になって引き起こしている。次にその仕組みを記す。

マツノマダラカミキリ
松枯れ病はこの虫とマツノザイセンチュウとの共同作業によるマツの病気である

5～6月、羽化したばかりのマツノマダラカミキリが健全なマツの枝をかじりまわる。このとき、カミキリムシの腹部からマツノザイセンチュウが出てきて、かじった傷からマツの内部に潜り込み、非常な勢いで内部全体に広がっていく。このため、マツは次第に弱り、終いには枯れてしまう。

一方、7～8月ごろに交尾したカミキリムシの雌は、弱っているマツを選んで卵を産みつける。孵化したカミキリムシの幼虫はマツの木の内部に潜り込み、越冬する。弱っているマツにはセンチュウがいることが多く、翌年5月ごろにたくさんのセンチュウがカミキリムシの幼虫の周囲に集まってくる。そして、蛹になったカミキリムシの腹部にある気門からセンチュウが気管に入り込む。やがて、カミキリムシは羽化し、健全なマツへ飛んで行き、マツの枝をかじりまわる。このくり返しによりマツは非常な勢いで松枯れ病にかかっているのである。

マメ科の特徴

マメ科の特徴を以下、根・葉・花・果実に分けて記すが、これは一般的な特徴で例外もある。

根における特徴

・通常、根粒（168頁「窒素固定菌」参照）がある。根粒の中に根粒菌を住まわせて栄養分を与え、そのかわりに植物が使える形の窒素分を根粒菌からもらっている。

ムラサキツメクサの根粒

葉における特徴

・通常、**複葉**（232頁）である。一般的な羽状複葉・三出複葉だけでなく、単身複葉・二出複葉・一～三出可変複葉など変わった複葉のものもある。

・葉には托葉がある。托葉は早くに落ちるのが多いが、マメ科では落ちることなく、いつまでも残る（托葉は通常、種独自の形をしているので、植物を見分けるのに便利な場合がある）。

クズの葉

ネムノキ（二回偶数羽状複葉）

ニセアカシアの葉

クズの托葉

花における特徴

・蝶形花である（雌しべ雄しべが舟弁の中にあり、ハナバチが蜜を求めて花の奥に入り込もうとするときに、雌しべと雄しべ、または花粉が現れる）。ただし、ネムノキ亜科とジャケツイバラ亜科の花では蝶形花にはならない。

※マメ科は大きくネムノキ亜科・ジャケツイバラ亜科・マメ亜科の3つに分けられる。

クズの花

クズの花（半分に切ってある）

果実における特徴

・豆果（38頁「果実の分類」参照）を形成する（熟すと、通常縫合線に沿って2裂し、各裂片は反対向きにねじれる。この際、中の種子を弾き飛ばし散布する）。ヌスビトハギなどのように節果を形成する種類もある。

豆果（ダイズ　半切）

豆果（フジ）

節果（ヌスビトハギ）

マングローブ

マングローブとは

熱帯や亜熱帯において潮の干満の影響を受ける河口や河岸、および海岸の泥地に発達する特殊な植生をマングローブという。また、ここに生育する植物の総称もマングローブというが、これについては通常、マングローブ植物といい、樹林をマングローブ林という。マングローブ林はアメリカ・アフリカ・オーストラリアの熱帯や亜熱帯域にもあるが、特に東南アジア〜南アジアに発達している。なお、マングローブの背後の低湿地に形成される植生を準マングローブという。

マングローブ林は魚やエビ・カニなどが多く生息し、非常に多様性豊かな場所であるが、近年アジアのマングローブは炭の生産やエビの養殖などのために大規模に開発され、その面積は数十年前の半分に減ってしまったといわれる。

マングローブ（オーストラリア）

マングローブ植物の特徴

マングローブ植物は、海水が影響する場所に生育するので塩分を除去する特殊な仕組みをもっており、水中の泥の中に根を張るので、酸素を取り入れるため、屈曲膝根や筍根といった特殊な形の呼吸根を出し、さらに、倒れないように支持根を出したり、板根を形成したりする。また、マングローブ植物には胎生種子（果実が枝についた状態で発芽する種子）を形成するものが多い。

筍根

支持根

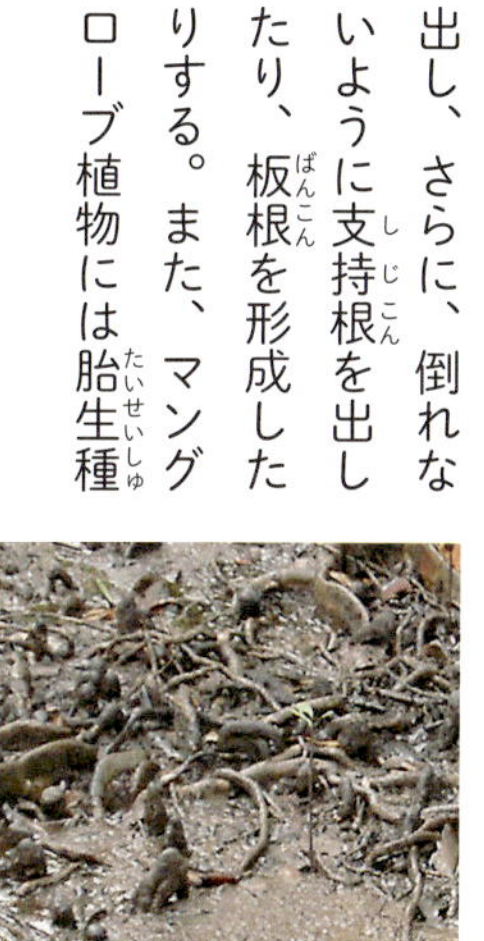
屈曲膝根

日本のマングローブ林とその構成樹種

日本のマングローブの群落は、鹿児島県喜入町のメヒルギのみの群落を北限として、以南の海岸や河岸の泥地に存在する。南に行くに従い概して規模が大きく、構成するマングローブ植物の種数も多くなる。わが国最大のマングローブ林は西表島の仲間川流域のものである。

わが国のマングローブ林を構成する樹種としては、ヒルギ科のメヒルギ・オヒルギ・ヤエヤマヒルギ、ミソハギ科のマヤプシキ、キツネノマゴ科のヒルギダマシ、シクンシ科のヒルギモドキの6種類（マングローブ植物の定義の仕方により若干の増減はある）がある。これらの樹種が塩分の濃度および川の流れや水深などによってすみ分けて生活している。通常、海側の最前線に

板根

胎生種子

はヒルギダマシ・マヤプシキ・ヤエヤマヒルギが生え、ヤエヤマヒルギの後方にメヒルギやオヒルギが生え、ヒルギモドキは通常内陸に生える。ただし、メヒルギやオヒルギも海側や河口に生えていることも多い。

　また、準マングローブ植物としては、サキシマスオウノキ（アオイ科）・サガリバナ（サガリバナ科）・シマシラキ（トウダイグサ科）・アダン（タコノキ科）・ニッパヤシ（ヤシ科）などがある。

奄美大島のマングローブ
（わが国では2番めに大きい）

西表島の仲間川流域のマングローブ
（わが国最大のもの）

マングローブ植物・準マングローブ植物

オヒルギ

メヒルギ

ヤエヤマヒルギ

サキシマスオウノキ

ヒルギモドキ

マヤプシキ

シマシラキ

ニッパヤシ

アダン

サガリバナ

虫こぶ

虫こぶとは

虫こぶとは、虫から出される何らかの刺激に対し、植物のその部分の細胞が異常に増殖したり、肥大したりしてできる、こぶ状のものである。虫えいともいう。また、英語でゴール（gall）というが、ゴールは病菌など虫以外のものによりできたものにも使う。虫こぶをつくる虫として、アブラムシ・ガ・ゾウムシ・ダニ・ハエ・ハチなどがいる。

虫こぶの意義

虫こぶを形成する虫にとって虫こぶをつくることの適応的意義は次のように考えられる。

①虫こぶの内部は湿度および温度の変化が少なく、虫にとって生活しやすい場である。
②虫こぶの中は虫の周りに食料があり、摂食に有利な場である。
③虫こぶの中にいれば天敵に見つかりにくく、生活するのに安全な場である。

虫こぶの名前のつけ方

虫こぶの名前は次のようにつけられる。

宿主植物の名＋寄生部位＋虫こぶの形状などの特徴＋フシ

例えば、アオキミフクレフシは、宿主がアオキ、寄生部位が実、虫こぶは膨れていることからつけられた。ただし、これまで言い習わされてきた、エゴノネコアシやヌルデミミフシなど、ごく一部の虫こぶはその名称で呼ばれる。

虫こぶの例

比較的見ることができ、同定が比較的容易な虫こぶを以下に記す。

寄主植物	虫こぶの名前	虫こぶを形成する虫の名前
アオキ	アオキミフクレムシ	アオキミタマバエ
アカシデ	アカシデメムレマツカサフシ	フシダニ科sp
イスノキ	イスノキエダコタマフシ	イスノタマフシアブラムシ
イスノキ	イスノキエダチャイロタマフシ	モンゼンイスアブラムシ
イスノキ	イスノキエダナガタマフシ	イスノフシアブラムシ
イスノキ	イスノキエダホソナガタマフシ	シロダモムネアブラムシ
イスノキ	イスノキエダオオナガタマフシ	イスノキオオムネアブラムシ
イスノキ	イスノキハコタマフシ	イスノアキアブラムシ
イスノキ	イスノキハタマフシ	ヤノイスアブラムシ
イヌコリヤナギ	ヤナギシントメハナガタフシ	ヤナギシントメタマバエ
イヌシデ	イヌシデメフクレフシ	ソロメフクレダニ（フシダニ科）
イノコズチ	イノコズチクキマルズイフシ	イノコズチウロコタマバエ
エゴノキ	エゴノネコアシ	エゴノネコアシアブラムシ
ガマズミ	ガマズミミケフシ	タマバエsp
カラスウリ	カラスウリクキフクレフシ	ウリウロコタマバエ
クズ	クズクキツトフシ	オジロアシナガゾウムシ
クリ	クリメコブズイフシ	クリタマバチ
ヌルデ	ヌルデミミフシ	ヌルデシロアブラムシ
ノブドウ	ノブドウミフクレフシ	ノブドウミタマバエ
マタタビ	マタタビミフレフシ	マタタビミタマバエ

アオキミフクレフシ

アカシデメムレマツカサフシ

イスノキエダコタマフシ

イスノキエダチャイロタマフシ

イスノキエダナガタマフシ

イスノキハタマフシ

イヌシデメフクレフシ

ヤナギシントメハナガタフシ

イノコズチクキマルズイフシ

エゴノネコアシ

ガマズミミケフシ

カラスウリクキフクレフシ

クリメコブズイフシ

ヌルデミミフシ

ノブドウミフクレフシ

マタタビミフクレフシ

名数

植物に関する名数

名数とは、決まった数のつく名称のこと。植物に関する名数を次に挙げる。

三草：藍・麻・紅花（または木棉）。わが国で古くから栽培された実生活に有用な植物3種。

三友：松・竹・梅。歳寒三友ともいう。これらは冬の寒さの中、葉を緑に保ったり、花を咲かせたりし、気品のある趣を持っているため、画題によく使われる。わが国では松竹梅は吉祥的な意味が強くなっている。

三通用：藤・竹・牡丹。花材としてみた場合、木と草の両方の性質をもつ植物を花材分類上通用物という。特に、『立花秘伝抄』に挙げられている3種の通用物を三通用という。

仏教三聖樹：無憂樹（アショカノキ）・菩提樹（インドボダイジュ）・沙羅樹（サラノキ）。仏陀は無憂樹の下で生まれ、菩提樹の下で悟りを開き、沙羅双樹の下で入滅したので、これらを聖なる木とする。

三大巨桜：三春の滝桜（福島県）・山高の神代桜（山梨県）・根尾谷の薄墨桜（岐阜県）。いずれもエドヒガンとその学名上の母種（シダレザクラ）。

三大切花：キク・バラ・カーネーション。生産量の多い切花は何十年間変わることなくこの3種である。

四君子：梅・菊・蘭・竹。江戸時代に文人画家らが高貴な植物とみなした4つの植物。

五穀：米・麦・粟・黍（または稗）・豆。人が常食とする5種の穀物。五穀豊穣などとして使用される。

五葷：にんにく・韮・らっきょう・葱・のびる。禅寺の山門前に書かれている「不許葷酒入山門」の葷。葷は匂いのある食べ物のこと、いずれも欲情や怒りの心を起こすものとされる。

禅寺の山門

木曽五木：檜・さわら・あすなろ・くろべ（ねずこ）・こうやまき。尾張藩が木曽地方において伐採を禁止した5種類の樹木。

肥後六花：菊・花菖蒲・椿・山茶花・朝顔・しゃくやく。江戸時代末期から肥後の士族を中心とした趣味園芸家によって育成保存されている特殊な花形の植物6種。

春の七草（215頁）：芹・なずな・ごぎょう（母子草）・はこべら・ほとけのざ（こおにたびらこ）・すずな（蕪）・すずしろ（大根）。四辻左大臣の和歌

　芹なずな　ごぎょうはこべら　ほとけのざ
　すずなすずしろ　これぞ七草

による。

秋の七草：萩・尾花（薄）・葛・撫子・女郎花・藤袴・あさがお（桔梗）。『万葉集』掲載の山上憶良の和歌

　萩の花　尾花葛花　なでしこの花　女郎花
　また藤袴　朝顔の花

による。

七味：唐辛子・胡麻・けしの実・青のり（または菜種）・麻の実・陳皮（乾かしたミカンの皮）・山椒。七味唐辛子に入れられる7種の香辛料。

三通用

藤　竹　牡丹

四君子

梅　菊　蘭　竹

五葷

ニンニク　ニラ　ラッキョウ　ネギ　ノビル

秋の七草

萩　薄　葛　撫子　女郎花　藤袴　桔梗

木材の特徴と用途

木材とは

木材とは、材料としていろいろな用途に使われる木のことで、商取引上では材木といわれる。普通は丸太（素材）と製材に大別される。

木材の長所と短所

木材には鉄材などほかの材とは異なる特徴がいろいろある。次に、木材の特徴を長所と短所に分けて記す。

【木材の長所】

①加工が容易である（切断したり、削ったり、釘で組み合わせたりなど、成形や加工が容易である）。
②質感がよい（肌触りが良く、見た目にも落ち着く）。
③湿度を調節する機能がある（木材は湿度が高いときには湿気を吸い込み、低ければ湿気を放出する）。
④軽量である（鉄などに比べて非常に軽い）。
⑤断熱性がある（木材は熱を伝えにくいので断熱性がある）。
⑥縦方向の強度はすぐれている（引っ張られる力や圧縮する力に対する単位重量当たりの強度は鉄やコンクリートに比べてもかなり勝っている）。

【木材の短所】

①火に燃えやすい。
②傷がつきやすい（鉄などに比べ傷がつきやすい）。
③湿った状態にしておくと腐りやすい。
④長さや幅に限度がある（木の高さや太さには限度がある。ただし、集成材とすることにより長さは相応に長いものとすることができるし、幅も合板にすることにより広いものとすることができる）。
⑤木の種類によって材質は一定ではない。

材木屋

針葉樹材と広葉樹材の特徴

木材でも針葉樹の木材（針葉樹材※という）と広葉樹の木材（広葉樹材という）とでは性質そのほかが大いに異なるので、次に針葉樹材と広葉樹材との一般的な特徴をそれぞれ記す。
※イチョウは針葉樹ではないが針葉樹材として扱われる。

【針葉樹材の特徴】

①材質が軟らかいものが多い。
②材質が均等なものが多い。
③まっすぐな材が得やすい。
④加工しやすい。
⑤年輪が粗いことが多く、工芸品の原料としては適さない場合が多い。
⑥木の繊維がパルプに適している。
⑦植林されているため、同一樹種の材が得やすい。

【広葉樹材の特徴】

広葉樹材の特徴は針葉樹材に記した特徴と反対だと思えばよい。すなわち、
①材質が硬いものが多い。
②材質があまり均質でない。
③まっすぐな材は少ない。

④加工しにくい。
⑤年輪が細かく、工芸品の原料としてすぐれている。
⑥木の繊維はあまりパルプに適さない。
⑦あまり植林されておらず、同一樹種の材が得にくい。

主要国産材の性質と主な用途

木材は樹種によりその性質は異なり、それに応じた用途がある。次に、主な国産材の性質と用途を記す。なお、『日本書紀』に木材数種類の用途について書かれているので、それを次に記す。

「杉およびくすのき、この両の樹はもって浮宝（＝舟）とすべし。檜はもって瑞宮（＝宮殿）をつくる材にすべし。まきのきはもって顕見蒼生の奥津棄戸（＝廟）にもち臥さむ具（＝棺）にすべし。」

【スギ】
・針葉樹の中でも軽いほうなのに、曲げや圧縮に比較的強い。
・水に比較的強い。
・柱材になるまでに植林してから約30年と早く、使用しやすい。
・用途は柱・建具（雨戸・天井）・樽（酒・みそ・醤油・漬物）。

スギ
日本固有種。材としての性質面でいずれも及第点という使い勝手のよい木で、また、植林してから材として使用するまでの期間が短く、これまで日本人が最も多く植えてきた木であり、そして最も多く使ってきた木である

【ヒノキ】
・スギに比べて比重が大きく、より粘りがある。
・虫や水に非常に強い。
・削ったときつやがある。
・用途は家屋の土台・通し柱・廊下（和風）・建具（門扉・家具・神棚）。

【サワラ】
・ヒノキの弟や妹ともいえる木で、材としてもかなりヒノキに似る。
・水に極めて強く、香りが淡くまろやかで、割裂が容易。針葉樹材としてはネズコとともに最も軽い材。
・用途は桶（風呂桶・手桶・飯櫃など）。

ヒノキ
日本固有種。材面が美しく、保存性が非常に高く、神社仏閣の建材としてよく使われる。世界最古の木造建築である法隆寺の五重塔が、1300年経ってもなお美しい姿を保っているのはヒノキ材を使用すればこそである

サワラ
日本固有種。プラスチック製品が幅をきかせるまでは、手桶・風呂桶・飯櫃などの木製の日用品の多くはサワラでつくられていたものである

【アカマツ】
・曲げに対する強度が強い。

・針葉樹の中では比較的比重が大きい。
・木は暴れやすく、真っ直ぐな材は少ない。
・用途は梁・桁・床・廊下（和風）・土木用材（杭など）。

アカマツ
針葉樹材としては非常に重硬だが、通直な材は少なく、かつてはその曲がりをうまく利用して家の梁に使ってきた

【ケヤキ】
・木目が強くくっきり出る。
・比重が大きく、強い。
・保存性が高い。
・用途は家具（和風）・器具（和太鼓・杵・臼）・彫刻・船舶。

【ブナ】
・材はほとんど白太であるが、その割に比重が大きく、強度も大きい。
・広葉樹の中では真っ直ぐに伸びる。
・曲げ木に適する。
・肌触りがよい。
・腐りやすい。
・用途は家具（テーブル・たんす）・運動器具・玩具。

ケヤキ
材は装飾性・保存性が高く、代表的な広葉樹材である。和風家具にはなくてはならないもの。和太鼓や木製の盆がこの材の特徴的な木目だ

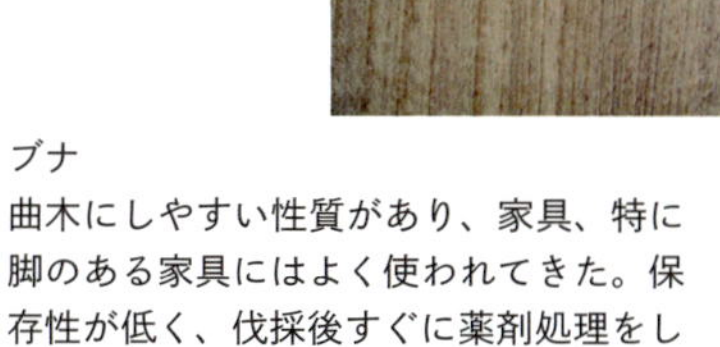

ブナ
曲木にしやすい性質があり、家具、特に脚のある家具にはよく使われてきた。保存性が低く、伐採後すぐに薬剤処理をしないと、腐ったり変色する

【ミズナラ】
・材面の模様が美しい。
・比重が大きく、重厚。
・用途は家具（洋風）・床（洋風）・洋酒樽。

ミズナラ
材面の美しさから洋風家具によく使われる。輸入が頼りの我が国において古くから輸出してきた唯一の材である。木材の主産地は北海道

【トチノキ】
・材は白く、均質かつ緻密で、表面はなめらか。感触が非常によく、女性的な感じのする材で、「栃の絹肌」といわれる。世界の木材中もっとも白い材の1つ。
・ただ、水分を多く含み、腐りやすく、狂いやすい。
・用途は器具・玩具・家具・菓子鉢・皿・盆・春慶塗りの木地・装飾用。

【ホオノキ】
・材としてはほかにあまりない色で、緑みを帯

ホオノキ
材が均一で柔らかく、彫刻がしやすいので、版木に使われる。子どものころによく使った、緑をおびた独特の色の版木はまさにホオノキのもの

トチノキ
軽軟で、保存性の低い材だが、肌目が精で、仕上がり面には絹のような光沢。加工しやすいので、器具・玩具に使われる。春慶塗の木地にも

びる。ただし、時間の経過とともに色がさめる。

・材は柔らかで、均質。肌目は精で、軽軟。狂いが少なく、細かい細工が可能。
・用途は彫刻・版木・指物・機械・箱・寄木・建築内装・製図版・定規・刃物の鞘・まな板・下駄の歯。

【キリ】

・国内で育つ木の中で最も軽い材。適度の強度があり、割れや狂いが非常に少ない。
・水をよく吸う木だが、水を吸っても材があまり膨張しない。
・製品は高い寸度安定性があり、密閉度の高いものができる。
・熱伝導率が非常に小さく、断熱効果が非常に高い。

キリ
中国原産の木だが、我が国では古くから栽培される。非常に軽量（比重は0.2〜0.4）であり、寸度安定性・断熱効果抜群でいろいろな用途に

・用途は家具（箪笥）・器具・建具・箱・楽器（琴・琵琶）・彫刻・下駄・羽子板・標本箱。

製品などの主要用材

いろいろな木製品などごとにその材として用いられる樹種を次に記す。

【家屋・家具の材】

家屋の土台：（昔）クリ・コウヤマキ、（現在）ヒノキ・ヒバ・ベイツガ
家屋の柱：（通し柱）ヒノキ、（普通の柱）スギ・ヘムロック
家屋の梁や桁：アカマツ・ベイマツ
家屋の床：（和風）ヒノキ・アカマツ、（洋風）ミズナラ・ブナ・カバ類
和箪笥：キリ・クワ・ケヤキ・クスノキ
洋家具：ミズナラ・ブナ・カバノキ・シオジ・ヤチダモ

【器具・道具の材】

鎌やハンマーの柄：カマツカ
かんなの台：カシ
金鎚の柄：カシ
杵・臼：ケヤキ・マツ（臼）
くし：ツゲ
下駄：キリ
下駄の歯：ホオノキ

印材：ツゲ・ヒイラギ
そろばん玉：ツゲ
神主がもつ笏：イチイ
将棋の駒：ツゲ・エゴノキ・ヒイラギ
将棋盤・碁盤：カヤ・イチョウ・カツラ
木刀：カシ
野球のバット：トネリコ・アオダモ

【楽器の材】
琵琶・琴：キリ
木琴：カツラ
和太鼓：ケヤキ
三味線の棹：カシ

【そのほかの材】
仏像：ヒノキ・クスノキ・カヤ・スギ・カツラ・ケヤキ・トチノキ
棺・卒塔婆：モミ
こけし：ミズキ
版木：ホオノキ・ツゲ
酒樽・みそ樽・醤油樽・漬物樽：スギ
洋酒樽：ミズナラ
アイスキャンディの棒：シナノキ
マッチの軸木：シナノキ

将棋盤と駒

金槌

アイスキャンディの棒

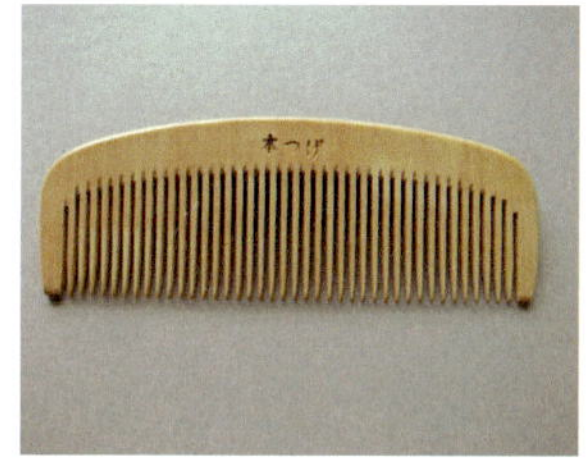
櫛

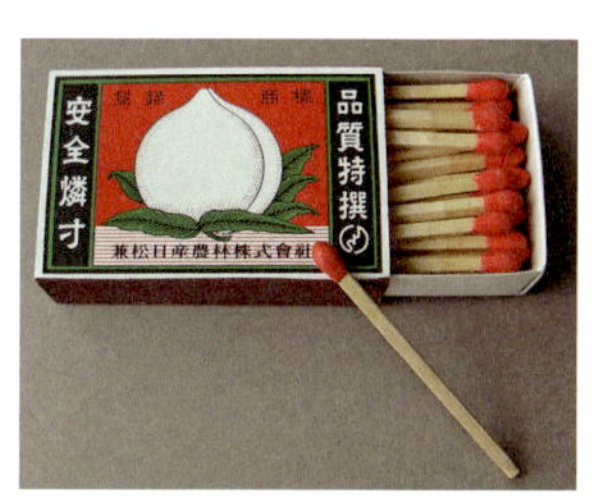

マッチの軸木

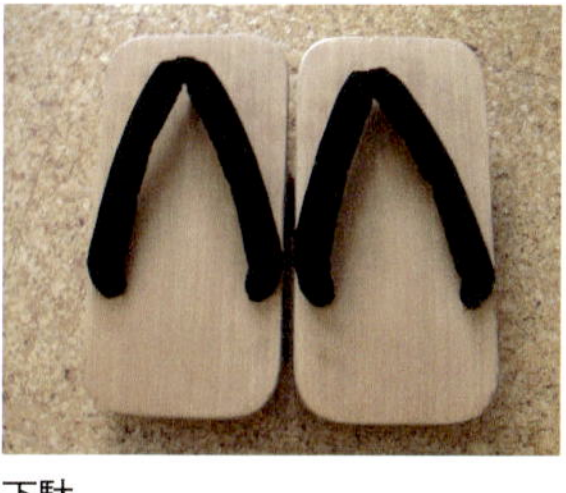
下駄

盆と春慶塗の茶托

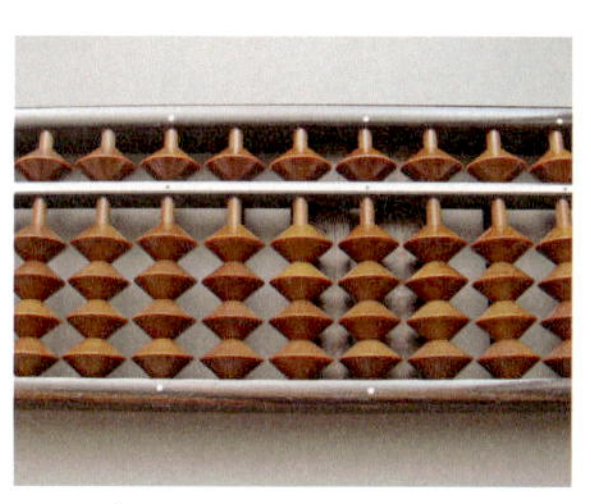
そろばん

column

スーパーボールをつくろう

ジャノヒゲというより、別名のリュウノヒゲといったほうが、どの植物かわかる人が多いかも知れない。ジャノヒゲは、花は夏に咲き、秋になると瑠璃色の美しい球形の実がつく。直径約7ミリの意外と大きい実だ。実といっても植物学的には種子である。実を1つ採って、青い部分を爪ではいでみよう。中から白い球形のものが出てくる。この白い球が非常によく弾むのである。硬いところにぶつけると、よく跳ね返る。まるでスーパーボールのようで、子どもに与えると喜ばれる。

ジャノヒゲ。瑠璃色の実はとても美しい

右はジャノヒゲの実、左は青い種皮をはいだもの。これがスーパーボールのようによく弾む

木本植物と草本植物の違い

木本植物とは、草本植物とは

木本植物は、
①茎や根は肥大成長する。
②茎は木化する。
③地上部が多年にわたり生存する植物であり、
草本植物は、
④茎や根は肥大成長しない。
⑤茎は草質または多肉質で、木化しない。
⑥地上部は多くの場合1年以内に枯死する植物である。
と定義されることが多い。

しかしながら、これらの多くについて例外がある。その例として、①については通常木本として扱われるタケやヤシの茎はほとんど肥大成長しないし、④については通常草本として扱われるフッキソウの茎は肥大成長する（ただし、木化しない）。⑥については常緑多年草（ジャノヒゲ属・ヤブラン属・カンアオイ属など）の地上部は多年にわたり生存するし、ヘクソカズラなどにおいては地上茎の下半分ほどには**冬芽**（239頁）がつき、枯死していない。

前述のような定義では例外が多くてあまり適切とはいえない。

木本植物と草本植物の定義と、それらの一般的な性質

これは一般的な性質を定義の中に入れてしまったことによって起こったのである。現実的な定義をすると、「木本植物は二年枝が木化する植物で、草本植物は二年枝が存在しないか、あってもそれが木化しない植物である。」そして、木本植物と草本植物それぞれの一般的な性質は、「木本植物は通常茎や根において肥大成長し、茎は木質となり、地上茎は多年にわたり生存するものが多い。草本植物は通常茎や根は肥大せず、茎は草質または多肉質で、地上茎は1年以内に枯死するものが多い」。こうするとわかりやすい。とは言いながら、この木本植物と草本植物の定義において木化という言葉が適切に定義されないとこれでもわかりにくい。

なお、木と草をそれぞれ木本植物および草本植物と同義にしていることが多いが、一般用語の木とか草を植物学用語と同義にするのは無理があるように思われる。私見だが、「木」は丈がある程度以上あり、茎が硬い植物であり、「草」は丈が低く、茎がやわらかい植物である、といった程度に捉えるだけでよいのではないか。子どものころから定義なしに使ってきた一般用語は人によって少し定義が異なってもよいし、木なのか草なのかどっちつかずの植物があってもよいのではないか、と思う。

フッキソウ

マダケ

ジャノヒゲ

ヘクソカズラ（冬芽）

八重咲き

八重咲きとは

その種本来の花びら（植物学でいう花弁ではない）の数より多くなった花を八重咲きという。なお、①花序全体で1輪の花になっている植物では、キク亜科などの植物における頭花の筒状花の全部、または大部分が舌状花となった花や、②花弁状に見える苞や総苞が通常のものより数が増えた花なども園芸では八重咲きという。

八重のサクラ

八重咲きの原因による分類

八重咲きは環境の変化などにより一時的に奇形として生ずることが多く、自然界では通常、絶えてしまう。栽培されている八重咲きの多くは、こうして突然変異的に生じたものを人が園芸として増殖したものである。

八重咲きを原因により分けると、次のようになる。

①本来、雄しべ・雌しべとなるべきものが弁化する。

このタイプの八重咲きでは雄しべ・雌しべが正常に機能しない場合が多い。したがって、通常はタネができない。雄しべの数が不定で多い植物はこのタイプの八重咲きが発生しやすい。八重咲きの大半はこのタイプによる。

（例）サクラ・シャクヤク・ツバキ・バラ・ヤマブキ。

②花芽ができる際、花弁と雄しべが通常より多くでき、余分に増えた雄しべも弁化する。

このタイプの八重咲きは雄しべ・雌しべは通常正常に機能するのでタネはできる。③以下のタイプの八重咲きでも多くはタネができる。

（例）ペチュニア・カーネーションの一部の品種。

ヤマブキの八重。雄しべ雌しべが花弁化して八重咲きになったもの

ペチュニアの八重。花弁と雄しべが通常より多くでき、余分に増えた雄しべが花弁化した八重

③花芽をつくる際に、花の中に別の花をつくる。
（例）キュウコンベゴニア・チューリップ・カーネーションの一部の品種。

キュウコンベゴニアの八重。
花の中に二次的に花ができた八重

④本来萼となるべきものが花冠(かかんか)化する。
（例）サクラソウ・ツツジ・ツリガネソウなどの二重咲き。
⑤花弁が縦に裂けて数を増し、それぞれの裂片が大きくなる。
（例）フクシア。

ツツジの八重。萼が花冠化した八重

フクシアの八重（花の半分以上を除去）。花弁が縦に裂けて、それぞれの裂片が大きくなったもの

【花序全体で1輪の花になっている植物の場合】

花序全体で1輪の花になっている植物の場合の八重咲きの例を挙げると、
①キク亜科の植物において、頭花の筒状花の全部または大部分が舌状花となる。
（例）ヒマワリ・ダリア。
②小花のごく小さな苞(しょうか)がそれぞれ大きくなり、花弁状となる。
（例）ドクダミ。

ヒマワリの八重。
筒状花が舌状花になったもの

ドクダミの八重。小花のそれぞれの苞が花弁状になって八重となったもの

葉序

葉序とは

葉が茎にどのような配列でついているかを葉序という。葉序には互生・対生・輪生がある。葉序は種によってほぼ定まっているが、茎の上部と下部で葉序が変わる種もある。また、葉序が本来の葉序と変わることもあり、特に徒長枝やひこばえなどではしばしば葉序が変わる。なお、横向きの枝では葉が光を求めて葉柄を曲げるので、葉序がわかりにくくなっており、葉序はできるだけ上向きの枝で調べることがポイントである。

次に、互生・対生・輪生および束生について詳しく記す。

互生

1つの節に1枚の葉がつく葉序を互生という。これには葉が茎に左右交互につく二列互生とらせん状につくらせん互生とがある。二列互生の例としてはコウゾ属・クマシデ属・ブナ属・イネ科・アヤメ科などがある。

らせん互生は通常、シンパーブラウンの法則※に沿った葉序となる。らせん互生の場合、基準となる葉から真下（真上）の葉まで茎を何回転し、その間に何枚の葉があるかにより、回転数を分子とし、葉の枚数を分母として分数の形で表す。例えば、1回転するのに3枚の葉があれば3分の1、2回転するのに葉が5枚あれば5分の2、3回転するのに葉が8枚あれば8分の3、と表す。らせん互生の例を示すと、カヤツリグサ科は3分の1互生葉序（開度120度）であり、コナラ属・バラ属は5分の2互生葉序（開度144度）、アオギリ・ヒメジョオンは8分の3（開度135度）、ユキヤナギは13分の5互生葉序（開度138度）である。

らせん互生（ドラセナ）

※シンパーブラウンの法則：第1項を2分の1、第2項を3分の1とし、第3項以降は前2つの項の分母どうしを足した数を分母とし、分子どうしを足した数を分子とする分数で、できる数列（1/2・1/3・2/5・3/8・5/13・8/21……）に、らせん互生の葉序は沿う。

【特殊な互生】

四列互生：基準の葉の次が90度ずれてつき、その次が180度、さらに次が270度、その次が180度ずれてついて基準の葉の真下（真上）の位置にくるといった葉序で、この例としてコクサギがある。

なお、四列互生の場合、横向きの枝では左に2枚ついて、次に右に2枚つく、といった葉のつき方のくり返しのように一見見える。これをコクサギ型葉序と

コクサギ（左は立った枝で、四列互生。右は横向きの枝で、コクサギ型葉序といわれるが、葉柄を曲げているだけである）

いう。ただし、光を求めて葉柄を曲げているためこう見えるだけで、よく見ると四列互生が崩れているわけではない。この例としてコクサギの横向きの枝がある。

なお、四列互生ではないが、クロウメモドキ科（ケンポナシ・ナツメなど）・サルスベリ・ヤブニッケイなどの横向きの枝も部分的にコクサギ型葉序となる。これらの場合は部分的にコクサギ型葉序となるのであって、コクサギのように横向きの枝全てにおいてコクサギ型葉序となるわけではない。

双生互生（そうせいごせい）：1つの節の同じ側から葉が2枚並んで出る場合、双生互生という。例としてホオズキがある。

双生互生（ホオズキ）

対生

1つの節に枝に向き合って葉が2枚つく葉序を対生という。対生の種類は互生の種類に比べてかなり少ない。ほとんどすべての種が対生葉序となる植物として、アカネ科・アカバナ科・カエデ属・シソ科・スイカズラ科・ナデシコ科・ミズキ科・モクセイ科などがある。

また、対生の場合通常基準の1対の葉の次の節では90度ずれて葉1対がつく。これを上から見ると十字に見えるので十字対生という。前に挙げた科に属する種もすべて十字対生である。

十字対生（キジョラン）

【特殊な対生】

二列対生（にれつたいせい）：対生の場合、前述のとおり通常、十字対生となるが、ごく一部の種では基準の1対の葉の真下（真上）に葉が1対つく。したがって、枝に葉が二列になってつくことになる。これを二列対生という。例としては、メタセコイアの秋に落枝する枝の葉序がある。なお、キンシバイなどの横向きの枝では一見、二列対生のように見える。

二列対生（メタセコイア）

ビヨウヤナギ
一見、二列対生のように見えるが、直線上に2列に並んでいるわけではない

亜対生（あたいせい）：対生でも完全に対生とならず、少しずれて対生となる場合、亜対生という。イヌコリヤナギ・コリヤナギ・カツラなどの葉序は対生であるが、部分的にしばしば亜対生となる。

偽輪生（ぎりんせい）：葉序のうえでは対生であるが、アカネ

科の一部では葉間托葉（対生した葉2枚が共同で葉柄間に托葉をつくるとき葉間托葉という）が葉身状になり、輪生のように見える。これを偽輪生という。例としては、アカネ・キヌタソウ・ヨツバムグラなどがある。

亜対生（イヌコリヤナギ）
イヌコリヤナギは基本的には対生だが、部分的に亜対生となる

偽輪生（アカネ）
四輪生のように見えるが、向き合った2枚が葉で、残りの2枚は植物学上托葉である

輪生

1つの節に3枚以上葉がつく葉序を輪生という。ただ、広い意味では対生を含めて、輪生という。輪生の場合、1つの節につく葉の枚数により、三輪生・四輪生などという。それらの例として次のようなのがある。

三輪生：ネズミサシ・シマムロ・キササゲ。また、アベリア・キョウチクトウなどでは部分的に三輪生となる。

四輪生：アカネ（正確には偽輪生）・ヨツバシオガマ・ヨツバヒヨドリ。

八輪生：カワラマツバ・クルマバソウ。

三～六輪生：ツリガネニンジン。

三～八輪生：クガイソウ。

三輪生（シマムロ）

束生

互生ないし対生のものが枝先などで葉がつまって輪生状につく場合、束生という。例としてホオノキなどがある。また、アオハダ・アケビ属・イチョウ・コウヤボウキなどでは短枝上では束生し、オオバコ属・タンポポ属などでは根生葉が束生する。

枝先で束生（ホオノキ）

短枝上で束生（コウヤボウキ）
葉がつまって輪生状につく場合、束生といえばよい。便利な植物学用語である

根生葉が束生（オオバコ）
地際の短縮茎からたくさんの葉が出る

葉状枝・葉上生

葉状枝とは

一部の植物では葉が**光合成**（81頁）など葉としての主な働きを行わず、その代わりに茎が通常扁平になり、光合成などを行っている。このような茎を扁茎という。扁茎には、ウチワサボテン・カニサボテン・カンキチクのように主軸も側軸も扁茎となるものもあるが、主軸や仮軸は普通の茎となり、側軸だけが葉状となるものもある。後者を葉状枝または葉状茎という。例として、ナギイカダ属・クサスギカズラ属・モクマオウ科などを挙げることができる。なお、クサスギカズラ属やモクマオウ科では葉状枝は細くて平たい棒状である。

葉状枝は枝であるから、その基部の下側には一般に鱗片葉（鱗片のようなごく小さな葉）がある。この鱗片葉の腋芽（239頁「冬芽」参照）として出てきたのが葉状枝である。

ナギイカダ

葉上生とは

葉の上には通常、ほかの器官をつけることはないが、ときに花序や不定芽などをつけることがある。このように葉の上にほかの器官が生ずることを葉上生という。

【葉上生の例】

・花序をつける例

ハナイカダ・ビャクブは普通葉の上に花序をつける。

シナノキ属は総苞葉の上に花序をつける。

※これらは葉の中央脈に花序の柄がくっついたものである。葉状枝と似ているが、葉状枝の上の花は葉の形をした茎の上にできたものであり、葉上生の場合葉に花序がついたものである。

ハナイカダ
葉の上で花を咲かせる、なんとも変わった植物である。写真は雄株で、通常雄花をたくさんつける

・不定芽をつける例

コダカラベンケイ・コモチシダ・セイロンベンケイなどでは、普通葉の葉縁に不定芽をつける。

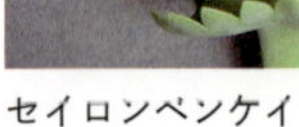

セイロンベンケイ

column 受粉に対する報酬がひどすぎる

キノコバエの好む匂いを出して、ハエが来るのを待っている

ミミガタテンナンショウは、花からキノコバエの好む匂いを出しているという。ハエは匂いに誘われて飛んで行き、総苞に止まろうとするが、すべすべしていて止まれず、総苞がつくる筒の中に落ちてしまう。ところが、花序と総苞との隙間は狭く、飛んで出ていくことはできない。仕方なく花序の上を歩いて上がっていく。この株が雄株の場合、ハエは花粉を体中につけることになる。しかし、花序のすぐ上にはねずみ返しがあって、それ以上は上がれない。飛んで出ようとすると、また筒の下まで落ちてしまう。これをくり返しているうちに、雄株の場合は筒の下部に脱出口が設けてあり、それに気がつく。ハエはここから体に花粉をたっぷりつけた状態で出ていく。

ハエの仲間は学習能力に欠けるので、また同じ匂いに誘われて、別の株の花へ飛んでいき、総苞に止まろうとして、すべり落ちる。今度は雌株だと、上がろうとするときに花序の雌花に花粉をつけて歩くことになる。ミミガタテンナンショウにすれば受粉大成功である。ハエはねずみ返しによってまた下に落ちる。だが、雌株には脱出口がなく、ハエは花序を何度でも歩きまわる。あげくは、筒の中で死んでしまう。雌株の総苞を開くと、キノコバエがたくさん死んでいるのが見られる。このような形態をしているのは、ミミガタテンナンショウだけでなく、マムシグサの仲間に共通の姿である。

なお、この仲間は、地中の球根が小さいうちは雄株で、球根が大きくなると雌に性転換する。球根が小さいうちは株も小さく、大きくなると株も大きくなるので、雌株か雄株かは個体の大きさでだいたい判断できる。

雄株の花序（総苞半分除去）。花序のすぐ上はねずみ返しになっている

総苞を剥ぐと、筒の中に数匹のキノコバエが死んでいた

雌株には脱出口はない

雄株の下部にある脱出口

裸子植物（らししょくぶつ）

裸子植物とは

種子植物のうち胚珠が心皮で包まれている植物群を被子植物といい、胚珠が心皮で包まれず裸出している植物群を裸子植物という。別の言い方をすると、胚珠が種子になったとき種子が果実（心皮由来の）に覆われているのが被子植物で、果実に覆われていないのが裸子植物といえる。裸子植物の例として、ソテツ・イチョウ・マツ・ヒノキ・モミ・マオウなどがある。

およそ3億6千万年前（デボン紀の終わり）に初めの裸子植物が現れたといわれ、以降いろいろな裸子植物が生まれては絶えていくなかで、進化し、現在の裸子植物につながっている。その間、裸子植物はペルム紀から白亜紀にかけて種数・個体数とも非常に多くなり、繁栄したが、白亜紀後期以降は衰退し、現在に至っている。現在、裸子植物全体で3綱3目770種前後が知られるだけである（これに対し、現存する被子植物の数は24万種以上といわれる）。

裸子植物の分類

裸子植物はソテツ綱・イチョウ綱・マツ綱の3綱に分けられ、ソテツ綱はソテツ目1目からなり、ソテツ目にはソテツ科・ザミア科の2科があり、イチョウ綱はイチョウ目1目からなり、イチョウ目はイチョウ科1科からなる。また、マツ綱はマツ目1目からなり、マツ目にはマツ科・ナンヨウスギ科・マキ科・コウヤマキ科・イチイ科・ヒノキ科などがある。

ソテツ（ソテツ科）

ハリモミ（マツ科）

イチョウ（イチョウ科）

裸子植物とシダ植物・被子植物との違い

裸子植物がシダ植物と決定的に異なるのは、シダ植物が主に胞子で増えるのに対し、裸子植物は種子をつくって増えることである。種子は**休眠**（68頁）機能を備えており、乾燥や寒さに対しより耐性がある。

　同じく種子をつくる被子植物との主な違いは、①前述のとおり裸子植物では胚珠が心皮に包まれず裸出しているのに対し、被子植物の胚珠は心皮に包まれている点。

ウェルウィチア（ウェルウィチア科）
奇想天外ともいう。アフリカ南西部のナミブ砂漠に自生する。葉は2枚しか出ず、生涯伸び続けるが、先は枯れていくので極端に長くなることはない

②被子植物は花をつけるが、裸子植物は花※をつけない点。
③裸子植物はすべて風媒により受粉するが、被子植物は基本的に虫媒や鳥媒など動物に花粉を運んでもらっている点（ただし、イネ科やカヤツリグサ科など一部の被子植物は風媒花をつけるようになったものもある）。
④被子植物には道管があるが、裸子植物では仮道管で水を運搬する点（グネツムなどは花をつけ、道管があるし、一部の被子植物は仮道管で水を運ぶ）などである。

※ここでいう花は狭義の花で、花被片（花弁や萼片）を有する生殖器官をいい、植物学ではこれを花といい、花被片を持たないし、祖先も持ったことのない、裸子植物の有性生殖器官は花といわず、胞子嚢穂という。ただし、この裸子植物の胞子嚢穂も一般にはまた一部の学者によっては花といっている。また、特に針葉樹の胞子嚢穂を被子植物の花とはっきり区別するときには球花という用語を使うことが多い。なお現在、花被片を持たなくても、かつて祖先が花被片を持ったことのある場合はこれも狭義の花の中に入れられる。

column

イヌビワには2種類の総苞片がある

イヌビワは雌雄異株で、雌株には雄花がなく、雌花だけ。雄株にはイチジクの実を小さくした形の花嚢の出入口近くにある雄花以外に、中性花（無性花）が内部全体に無数にある。中性花には仮雌しべ（形は雌しべでも、雌性の生殖能がない雌しべ）が1つあり、これがイヌビワコバチの幼虫のエサとなり、イヌビワはコバチに受粉してもらうという共生関係はよく知られているが、イヌビワには2種類の総苞片があることはあまり知られていない。

　花嚢のすぐ下には総苞片が3つある。花嚢、すなわち花序のすぐ下にある鱗片葉であるから総苞片であることはわかるが、花嚢の出入口にある鱗片も総苞片であるという。同じ総苞片でも、前者は下部にあるので下部総苞片といい、後者は上部総苞片という。

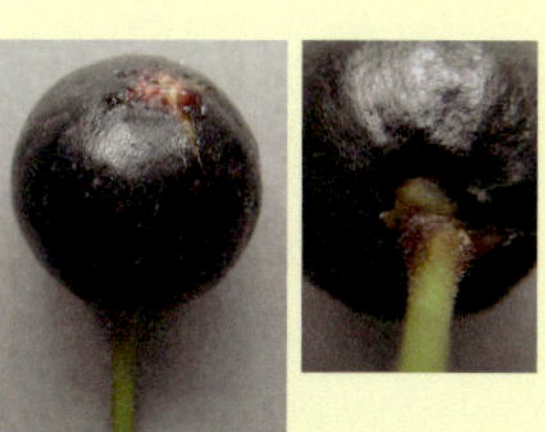

イヌビワ。右：花嚢のすぐ下にあるのが下部総苞片。左：花嚢の出入口にある鱗片が上部総苞片

ラン科植物の花の形態

ラン科植物の花には萼片3枚と花弁3枚があり、雄しべと雌しべが合体してつくるずい柱がある。

下側の花弁はほかの花弁とは形態・働きともかなり異なっているので、特にこれを唇弁という。

カキラン
独特の花色が魅力のランである

シラン
育てやすいランで、しばしば観賞用に栽培される

エビネ
根茎をエビに見立ててこの名がついた

シュンランの側面（手前側花弁1枚と下萼片1枚を除去、唇弁半分切断）

ラン科植物は虫媒花である

ラン科植物はすべて虫媒花で、虫媒花の中でも虫との関係が特に親密である。美しい花弁や萼片で虫を呼び、また、唇弁に蜜標があり、これで花の奥に蜜があることを虫に知らせている。

ラン科植物には子葉がない

ラン科植物のタネの中には、シラン属など以外は子葉がない。

ラン科植物のタネは自力で発芽生育できない

ラン科植物のタネは非常に小さく、風で散布される。また、胚乳がなく、自力で発芽生育できず、ラン菌※と**共生**（70頁）してはじめて発芽生育できる。

※ラン菌とは、ラン科植物と共生する菌根菌で、特に、ラン科植物は胚乳や子葉を持たず、種子の中に発芽やその後の生育に必要な栄養分を蓄えていないので、ラン科植物の発芽には欠かせない存在の菌である。

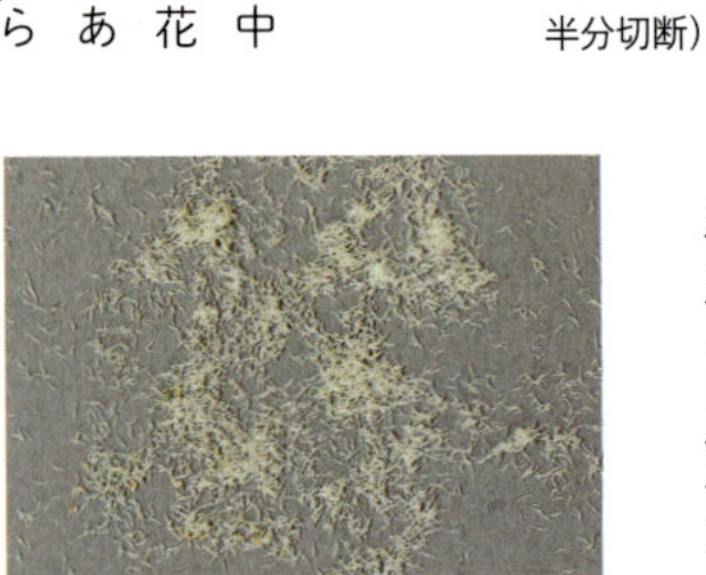

エビネのタネ

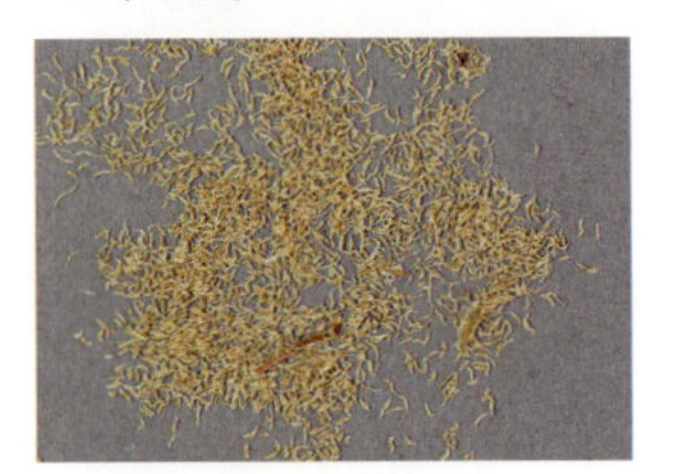

シランのタネ

column

ラン科植物の雑学

ラン類の分類

栽培されるラン類は園芸では野生ラン・東洋ラン・洋ランに分けて捉えることが多い。次にそれぞれに属する主な種類を挙げる。

【日本の主な野生ラン】

地生ラン：シラン・キンラン・ギンラン・エビネ・シュンラン・ネジバナ・サイハイラン・クマガイソウ・アツモリソウ・トンボソウ・ウチョウラン・サギソウ・トキソウ

着生ラン：セッコク

腐生ラン：オニノヤガラ・ツチアケビ・ムヨウラン・ヤツシロラン

キンラン（野生ラン）

【主な東洋ラン】

シュンラン・シュウラン・カンラン・フウラン（風貴蘭）・ホウサイラン・キンリョウヘン・セッコク（長生蘭）

シュンラン（東洋ラン）

【主な洋ラン】

カトレア・シンビジウム・ファレノプシス（コチョウラン）・シプリペディウム・デンドロビウム・オンシジウム・バンダ・パフィオペドゥルム

コチョウラン（洋ラン）

ラン科に属さない〜ラン

ラン科植物には当然〜ランという名がつけられている種類が多いが、〜ランという名の植物でもラン科に属さない種類も多く、ラン科以外10科にわたってつけられている。これらの植物は〜ランと名前がつけられているだけで、それらの属する科は互いに近縁というわけではない。次に、科ごとに〜ランという名を持っている植物の例を挙げる。

- イワタバコ科：シシンラン
- オオバコ科：ウンラン・ツタバウンラン・トウテイラン・マツバウンラン
- カヤツリグサ科：タヌキラン
- キジカクシ科：アツバキミガヨラン・オリヅルラン・スズラン・ニオイシュロラン・ノシラン・ハラン・ヤブラン・リュウゼツラン
- キョウチクトウ科：キジョラン・サクラララン
- ショウガ科：クマタケラン
- ノギラン科：ノギラン・ネバリノギラン・ソクシンラン
- ヒガンバナ科：クンシラン
- ユリ科：タケシマラン
- ワスレグサ科：キキョウラン

裸子植物の実

裸子植物の実とは

被子植物では、子房が発達して果実となる。裸子植物も同様のものをつくるが、裸子植物には子房がないので、これは植物学上の果実ではない。そこで、ここでは一般用語の実という言葉を使い、裸子植物の実とした。裸子植物の実には、球果・仮種皮果・種子果などがある。次に、それぞれについて説明する。

球果

球果とは、裸子植物のうちのマツやトウヒなどがつくる、松かさ状の構造物で、1本の木質化した軸に複数個の木質化した鱗片（果鱗という）がついたものである。果鱗は通常、種鱗と苞鱗が癒合してできている。また、種子は種鱗の内側につく。なお、ビャクシン属では球果が肉質になっており、肉質球果または漿質球果という。

クロマツ

仮種皮果

仮種皮（種衣ともいう）とは、珠柄または**胎座**（152頁）が肥厚して、種子全体を覆うようになったもので、それで覆われた実を仮種皮果という。イチイ属とカヤ属に見られ、イチイ属では漿果状となり、カヤ属では核果状となる。

種子果

外種皮が肥厚して果肉質となり、核果状となった実を種子果という。イチョウ科・ソテツ科・イヌガヤ属に見られる。

イチイ

カヤ

イチョウ

ソテツ
橙色の部分が
外種皮である

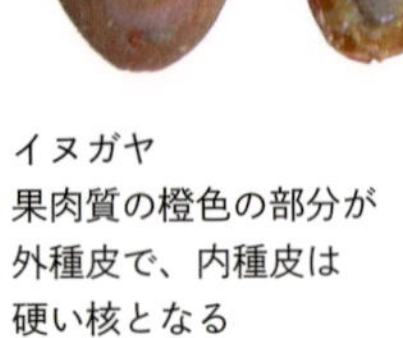
イヌガヤ
果肉質の橙色の部分が
外種皮で、内種皮は
硬い核となる

套皮に包まれた実

マキ属の実は雌花の鱗片（種鱗）が肥厚し、種子を包むようになったもの（套皮という）で、ナギやイヌマキに見られるが、イヌマキでは別途、花托が肥厚して、果肉質となっている。

ナギ

イヌマキ
（下の赤い部分は果托）

緑肥作物（りょくひさくもつ）

緑肥作物とは

作物を肥培する目的や地力増進の目的で土壌中にすき込む植物の緑色部分を緑肥といい、それに利用する植物を緑肥作物という。

化学肥料が使用される前は、萱場で春に刈り取ったススキなどの柔らかい葉を田畑にすき込んだり、休閑期や間作に**窒素固定菌**（168頁）と**共生**（70頁）するレンゲなどを栽培して田畑に全草すき込んだりして、地力を増進してきた。これらが緑肥作物である。

化学肥料が使われるようになってからは、多肥多農薬による集約的農業が行われるようになり、緑肥はあまり使われなくなったが、その結果、土壌は劣化し、土壌病害虫が多発し、地力の低下が問題となる場合もある。

近年、作物の生育しやすい健全な土壌環境をつくるべく、緑肥作物が再び見直されるようになった。昨今の緑肥作物には、地力増進や肥培の目的で栽培するものだけでなく、線虫抑制・雑草抑制・集積塩類の除去の目的で栽培するものを含めることが多い。

目的別緑肥作物の例

【地力増進・肥培】

緑肥作物をすき込むことにより保肥力・保水性・透水性を増進させたり、休閑期や間作に窒素固定菌と共生するマメ科植物などを栽培し、これをすき込むなどして、地力の増進を図る。

（例）レンゲ（マメ科）・セスバニア（マメ科）。

【線虫抑制】

根腐れ線虫・根こぶ線虫など作物に甚大な被害を与える土壌線虫の量を減らす働きのある植物を植える。

（例）アフリカンマリーゴールド（キク科）・クロタラリア（マメ科）・エビスグサ（マメ科）・カラシナ（アブラナ科）・ソルガム（イネ科）・ギニアグラス（イネ科）・エンバク（イネ科）。

【雑草抑制】

雑草を抑制するような働きのある植物を植えながら、作物を栽培する。また、果樹などの栽培において下草として植え、雑草を抑制すると同時に、表土の侵食防止や保水性の向上などを図る。

（例）ヘアリーベッチ（マメ科）・ムクナ（マメ科）・オオムギ（イネ科）・コムギ（イネ科）・ライムギ（イネ科）。

【集積塩類除去】

ハウス内で多肥料栽培を続けると、土壌中に過剰な養分が集積し、作物に害を及ぼすようになる。こうしたハウス内の土壌中に集積し

レンゲ畑。地力増進のためにレンゲが栽培される

た過剰な養分を吸肥力の強い植物に吸収させて、その植物を別の場所で処分し、集積した塩類を除去する。

（例）ヒエ（イネ科）。

※前述の例において、同じ植物でも品種によりその働きには差がある。

クロタラリア畑。線虫に弱い作物を栽培する前や後にクロタラリアを栽培

column

覚えておきたいラテン語の接尾語「～ensis」

ラテン語の接尾語の中で覚えておきたい語の筆頭は、「～ensis」である。～の部分に地名がきて、意味は「～産の」で、種小名によく使われ、通常、発祥地や原産地を指す。学名の種小名が「～ensis」となっていたら、その植物の発祥地か原産地がわかるのである。ただ、hortensis（庭園栽培の）やnemorensis（森林生の）のように、～の部分が地名でないのも少しあるので、それらは覚えてしまうのがよい。なお、中性名詞を修飾する場合は「～ense」となる。次にほんの一例を示す。

チョウカイアザミ *Cirsium chokaiense*

amamiensis ＝奄美大島産の

aomorensis ＝青森産の

※地名に～ensisがつく場合、地名の最後の文字はしばしば省略される。
aomorensisの場合、aomoriのiがとれて、ensisがついている。

apoensis ＝（北海道）アポイ岳に産する

biwensis ＝琵琶湖産の

boninensis/boninsimensis ＝小笠原産の

※小笠原は、無人（むじん）から、むにんとなり、それが英語でボニン(bonin)となった。小笠原原産の植物にしばしばムニンという名称がつけられ、学名がboninとなっているのはこのためである。

chokaiensis ＝鳥海山に産する

fujisanensis ＝富士山に産する

hachidyoensis/hachijoensis ＝八丈島産の

hakkodensis ＝八甲田山産の

hakusanensis ＝白山産の

hayachinensis ＝早池峰山産の

hondoensis ＝本州産の

jessoensis/jezoensis ＝蝦夷産の

nipponensis ＝日本産の

rishirensis ＝利尻島産の

shiroumensis ＝白馬岳産の

yakusimensis ＝屋久島産の

yedoensis ＝江戸産の

ロゼット

根生葉とは、ロゼットおよびロゼット葉とは

地際にある短縮茎についた葉や地上茎の地際の節についた葉を根から生ずるように見えるので根生葉という。根生葉を地表に密着するように八方に広げている状態のものをバラの花に見立ててロゼットといい、ロゼットを形成する1枚1枚の葉をロゼット葉という。

ロゼットは、冬季にいろいろな草で形成され、特に越年性の長日植物では春に抽だいを開始するまでロゼット型をとるものが多い。冬にロゼットをつくって過ごすと、地表は温度較差が小さく、寒さに耐えやすくなるし、地際に張りついている状態なので動物にとって食べにくく、また、風で倒されたりすることもなく物理的障害も少なくなる。そのうえ、春暖かくなり次第、**光合成**（81頁）を盛んに行える。落葉性の草本だと春になってから葉を展開し、それから生長を開始するのだから、それとはスタートにかなりの差が出ることになる。

ロゼット型の分類

ロゼットの型には3つのタイプがある。まず、①通常、地上茎を立てず、開花時に葉のない花茎を立てるロゼット。すなわち、生涯ロゼットで過ごすもの。これには、タンポポ・オオバコなどがある。

次に、②冬季ロゼットで過ごし、春以降にロゼットの間から葉をつけた茎を出し、花時でもロゼットが残るタイプ。これには、ハルジオン・チチコグサ・ミチタネツケバナ・コウゾリナなどがある。

そして、③冬季はロゼットで過ごし、春以降は葉をつけた茎を立て、開花時点ではロゼット葉は枯死するタイプ。これには、ヒメジョオン・ハハコグサ・タネツケバナ・キュウリグサ・マツヨイグサの仲間・キツネアザミ・ノゲシ・オニノゲシなどがある。

カントウタンポポ（①の例）

ハルジオン（②の例）

タネツケバナ（③の例）

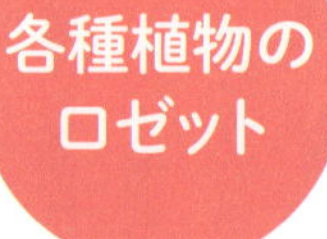

オオアレチノギク
葉全体に短毛が密生し、大きな鈍い鋸歯が少しある

ウラジロチチコグサ
葉の表は淡緑色で少しつやがある。裏は白い

オニノゲシ
葉は立体的で、側裂片は横方向に立ち上がる。触れると通常痛い

オニタビラコ
全体に細かい毛が生え、頂裂片は矢じり形である

オオバコ
単子葉植物ではないが、縦に走る数本の平行脈がある

コウゾリナ
葉裏には剛毛が生え、ザラザラする。切れ込みはないか、大まかに切れ込む

キランソウ
葉はつやのある独特な色で、しわしわな感じがある

キュウリグサ
長い棒状の葉柄に円形〜楕円形の葉身。葉柄は紫色になることが多い

スイバ
葉は長い楕円状披針形。滑らかで、少しツヤがある

ジシバリ
長い葉柄に楕円形の葉身。浅くて粗い切れ込みがある

コオニタビラコ
ヤブタビラコに似るが、少しこじんまりとしている。冬の田んぼに多い

ナズナ
葉の裂片の上部が直線的。その先が細く長く伸びることが多い

チチコグサモドキ
全体に綿毛が多く、灰白色をおびる。葉の先が少し尖る（ハハコグサは丸み）

セイヨウタンポポ
葉の裂片の下部は比較的直線的（ナズナは上部が直線的）

ヒメジョオン
葉はやや薄く、葉柄がはっきりとある

ハルジオン
葉の基部まで葉身が流れ、葉柄はない

ノゲシ
葉の裂片は立体的で、横方向に立ち上がる。触れても痛くない

メマツヨイグサ
葉は長い楕円状披針形で、紫赤色の斑点がたくさんある。葉脈は白い

ミチタネツケバナ
側小葉は丸く、葉軸に数対つき、全体で地面にピタッと張りつくような感じ

ヒメムカシヨモギ
葉柄近くの葉身の縁と葉裏葉脈上に長めの毛が並んで生える

ブタナ
タンポポに似るが、切れ込み方が異なる。また、肉厚で、毛が多い

ヨモギ
葉は銀白色。羽状裂葉で、裂片には独特の切れ込みがある

ヤブタビラコ
オニタビラコと頂裂片の形が異なり、ホームベース形。半日陰に多い

和(わ)の色(いろ)

伝統色(でんとうしょく)とは、和の色とは

伝統色とは文字どおり、伝統的に用いられてきた色のことで、わが国の伝統色を和の色という。和の色は1千色以上あるといわれ、四季の移ろいの中で育んだ日本文化特有の色彩感覚に基づいた色であり、絵画・染物・陶芸などに使われ、文学や和歌などにもしばしば登場するほどにわれわれの生活や文化の中に深く息づいた、日本人の美の心が生み出した色である。

植物に関係のある主な和の色

和の色は、植物で染めた色や、花・葉など植物の部位そのものの色に由来するものが多い。そこで、ここでは植物に関連する和の色の主なもので、比較的知られた色を「植物で染めた色に由来するものか、植物の部位そのものの色に由来するものか」でまず分け、さらに、それらを「植物の部位」により分けて紹介し、簡単な説明をする。色見本もつけたが、本来の色と異なることがあるうえ、同じ色名でも広範囲な色を指す場合もあり、さらに、解釈により色が微妙に異なることがあるということを含み置かれたい。

植物で染めた色が和の色となっているもの

【根を使って染めた色】

茜色(あかねいろ)：アカネの根で染めたやや沈んだ濃い赤色。夕暮れの空に形容されるが、かなり色が異なる。

緋色(ひいろ)：茜染めの中でも最も明るく、鮮やかな色を緋色という。黄色みのある鮮やかな濃赤色。

紫色(むらさきいろ)：ムラサキの根（紫根(しこん)）で染めた色。わが国の律令時代では紫は最高位を示す色であった。

江戸紫(えどむらさき)：紫根で染めた色で、冴えた青みのある紫色をいい、今紫(いまむらさき)ともいう。

古代紫(こだいむらさき)：日本古来のくすんだ感のある紫色。江戸紫に比べやや赤みが強い。

鬱金色(うこんいろ)：ウコンの根茎(こんけい)で染めた赤みのある鮮黄色。縁起のよい色として風呂敷や財布などによく使われた。

アカネの根
乾燥すると濃い赤色になる

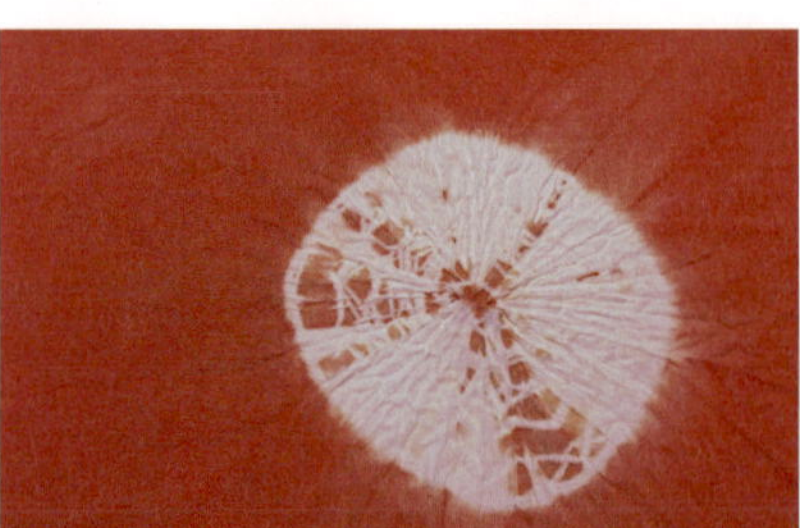

アカネの根で染めた布
1回染めただけで夕暮れの空を思わせる色となった

わ

ムラサキの花

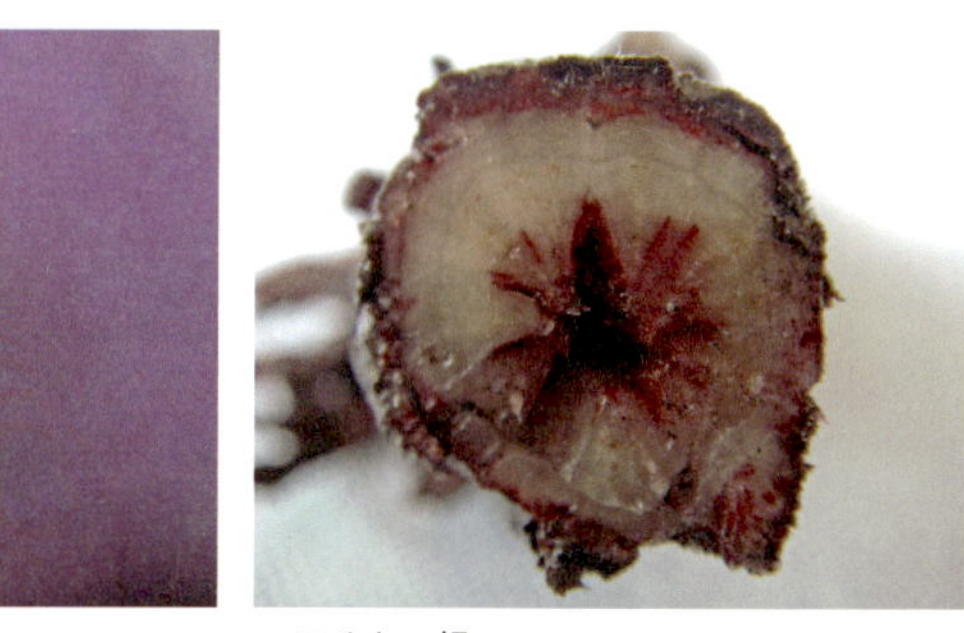

ムラサキの根で染めた布
可憐な白い花を咲かせるムラサキの根でこのように鮮やかな紫色が染まる

ムラサキの根
根の中央部分は濃い赤紫色である

【葉や茎を使って染めた色】

藍色：アイの葉を発酵させたものをアルカリ性の水に溶かした藍液で染めた色で、濃青色だが、少し緑がかる。

甕覗：藍染の際、藍甕に漬けてすぐに布を引き上げたときのごく淡い藍色。覗色ともいうが、あくまでも比喩的な表現である。

紺色：藍染の中でもっとも濃い藍系の色で、少し赤みを帯びる。

浅葱色：ごく薄い藍色のことで、縹色より薄い。新撰組が羽織などに使用。

黄蘗色：キハダの樹皮で染めた鮮黄色。防虫効果があり、経典の料紙などを染めるのにも使われた。

キハダの樹皮（内側）

刈安色：カリヤスで染めた緑みを帯びた鮮黄色。黄八丈の黄色はコブナグサ（現地名カリヤス）で染めたもの。

胡桃色：クルミの樹皮や果皮で染めた色。なお、英語での色名walnutはクルミの実の色である。

櫨色：櫨はハゼのこと。ハゼノキの樹皮の煎汁で染めた色で、くすんだ黄赤色。

茶色：茶の葉の煎汁で染めたときの色。褐色と同色。褐色をかちいろと読んだ場合は紺系の別の色を指す。

蘇芳色：スオウの材を染料として出る色で、黒みを帯びた赤色。

憲法色：ヤマモモの樹皮で染めた黒茶色。室町時代の剣術家、吉岡憲法が創案した染め方。

空五倍子色：ヌルデにアブラムシがつくる虫こぶ（255頁）が五倍子（空洞なので空五倍子）。これを粉にして染めた薄黒い色。喪服に用いる。

【花・実を使って染めた色】

花色：花色の花はツユクサのことで、本来はツユクサの花を搾った液で染めた色。藍色と浅葱色の中間の濃さ。縹色（花田色とも書く）ともいう。

ベニバナの花で染めた布
1回染めなので、紅色というより
鮮やかな桜色となった

ベニバナの花

紅色（くれないいろ）：ベニバナの花の汁で染めた鮮やかな赤色。呉の藍（染料）から紅となった。

一斤染：ベニバナ1斤（600グラム）で絹1疋（2反）を染めた淡い紅色。

二藍：青藍とベニバナの赤藍（紅＝呉の藍）の2種の染料を使って重ね染めした色で、紫みのある藍色だが、色幅がある。

梔子色（支子色）：クチナシの実で染めた色で、赤みのある黄色。クチナシを口無しに掛け、謂はぬ色とも。実はきんとんや沢庵の色付けにも使われる。

植物の部位そのものの色が和の色となっているもの

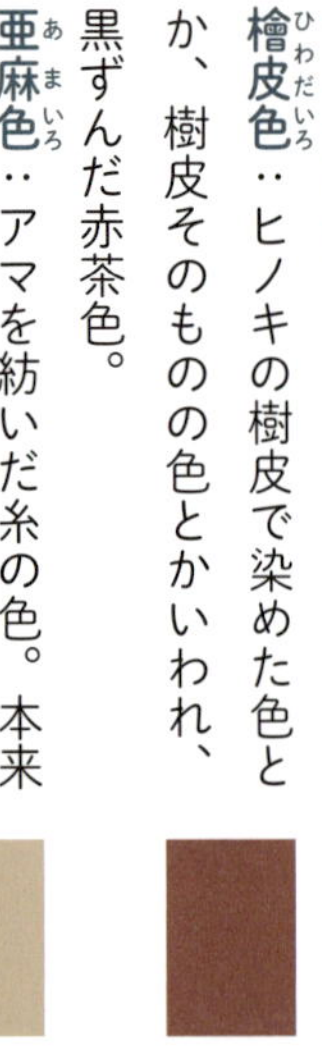

【葉や茎の色】

檜皮色：ヒノキの樹皮で染めた色とか、樹皮そのものの色とかいわれ、黒ずんだ赤茶色。

亜麻色：アマを紡いだ糸の色。本来は欧米で髪の色をflax（アマ）と形容したのを日本語訳した、新しい色。

木賊色：トクサの茎のような青みがかった濃い緑色。江戸時代中期に流行したことも。

若竹色：若竹のように黄みの薄いさわやかな緑色。

青竹色：生長した青竹の幹のような青みのある明るくて濃い緑色。

煤竹色：竹が煤けているような色で、赤みを帯びた暗い灰黄色。

柳色：ヤナギの葉の色で、やや白みがかった黄緑色。青柳ともいう。

萌葱色（萌木色）：本来は芽が出たばかりの草木の色だが、漢字は萌葱（萌え出るネギ）を当てた。

苗色：イネの苗のような淡い緑色。萌葱色より薄いので薄萌葱とも。

山葵色：すりおろしたワサビのような少しくすんだ柔らかい緑色。

苔色：コケのようなくすんだ渋みのある黄緑色。英語でいうmossgreen。

緑色：植物の葉の色。緑という言葉は植物一般や森林・自然などを指すこともある。

千種色（千草色）：少し緑がかった淡い青色。千種はいろいろな種類の草のこと。

アイの生葉で染めた布
1回しか染めていないが、
淡い空色に染まった

アイの発酵させた葉で染めた布
木綿によく染まるのが藍染めの特徴である

アイ

若草色（わかくさいろ）：芽吹いたばかりの若草のような鮮やかな黄緑色。

朽葉色（くちばいろ）：朽ちた葉のようなくすんだ褐色。

【花の色】

撫子色（なでしこいろ）：ナデシコの花のような紫みのある淡い紅色。英語のpinkはナデシコ類のことで、色名にも。

桜色（さくらいろ）：サクラの花のような淡い紅色。英語の色名のcherry redはさくらんぼの色。

桃色（ももいろ）：モモの花のような淡い赤色。英語で色名として使うピーチ(peach)はモモの果肉の色。

躑躅色（つつじいろ）：ツツジの花のような鮮やかな赤紫色。牡丹色とともに赤紫系の代表的な色。

牡丹色（ぼたんいろ）：ボタンの花のような色で、紫がかった紅色。

薔薇色（ばらいろ）（そうびいろ）：バラの花のような鮮桃赤色。伝統色ではない。希望に満ちていることの例えにしばしば使う。

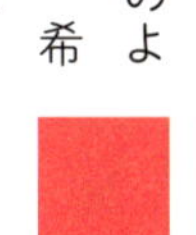

藤色（ふじいろ）：フジの花の色で、淡く青みのある紫色。

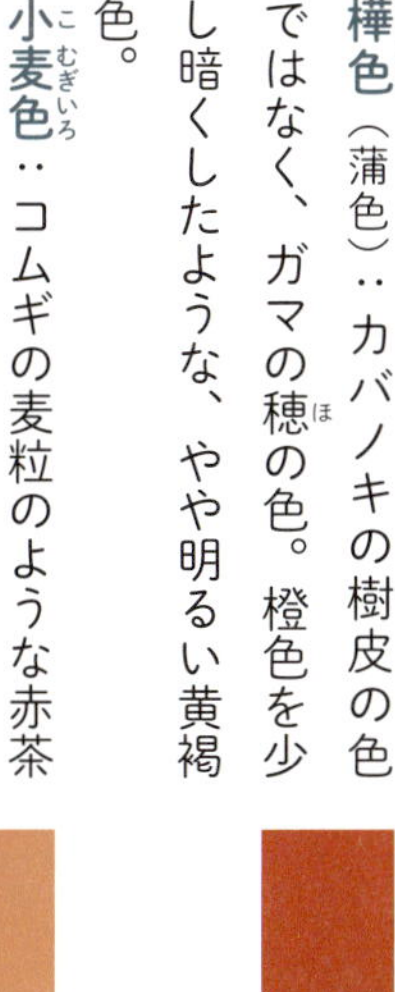

桔梗色（ききょういろ）：キキョウの花のような青みを帯びた紫色。

杜若色（かきつばたいろ）：カキツバタの花の色で、鮮やかな紫みのある青色。

山吹色（やまぶきいろ）：ヤマブキの花のような鮮やかな赤みを帯びた黄色。橙色と黄色の中間色。小判の別称としても。

【実やタネの色】

橙色（だいだいいろ）：ダイダイの実の色。

柿色（かきいろ）：カキの実の色で、黄色を帯びた赤色。赤茶色。

小豆色（あずきいろ）：アズキ豆の色で、紫みを帯びた赤褐色。

葡萄色（えびいろ）（ぶどういろ）：「えび」とはブドウのこと。ブドウの実の色。

樺色（かばいろ）（蒲色）：カバノキの樹皮の色ではなく、ガマの穂（ほ）の色。橙色を少し暗くしたような、やや明るい黄褐色。

小麦色（こむぎいろ）：コムギの麦粒のような赤茶色で、伝統色ではなく新しい色名。健康そうに日焼けした肌の色に使うことが多い。

INDEX
五十音順索引

INDEX

カテゴリ別
五十音順索引

【分類】

【生理】

【生態】

【環境】

【文化】

参考資料

●書籍と文献

石井英美・崎尾均・吉山寛ほか解説『樹に咲く花　離弁花①』（山と渓谷社）
稲本正『森の博物館』（小学館）
井上敬志『花の詞歌集』（講談社）
上田恵介編著『種子散布―鳥が運ぶ種子』（築地書館）
上田恵介編著『種子散布―動物たちがつくる森』（築地書館）
薄葉重『虫こぶ入門』（八坂書房）
ＮＨＫ高校講座『生物基礎』
『園芸大事典　用語・索引』（小学館）
大阪市立自然史博物館（藤井伸二）編『化石からたどる植物の進化』（特定非営利活動法人大阪自然史センター）
太田和夫・勝山輝男・高橋秀男ほか解説『樹に咲く花　離弁花②』（山と渓谷社）
太田保夫『植物の一生とエチレン』（東海大学出版会）
岡崎文彬『図解生垣・垣根のすべて』（誠文堂新光社）
岡村はた・橋本光政・室井綽ほか『植物観察事典』（地人書館）
小沢正昭『共生の科学』（研成社）
折井英治編『暮らしの中のことわざ辞典』（集英社）
ガーデンライフ編『一、二年草』（誠文堂新光社）
ガーデンライフ編『球根植物』（誠文堂新光社）
門田裕一『高山に咲く花の基礎講座』（どんぐり研究会講座配布資料）
神奈川県立生命の星・地球博物館『フォッサマグナ要素の植物』
北川尚史監修『ひっつきむしの図鑑』（トンボ出版）
北村昌美『森林と人間と自然保護』（森林インストラクター資格試験受験対策講座配布資料）
小泉武栄『日本の山と高山植物』（平凡社）
故事・ことわざ研究会編『植物の故事ことわざ事典』（アロー出版社）
小林萬壽男『植物形態学入門』（共立出版）
小林正明『身近な植物から花の進化を考える』（東海大学出版会）
斎藤新一郎『落葉広葉樹図譜』（共立出版）
志佐誠『花づくりの科学』（誠文堂新光社）
尚学図書・言語研究所編『色の手帖』（小学館）
尚学図書編『故事俗信ことわざ大辞典』（小学館）
清水建美『植物用語事典』（八坂書房）
清水建美編・解説『高山に咲く花』（山と渓谷社）
城川四郎・高橋秀男・中川重利ほか解説『樹に咲く花　合弁花・単子葉・裸子植物』（山と渓谷社）
森林総合研究所監修『マツが危ない』（東京都公園協会）
鈴木恵子『高校生物の基本と仕組み』（秀和システム）
須藤彰司『世界の木材２００種』（産調出版）
生物学資料集編集委員会編『生物学資料集』（東京大学出版会）
全国森林レクリエーション協会森林インストラクター事務局編集『森林インストラクター養成講習教科書選集』（全国森林レクリエーション協会）
全国林業改良普及協会編『森林インストラクター入門』（全国林業改良普及協会）
高橋英一『「根」物語』（研成社）
田川日出夫『植物の生態』（共立出版）
瀧本敦『ヒマワリはなぜ東を向くか』（中央公論社）

伊達昇編『肥料便覧』（農山漁村文化協会）
田中基八郎『植物のデザイン』（共立出版）
田中昭三・「サライ」編集部『「日本庭園」の見方』（小学館）
田中昭三『日本庭園を愉しむ』（実業之日本社）
田中肇『花と昆虫』（保育社）
田中肇『花と昆虫、不思議なだましあい発見記』（講談社）
田中肇『花と昆虫と私』（どんぐり研究会講座配布資料）
田中真知郎・猪股静彌『万葉の花暦』（朝日ソノラマ）
帝国書院編集部『図解地図資料』（帝国書院）
道路緑化保全協会編『道路の樹木』（道路緑化保全協会）
長田武正『野草図鑑　①つる植物の巻』（保育社）
長田武正『野草図鑑　②ゆりの巻』（保育社）
長田武正『野草図鑑　④たんぽぽの巻』（保育社）
長田武正『野草図鑑　⑥おきなぐさの巻』（保育社）
長田武正『野草図鑑　⑦さくらそうの巻』（保育社）
長田武正『野草図鑑　⑧はこべの巻』（保育社）
中西哲・大場達之・武田義明・服部保『日本の植生図鑑〈I〉森林』（保育社）
中西弘樹『種子はひろがる』（平凡社）
西田治文『植物のたどってきた道』（日本放送出版協会）
農耕と園芸編『秋・冬・早春の花木』（誠文堂新光社）
B・P・トーキン・神山恵三『植物の不思議な力＝フィトンチッド』（講談社）
福嶋司・岩瀬徹編著『日本の植生』（朝倉書店）
藤井義晴『アレロパシー』（農山漁村文化協会）
本田總一郎監修『家紋大全』（梧桐書院）
前川文夫『日本の植物区系』（玉川大学出版部）
増沢武弘編著『高山植物学』（共立出版）
増田芳雄編著『植物生理学入門』（オーム社）
水谷純也・藤井義晴『アレロパシーの応用技術』（講習会配布資料）
水野丈夫編『理解しやすい新生物』（文英堂）
安田齊『花の色の謎』（東海大学出版会）
矢野悟道・波田善夫・竹中則夫・大川徹『日本の植生図鑑〈II〉草原・人里』（保育社）
山田卓三・中嶋信太郎『万葉植物事典』（北隆館）
山田常雄・前川文夫・江上不二夫・八杉竜一・小関治男・古谷雅樹・日高敏隆編『生物学辞典』（岩波書店）
山中二男『日本の森林植生』（築地書館）
吉河功『竹垣デザイン実例集』（創森社）
吉鶴靖則『東海丘陵要素植物（豊田市自然観察の森企画展）』日本野鳥の会企画制作
『緑化種苗ガイド』（カネコ種苗）

●ウェブサイト
岡山理科大学生物地球学科植物生態研究室ホームページ
京都大学ホームページ　広報誌―授業に潜入！おもしろ学問　植物自然史II
沖津進『ハイマツ群落の現在の分布と生長からみた最終氷期における日本列島のハイマツ帯』（第四紀研究30）
堀田満『いわゆる「第三紀要素植物群」について』（種生物学会電子版和文誌）
APGに基づく植物の新しい分類体系（森林遺伝育種学会誌第3巻第1号）河原孝行

謝辞

私の資料を書籍化するに当たり、初めから出版に至るまでずっといろいろお世話くださった、志水謙祐氏をはじめ、文一総合出版の皆さんには本当にありがとうございました。お礼申し上げます。おかげで私が意図する書籍になったと満足しております。

また、写真はほぼすべて私が撮影したものですが、冬芽の写真9点と鳥の写真5点については、それぞれ友人の星 敬氏および三藤浩氏にお借りしたものです。快くお貸しくださったことにお礼申し上げる次第です。

最後に、この資料の作成時だけでなく、ふだん実験や観察を行っている際も常に陰で支えてくれた、妻の久美子に改めて感謝の意を伝えたいと思います。

●著者プロフィール

柴田規夫（しばた・のりお）

1941年、東京都生まれ。東京教育大学にて園芸学を専攻。種苗会社・緑化資材会社勤務後、現在はＮＨＫ文化センター・池袋コミュニティーカレッジなど数か所のカルチャースクールで植物観察などの講師。環境カウンセラー・緑花文化士・森林インストラクター。主な監修書として、『くらしに役立つ木の実図鑑』(PHP)、『野山で見かける山野草図鑑』(新星出版社)、『押し花花図鑑』(日本ヴォーグ社) など。執筆書は『四季を楽しむ花図鑑』(新星出版社) ほか多数。

イラスト（p.52・53・212・213）：富士鷹なすび
デザイン：熊谷昭典（SPAIS）
協力者：星 敬、三藤 浩

植物なんでも事典
ぜんぶわかる！ 植物の形態・分類・生理・生態・環境・文化
初版第１刷　2019年４月25日発行

著　者　柴田規夫
発行者　斉藤 博
発行所　株式会社 文一総合出版
〒162-0812 東京都新宿区西五軒町2-5 川上ビル
電話　03-3235-7341（営業）　03-3235-7342（編集）
ファックス　03-3269-1402
印　刷　奥村印刷株式会社

ISBN978-4-8299-6532-0
NDC470（182×257mm）　304ページ